前　言

　　随着《中国制造 2025》强国战略的实施，智能制造、自动化生产已成为助力产业升级的核心。培养掌握智能制造相关技术，能够从事对智能制造装备和自动化生产线进行安装、编程、调试、维修、运行和管理等方面工作的高端技术技能人才，已成为当前高等职业院校自动化、机电技术类专业教育的主要任务。

　　本教材以亚龙公司 YL－1633B 型自动化生产线为教学载体（也可适用于 YL－335B 型设备），融合传感器与检测技术、电机与电气控制技术、PLC 控制技术、液压与气压传动技术、工业网络技术等多方面知识，读者面向自动化类和机电类相关专业在校学生和企业员工。

　　本教材在内容编排上，每个项目相对独立，本着面向专业、贴近实践的原则，详述了由简单到复杂、由单一到综合的工作过程。为了更好地进行教学实践，本教材分为知识篇与实践篇，知识篇内容涵盖实践项目所需的必要理论知识与实践技能，实践篇内容主要由 7 个任务模块组成，通过自动化生产线的编程与调试，将专业知识与实际操作技能有机融合，把知识点通过不同项目任务转换为专业技能，培养学生掌握自动化生产线的机械安装与调整、电路设计与连接、气路连接与调试、设备参数现场整定、人机界面组态、控制程序编制与调试及设备故障排除等方面的专业技能。为贯彻落实党的二十大精神，该教材以学生为中心，注重培养学生的质量意识、安全意识、责任意识、创新创业意识、标准意识，磨炼学生吃苦耐劳、团队协作的劳动精神，弘扬爱岗敬业、精益求精的职业精神。

　　该教材基于山西省教育科学"十四五"规划课题"智能控制专业群实训基地建设研究"（GH－240432），融入企业典型案例、企业标准规范、世界技能大赛机电一体化项目专业技术规范等要求，真正做到产教融合，校企合作，岗课赛证融通，促进了课程教学改革及人才培养质量的提升。

　　本教材由编委成员团队共同合作完成，分工如下：山西职业技术学院李轩青、山西科达自控股份有限公司技术副总工程师高波担任主编，李轩青负责编写知识篇相关内容，高波负责全书知识部分与实践技能部分的编写指导与审核；山西职业技术学院朱娟娟、宋坤伟担任副主编，朱娟娟负责编写实践篇中的任务二和任务四；宋坤伟负责编写实践篇中的任务一和任务三；山西职业技术学院王彦勇、张慧明参编，王彦勇负责编写实践篇中的任务五和任务六；张慧明负责编写实践篇中的任务七及知识篇中的部分内容。

　　浙江亚龙教育装备股份有限公司丁斌斌、汪滨芳、魏帅鹏等对本教材的编写提供了大量技术支持，山西科达自控股份有限公司高级工程师牛乃平先生提出了许多结合自动化前沿动态发展的宝贵意见，再次对提供帮助的企业同仁表示感谢。

由于时间仓促，编者水平有限，书中难免存在疏漏之处，恳请广大读者批评指正。

山西省"十四五"职业教育规划立项建设教材

自动化生产线安装与调试

主　编　李轩青　高　波
副主编　朱娟娟　宋坤伟
参　编　王彦勇　张慧明

北京理工大学出版社
BEIJING INSTITUTE OF TECHNOLOGY PRESS

内 容 简 介

本书以亚龙公司 YL-1633B 自动化生产线为教学载体（也可适用于 YL-335B 设备），面向自动化类和机电类相关专业在校学生和企业员工开展学习。教材融合了传感器与检测技术、电机与电气控制技术、PLC 控制技术、液压与气压传动技术、工业网络技术等多方面知识。

全书在内容编排上，每个项目相对独立，本着"必需、够用"，面向专业，贴近实践原则，采用由简单到复杂、由单一到综合的工作过程。为了更好地进行实践教学，教材分为知识篇与实践篇，知识篇涵盖了实践项目所需的必要理论知识与实践技能，实践篇内容主要由七个项目模块组成，培养学生和企业员工掌握自动化生产线各单元机械安装与调整、电路设计与连接、气路连接与调试、设备参数现场整定、人机界面组态、控制程序编制与调试以及设备故障排除等方面的专业技能。

版权专有　侵权必究

图书在版编目（CIP）数据

自动化生产线安装与调试／李轩青，高波主编.
北京：北京理工大学出版社，2024. 5（2024.12 重印）.
ISBN 978-7-5763-4141-6

Ⅰ. TP278

中国国家版本馆 CIP 数据核字第 2024AB8288 号

责任编辑：封　雪	文案编辑：封　雪
责任校对：刘亚男	责任印制：李志强

出版发行 / 北京理工大学出版社有限责任公司	
社　　址 / 北京市丰台区四合庄路 6 号	
邮　　编 / 100070	
电　　话 / (010) 68914026（教材售后服务热线）	
(010) 63726648（课件资源服务热线）	
网　　址 / http://www.bitpress.com.cn	
版 印 次 / 2024 年 12 月第 1 版第 2 次印刷	
印　　刷 / 三河市天利华印刷装订有限公司	
开　　本 / 787 mm×1092 mm　1/16	
印　　张 / 16	
字　　数 / 338 千字	
定　　价 / 47.50 元	

图书出现印装质量问题，请拨打售后服务热线，负责调换

目　录

Ⅰ　知识篇

Ⅱ　实践篇

I 知识篇

一、自动化生产线项目概况

亚龙 YL-1633B 型工业机器人循环生产线实训装备（简称 YL-1633B 型自动化生产线）由供料单元、加工单元、装配单元、分拣单元、输送单元、机器人码垛单元组成，自动化生产线整体如图 1-1-1 所示。

自动化生产线
设备认知

图 1-1-1　自动化生产线整体

每个工作单元都可以自成一个独立的机电一体化系统。各个单元的执行机构基本以气动执行机构为主，但输送单元的抓取机械手装置整体运动采取伺服电动机驱动、精密定位的位置控制。抓取机械手装置驱动系统具有长行程、多定位点的特点，是一个典型的一维位置控制系统。分拣单元的传送带驱动采用通用变频器驱动三相异步电动机的交流传动装置，对物料进行分拣。码垛单元使用工业机器人对物料进行入库和拆分出库。机器人伺服电动机驱动及位置控制技术和变频器驱动技术是在现代工业企业中应用最为广泛的电气控制技术。在 YL-1633B 型自动化生产线上应用了多种类型的传感器，这些传感器分别用于判断物体的运动位置、物体通过的状态、物体的颜色及材质等。传感器技术是机电一体化技术中的关键技术之一，是现代工业实现高度自动化的前提之一。在控制方面，YL-1633B 型自动化生产线的标准配置采用基于以太网通信的网络控制方案，即每个工作单元由一台可编程逻辑控制器（programmable logic controller，PLC）承担其控制任务，各 PLC 之间采用通过PROFINET 通信实现互连的分布式控制方式。用户可根据需要选择不同厂家的 PLC及其所支持的通信模式，组建成一个小型的 PLC 网络。

（一）各工作单元的功能

1. 供料单元

供料单元是 YL-1633B 型自动化生产线中的起始单元，起着为系统中的其他单元提供原料的作用。

供料单元的基本功能是按照需要将放置在料仓中待加工的工件（原料）自动送到物料台上，以便输送单元的抓取机械手装置将工件抓取并送往其他工作单元。

供料单元的主要构成包括井式工件库、工件锁紧装置和工件推出装置（直线气缸）、光电传感器等。供料单元如图 1-1-2 所示。

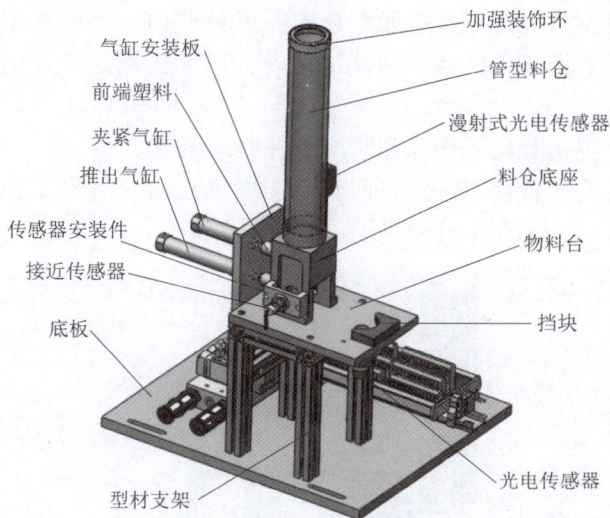

图 1-1-2　供料单元

加强装饰环
管型料仓
漫射式光电传感器
料仓底座
物料台
挡块
光电传感器

气缸安装板
前端塑料
夹紧气缸
推出气缸
传感器安装件
接近传感器
底板
型材支架

2. 加工单元

　　加工单元是 YL-1633B 型自动化生产线中对工件进行处理的单元之一，在整个系统中，起着对输送单元送来的工件进行模拟冲孔处理或工件冲压处理等作用。

　　加工单元的基本功能是把该单元物料台上的工件（工件由输送单元的抓取机械手装置送来）送到冲压机构下面，完成一次冲压加工动作，然后再将工件送回物料台上，等待输送单元的抓取机械手装置取出。

　　加工单元主要包括工件搬运装置和工件加工装置。

　　加工单元的主要配置有导轨、直线气缸、薄型气缸、工作夹紧装置等。加工单元如图 1-1-3 所示。

（a）　　　　　　　　（b）

图 1-1-3　加工单元

（a）前视图；（b）右视图

3. 装配单元

　　装配单元是 YL-1633B 型自动化生产线中对工件进行处理的另一个单元，在整个系统中，起着对输送单元送来的工件进行装配的作用。

　　装配单元的基本功能是将该单元料仓内的黑色或白色小圆柱工件放置到送料台上，通过装配机械手把小工件装配到大工件内，然后由输送单元的抓取机械手搬运至下一个工序。

　　装配单元主要包括装配工作库和装配工件搬运装置。

　　装配单元的主要配置有工件库、回转台、摆动气缸、气动手指、升降气缸、光电传感器等。装置单元如图1-1-4所示。

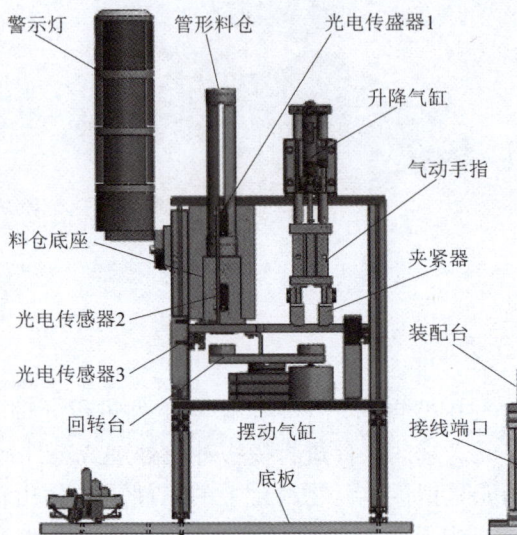

图1-1-4　装配单元

4. 分拣单元

　　分拣单元的基本功能是将上一工序送来的已加工、装配的工件进行分拣，使不同颜色的工件从不同的料槽分流。

　　分拣单元主要包括皮带输送线和成品分拣装置。

　　分拣单元的主要配置有直线传送带输送线、直线气缸、三相异步电动机、变频器、光电传感器、光纤传感器等。分拣单元如图1-1-5所示。

图1-1-5　分拣单元

5. 输送单元

输送单元的基本功能是从该单元到达指定单元的物料台，并在指定单元物料台上抓取工件，把抓取到的工件输送到指定地点，然后将工件放下。

输送单元主要包括直线移动装置和工件取送装置。

输送单元的主要配置有步进电机、薄型气缸、摆动气缸、双导杆气缸、气动手指、行程开关和磁性开关等。输送单元如图1-1-6所示。

图1-1-6　输送单元

6. 机器人码垛单元

机器人码垛单元的基本功能是对分拣后的物料进行入库处理，对库里的物料进行拆分出库处理。机器人码垛单元如图1-1-7所示。

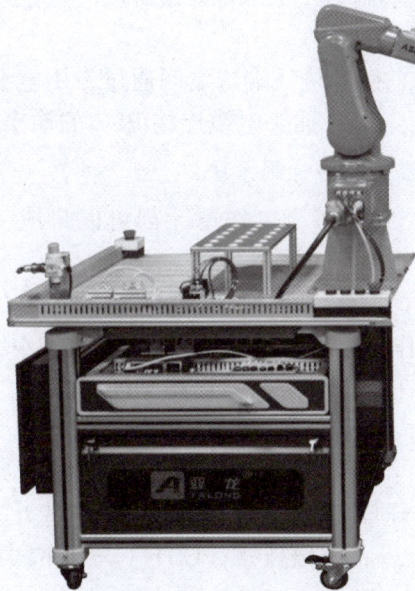

图1-1-7　机器人码垛单元

（二）系统整体功能介绍

1. YL-1633B 型自动化生产线各工作单元的结构特点

自动化生产线 PLC
及接线端子板

YL-1633B 型自动化生产线的各工作单元中机械装置和电气控制部分的安装位置相对分离。

每个工作单元机械装置整体安装在底板上，控制工作单元生产过程的 PLC 装置安装在工作台两侧的抽屉板上。机械装置上的各电磁阀和传感器的引线均连接到装置侧的接线端口上，PLC 的输入/输出（input/output，I/O）引出线连接到 PLC 侧的接线端口上，两个接线端口间通过多芯信号电缆互连，从而实现工作单元机械装置与 PLC 装置之间的信息交换。图 1-1-8 和图 1-1-9 所示分别为装置侧的接线端口和 PLC 侧的接线端口。

图 1-1-8　装置侧的接线端口　　　　图 1-1-9　PLC 侧的接线端口

装置侧的接线端口的接线端子采用三层端子结构，上层端子用以连接 DC 24 V 电源的 +24 V 端，底层端子用以连接 DC 24 V 电源的 0 V 端，中间层端子用以连接各路信号线。

PLC 侧的接线端口的接线端子采用两层端子结构，上层端子用以连接各路信号线，其端子号与装置侧的接线端口的接线端子相对应。底层端子用以连接 DC 24 V 电源的 +24 V 端和 0 V 端。

装置侧的接线端口和 PLC 侧的接线端口之间通过专用电缆连接。其中，25 针插头电缆连接 PLC 的输入信号，15 针插头电缆连接 PLC 的输出信号。

2. YL-1633B 型自动化生产线的控制系统

YL-1633B 型自动化生产线的每个工作单元都可以自成一个独立系统，同时也可以通过网络互联构成一个分布式的控制系统。

当工作单元自成一个独立的系统时，其设备运行的主令信号以及运行过程中的状态显示信号，来源于该工作单元按钮/指示灯模块。按钮/指示灯模块如图 1-1-10 所示。模块上的指示灯和按钮的端脚全部引到端子排上。

模块盒上器件包括如下内容。

（1）指示灯（DC 24 V）：黄色（HL1）、绿色（HL2）、红色（HL3）各一个。

（2）主令器件：绿色常开按钮（SB1）一只；红色常开按钮（SB2）一只；选择开关（SA）（一对转换触点）；急停按钮（QS）（一个常闭触点）。

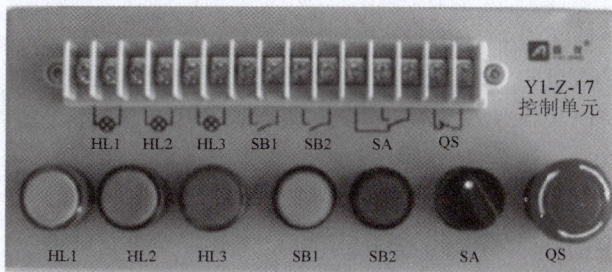

图 1-1-10 按钮/指示灯模块

3. 各工作单元 PLC 配置

（1）输送单元：S7-1200 CPU 1214C DC/DC/DC 单元，共 16 点输入，10 点晶体管输出。扩展模块 SM1223 DC/RLY，8 点输入，8 点继电器输出。

（2）供料单元：S7-1200 CPU 1214C AC/DC/RLY 主单元，共 16 点输入，10 点继电器输出。

（3）加工单元：S7-1200 CPU 1214C AC/DC/RLY 主单元，共 16 点输入，10 点继电器输出。

（4）装配单元：S7-1200 CPU 1214C AC/DC/RLY 主单元，共 16 点输入，10 点继电器输出。扩展模块 SM1223 DC/RLY，8 点输入，8 点继电器输出。

（5）分拣单元：S7-1200 CPU 1214C AC/DC/RLY 主单元，共 16 点输入，10 点继电器输出。

4. 人机界面

系统运行的主令信号（复位、启动、停止等）能够通过人机界面控制。同时，人机界面也可以显示系统运行的各种状态信息。

人机界面是在操作人员和机器设备之间做双向沟通的桥梁。人机界面能够明确指示并告知操作员机器设备目前的工作状况，使操作变得简单、直观、形象、生动，并且可以减少操作上的失误。即使是新手也可以通过人机界面很轻松地操作整个机器设备。使用人机界面还可以使机器的配线标准化、简单化，同时也能减少 PLC 控制器所需的 I/O 点数，降低生产的成本。由于面板控制具有小型化及高性能的特点，因此人机界面的使用相对提高了整套设备的附加价值。

YL-1633B 型自动化生产线采用昆仑通态监视与控制通用系统（monitor and control generated system，MCGS）TPC7062Ti 触摸屏作为人机界面。TPC7062Ti 是一款以嵌入式低功耗中央处理器（central processing unit，CPU）为核心（主频为 400 MHz）的高性能嵌入式一体化触摸屏。产品设计采用 7 in[①] 高亮度薄膜晶体管（thin film transistor，TFT）液晶显示屏（分辨率为 800×480）、四线电阻式触摸屏（分辨率为 4 096×4 096），可使用 MCGS 嵌入式组态软件（运行版）进行编程。

（三）供电电源

外部供电电源为三相五线制 AC 380 V/AC 220 V，供电电源回路原理图如图 1-1-11

---

① 1 in＝25.4 mm。

所示。图中，总电源开关选用 DZ47LE-32/C32 三相四线漏电开关。系统各主要负载通过空气开关单独供电。其中，变频器电源通过 DZ47C16/3P 三相断路器（空气开关）供电；各工作单元 PLC 均采用 DZ47C5/1P+N 单相断路器（空气开关）供电。此外，系统配置 4 台 DC 24 V 6 A 的稳压电源分别用作供料单元、加工单元、分拣单元及输送单元的直流电源。

三相五线制电源进线	总电源开关	变频器电源控制	伺服电源控制	输送单元电源控制	供料单元PLC电源控制	加工单元PLC电源控制	加工/供料单元开关电源控制	装配单元电源控制	分拣单元电源控制

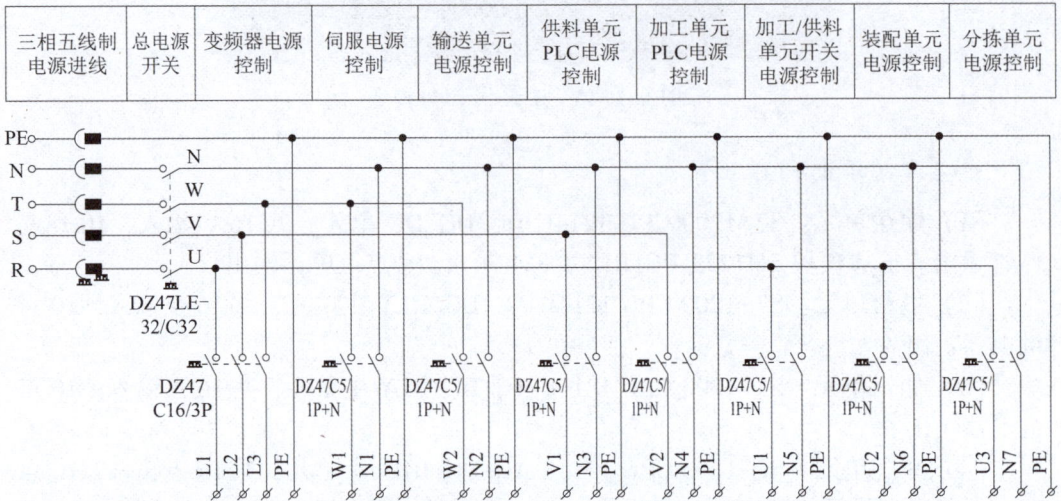

图 1-1-11　供电电源回路原理图

（四）知识链接

自动化生产线的主要优点如下：

（1）自动化程度高，无需人工操作。

（2）整个生产线工作效率高，提高企业生产效率。

（3）整个生产线工艺的生产流程稳定，提高产品的一致性。

（4）适合大批量生产，降低企业生产成本。

（5）整个生产线可以执行一些手工测试困难或无法进行的测试，例如，对于需要大量用户的测试，不可能让足够多的测试人员同时进行测试，但是通过自动化测试程序可以同时模拟许多用户，从而达到测试的目的。

（6）生产线可以更好地利用资源。将烦琐的任务进行自动化生产，不仅可以提高准确性和测试人员的积极性，还可以将测试技术人员解脱出来，从而将更多精力投入设计工作中。由于有些测试不适合自动测试，仅适合手工测试，因此将可自动测试的部分进行自动化测试后，测试人员仅需专注于手工测试部分，从而提高手工测试的效率。

引导问题 1：查阅资料，搜集整理自动化生产线案例与知识。

_____

_____

_____

引导问题2：你了解的自动化生产线，会用到哪些学过的课程知识？

_____

_____

_____

二、气动技术

（一）气泵

气泵是一种常见的工业设备，主要用于输送气体、吸气、排气等工作。它是一种能将外部压缩空气转化为一定压力和流量的机器。气泵是广泛应用于各种工业领域的动力设备之一，其工作原理利用气体压缩和流动原理。

气动系统介绍

气泵的主要部件包括气缸、活塞、阀门和排气口。气泵通过活塞在气缸内形成一定的压缩空间，将外部的空气吸入，并将其压缩。在气压达到一定值后，气泵的阀门会自动打开，将压缩的空气排出。气泵如图1-2-1所示。

图1-2-1　气泵

（二）气源处理组件

YL-1633B型自动化生产线的气源处理组件及其回路如图1-2-2所示。气源处理组件是气动控制系统中的基本组成器件，其作用是除去压缩空气中所含的杂质及凝结水，调节并保持恒定的系统工作压力。在使用气源处理组件时，应注意经常检查过滤器中凝结水的水位，在超过最高标线以前，凝结水必须排放，以免被重新吸入。气源处理组件的气路入口处有一个快速开关，用于开启/关闭气源。当将气路开关向左拔出时，气路接通气源；反之，把气路开关向右推入时，气路关闭。

气源处理组件的输入气源来自空气压缩机，空气压缩机所提供的空气压力为0.6~1.0 MPa，气源处理组件输出的空气压力在0~0.8 MPa范围内可调。输出的压缩空气通过快速三通接头和气管输送到各工作单元。

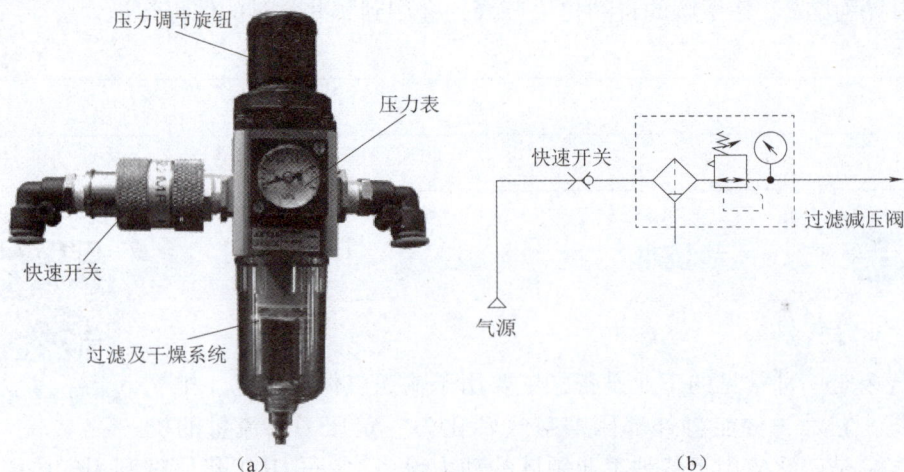

（a）　　　　　　　　　　　　（b）

图 1-2-2　气源处理组件及其回路

（a）气源处理组件实物图；（b）气源回路原理图

（三）气缸

YL-1633B 型自动化生产线的机械运动通过气动执行元件实现，即通过活塞增加气压，然后气压传动将压缩空气的压力转换为机械能，从而驱动机构做直线往复运动或摆动和旋转运动。

YL-1633B 型自动化生产线的设备气动执行元件包括标准直线气缸、气动手指、摆动气缸和导杆气缸等。各类气缸如图 1-2-3 所示。

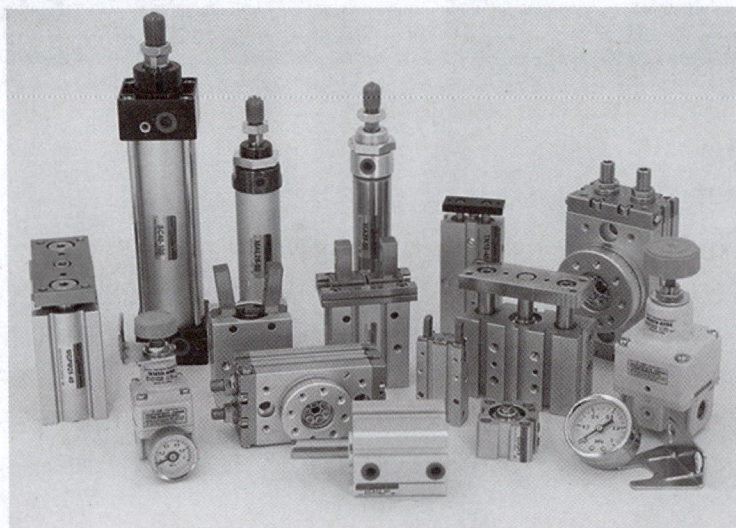

图 1-2-3　各类气缸

1. 标准双作用直线气缸

标准双作用直线气缸由缸筒、活塞、活塞杆、前端盖、后端盖及密封件等组成，其内部被活塞分成两个腔，有活塞杆的腔称为有杆腔，无活塞杆的腔称为无杆腔。

气缸典型结构如图 1-2-4 所示。

图 1-2-4 气缸典型结构

标准双作用直线气缸是指活塞的往复运动均由压缩空气来推动。当从无杆腔输入压缩空气时，有杆腔排气，气缸两腔的压力差作用在活塞上所形成的力克服阻力负载推动活塞运动，使活塞杆伸出；当有杆腔进气，无杆腔排气时，使活塞杆缩回。若有杆腔和无杆腔交替进气和排气，则活塞实现往复直线运动。

图 1-2-5 所示为标准双作用直线气缸的工作示意图，气缸的两个端盖上都设有进排气通口，从无杆侧端盖气口进气时，推动活塞向前运动；反之，从有杆侧端盖气口进气时，推动活塞向后运动。

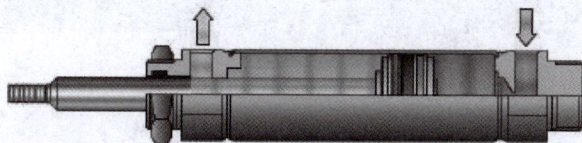

图 1-2-5 标准双作用直线气缸工作示意图

标准双作用直线气缸具有结构简单，输出力稳定，行程可根据需要选择的优点。由于气缸是利用压缩空气交替作用于活塞上实现伸缩运动的，回缩时压缩空气的有效作用面积较小，因此活塞回缩时产生的力要小于活塞伸出时产生的推力。

2. 摆动气缸

回转物料台的主要器件是摆动气缸，它由直线气缸驱动齿轮齿条实现回转运动，回转角度可调。摆动气缸可以安装磁性开关，用以检测旋转到位信号，多用于方向和位置都需要变换的机构。摆动气缸如图 1-2-6 所示。

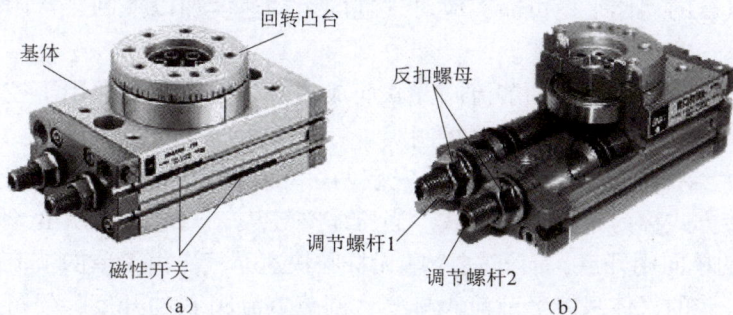

图 1-2-6 摆动气缸
(a) 实物图；(b) 剖视图

摆动气缸的摆动回转角度可以在 0°～180° 范围调节。当需要调节回转角度或调整摆动位置精度时，应松开调节螺杆上的反扣螺母，通过旋入和旋出调节螺杆，从而改变回转凸台的回转角度。调节螺杆 1 和调节螺杆 2 分别用于左旋和右旋角度的调整，当调整好摆动角度后，应将反扣螺母与基体反扣锁紧，防止调节螺杆松动，造成回转精度降低。

3. 导杆气缸

导杆气缸是指具有导向功能的气缸。一般为标准气缸和导向装置的集合体。导杆气缸具有导向精度高，抗扭转力矩能力强，承载能力强，工作平稳等特点。

装配单元用于驱动装配机械手水平方向移动的导杆气缸外形如图 1-2-7 所示。该导杆气缸由直线运动气缸带双导杆和其他附件组成。

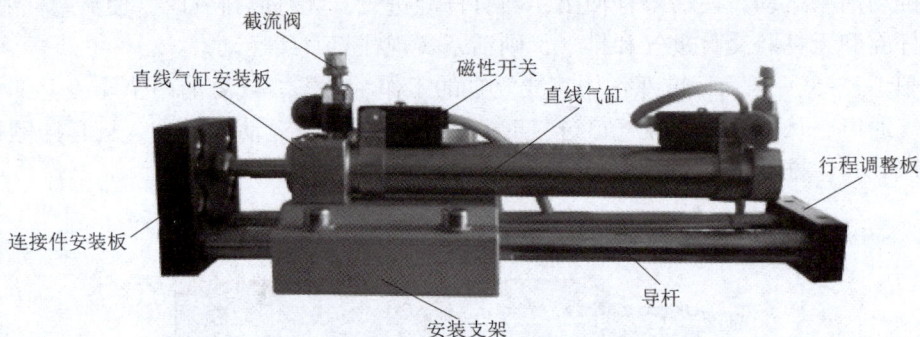

截流阀
直线气缸安装板
磁性开关
直线气缸
行程调整板
连接件安装板
导杆
安装支架

图 1-2-7　导杆气缸外形

安装支架用于导杆导向件的安装和导杆气缸整体的固定，连接件安装板用于固定其他需要连接到该导杆气缸上的物件，并将两导杆和直线气缸活塞杆的相对位置固定。当直线气缸的一端接通压缩空气后，活塞被驱动做直线运动，活塞杆也一起移动，被连接件安装板固定到一起的两导杆也随活塞杆伸出或缩回，从而实现导杆气缸的整体功能。安装在导杆末端的行程调整板用于调整该导杆的伸出行程，具体调整方法是先松开行程调整板上的紧定螺钉，让行程调整板在导杆上移动，在达到理想的伸出距离后，完全锁紧紧定螺钉，即可完成行程的调节。

4. 节流阀

为了使气缸的动作平稳可靠，应对气缸的运动速度加以控制，常用的方法是使用单向节流阀来实现这个功能。

单向节流阀是由单向阀和节流阀并联而成的流量控制阀，常用于控制气缸的运动速度，所以单向节流阀又称速度控制阀。

图 1-2-8 给出了在双作用气缸上安装两个单向节流阀的连接和调整原理示意图，这种连接方式称为排气节流方式。当压缩空气从 A 端进入，从 B 端排出时，单向节流阀 A 的单向阀开启，向气缸 A 端无杆腔快速充气。由于单向节流阀 B 的单向阀关闭，有杆腔的气体只能经节流阀排气，调节节流阀 B 的开度，便可改变气缸伸出时的运动速度。反之，调节节流阀 A 的开度则可改变气缸缩回时的运动速度。这种控制方式是保证活塞运行稳定最常用的方式。

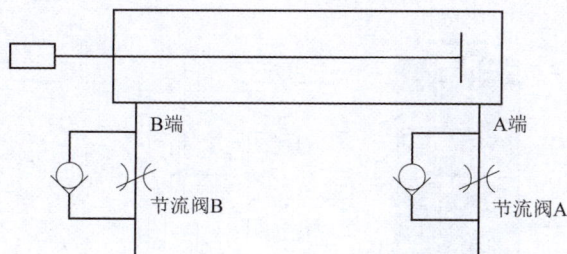

图 1-2-8　单向节流阀连接和调整原理示意图

节流阀上带有气管的快速接头，只要将合适外径的气管插在快速接头上，管路就连接好了，使用时十分方便。图 1-2-9 所示为安装了带快速接头的限出型节流阀的气缸外观。

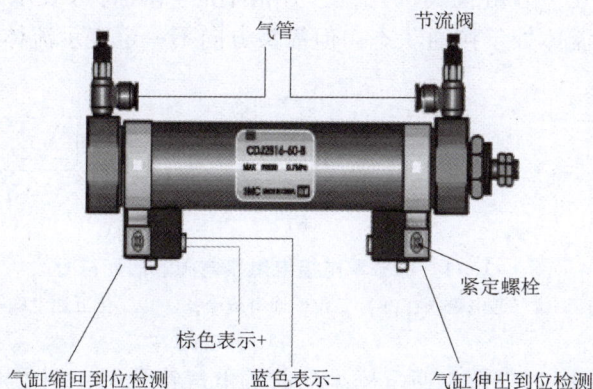

图 1-2-9　安装了带快速接头的限出型节流阀的气缸外观

（四）电磁换向阀、电磁阀组

YL-1633B 型自动化生产线的各类气缸，其活塞的运动是依靠向气缸一端进气，并从另一端排气，也可以是从另一端进气，这一端排气来实现的。气体流动方向的改变由能改变气体流动方向或通断的控制阀，即方向控制阀来加以控制。在自动控制中，方向控制阀常采用电磁控制方式实现方向控制，因此方向控制阀又称电磁换向阀。

电磁换向阀由电磁部件和阀体组成。电磁部件由固定铁芯、动铁芯、线圈等部件组成；阀体部分由阀芯、滑阀套、弹簧底座等部件组成。

电磁换向阀是利用其电磁线圈通电时，静铁芯对动铁芯产生电磁吸力使阀芯切换位置，以达到改变气流方向的目的。在安全联锁保护系统中应用的电磁换向阀主要有二位二通、二位三通、二位四通和二位五通电磁换向阀，图 1-2-10 所示为一个单电控二位三通电磁换向阀的工作原理。

"位"指为了改变气体方向，阀芯相对于阀体所具有的不同的工作位置。"通"则是指换向阀与系统相连的通口，有几个通口即为几通。图 1-2-10 中，只有两个工作位置，具有供气口 P、工作口 A 和排气口 R 三个通口，故为二位三通阀。

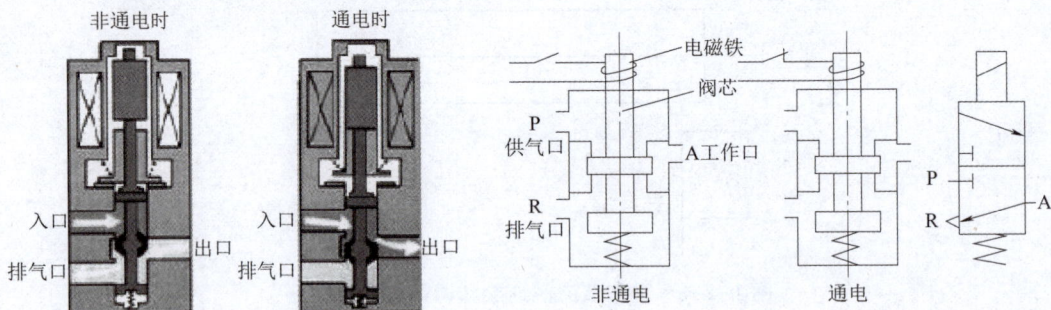

非通电时　通电时　电磁铁　阀芯　P 供气口　A工作口　R 排气口　非通电　通电　P　R　A

图 1-2-10　单电控二位三通电磁换向阀的工作原理

图 1-2-11 中分别给出二位三通、二位四通和二位五通单电控电磁换向阀的图形符号。图形中有几个方格就表示几位，方格中的⊤和⊥符号表示各接口互不相通，方框内的箭头表示流体处于接通状态，但箭头方向不一定表示流体的实际方向。

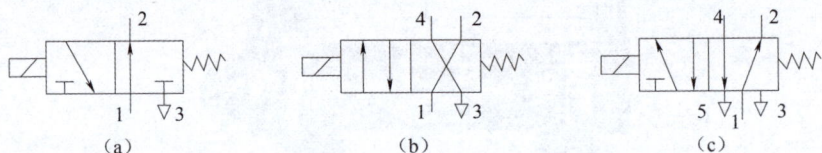

（a）　（b）　（c）

图 1-2-11　部分单电控电磁换向阀的图形符号
（a）二位三通电磁阀；（b）二位四通电磁阀；（c）二位五通电磁阀

图 1-2-11（a）为二位三通电磁换向阀的电气符号图，图中左侧的方框是指电磁阀的得电状态，右侧的方框是指电磁阀的失电状态，左侧小长方形是指电磁线圈，右侧折线是指弹簧，所以靠近弹簧侧的方框是电磁阀的失电状态，靠近线圈侧的方框是电磁阀的得电状态。

图 1-2-11 中 1、2、3 标号采用的是国内、国际通用的数字标示法，还有字母标示法。

电磁阀的具体标示为供气口为 1 或 P，排气口为 5 或 R 和 3 或 S，工作口为 2 或 A 和 4 或 B。

电磁换向阀都有两个或两个以上的工作位置，其中一个为常态位，即阀塞未受到操纵力时所处的工作位置。电磁换向阀的图形符号中的中位是三位阀的常态位。

YL-1633B 型自动化生产线中所有工作单元的执行气缸都是双作用气缸，因此控制它们工作的电磁换向阀需要有两个工作口、两个排气口及一个供气口，故使用的电磁换向阀均为二位五通电磁换向阀。

电磁换向阀带有手动换向加锁按钮，有 LOCK（锁定）和 PUSH（按下）两个位置。用小螺丝刀把加锁按钮旋到 LOCK 位置时，手控开关向下凹进去，不能进行手动操作。只有在加锁按钮旋到 PUSH 位置时，才可用工具向下按，此时手控开关的信号为 1，等同于该侧的电磁信号为 1。常态时，手控开关的信号为 0。在进行设备调试时，可以使用手控开关对电磁阀进行控制，从而实现对相应气路的控制，以改变推料气缸等执行机构的状态，达到调试的目的。

如图 1-2-12 所示，两个电磁换向阀集中安装在汇流板上。汇流板中两个排气口末端均连接了消声器，消声器的作用是减少压缩空气在向大气排放时产生的噪声。这种将多个电磁换向阀与消声器、汇流板等集中在一起构成的一组控制阀的集成称为电磁阀组，其中每个电磁换向阀的功能是彼此独立的。电磁阀组的结构如图 1-2-12 所示。

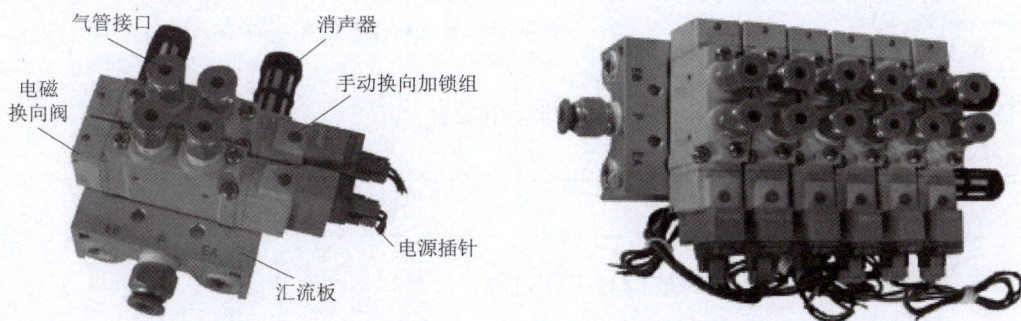

图 1-2-12　电磁阀组的结构

（五）气动控制回路

气动控制回路是工作单元的执行机构，执行机构的控制逻辑与控制功能都由 PLC 实现。供料单元气动控制回路的工作原理如图 1-2-13 所示，其中 1A 和 2A 分别为推料气缸和顶料气缸，1B1 和 1B2 为安装在推料气缸的两个极限工作位置的磁感应接近开关，2B1 和 2B2 为安装在顶料气缸的两个极限工作位置的磁感应接近开关，1Y1 和 2Y1 分别为控制推料气缸和顶料气缸的电磁阀的电磁控制端。通常，这两个气缸的初始位置均设定在缩回状态。

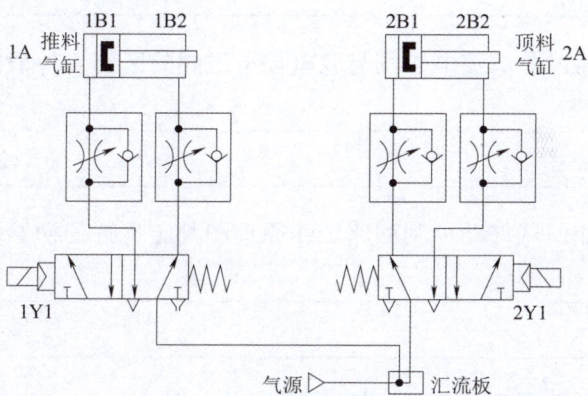

气动系统的调试

图 1-2-13　供料单元气动控制回路工作原理图

磁性开关通过钢带安装在气缸体外，松开磁性开关的紧定螺钉，磁性开关就可以沿着气缸左右移动。磁性开关位置确定后，旋紧紧定螺钉，即可完成磁性开关位置的调整。磁性开关位置的调整示意如图 1-2-14 所示。

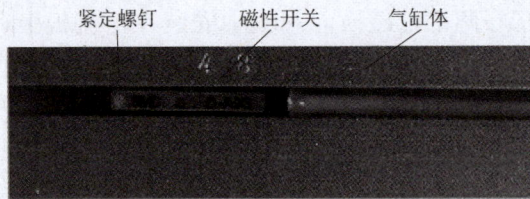

紧定螺钉　　磁性开关　　气缸体

图1-2-14　磁性开关位置调整示意图

💡 引导问题1：查阅资料，了解气泵的应用场合。

💡 引导问题2：了解气缸的结构与工作过程。

💡 引导问题3：单作用气缸与双作用气缸的应用场合分别有哪些？

💡 引导问题4：电磁换向阀几位几通是如何定义的？

💡 引导问题5：简述单电控电磁阀与双电控电磁阀的区别，各举例一个应用场合。

💡 引导问题6：如何从气动控制回路工作原理图判定气缸的初始位置？

💡 引导问题7：磁性开关的位置如何确定？

💡 引导问题8：简述单向节流阀的作用及调试注意事项。

三、传感器与检测技术

YL-1633B 型自动化生产线的各工作单元所使用的传感器都是接近传感器，它利用传感器对所接近的物体具有的敏感特性来识别物体的接近，并输出相应开关信号，因此，接近传感器通常又称接近开关。

接近传感器有多种检测方式，包括利用电磁感应引起检测对象金属体中产生涡电流的方式、捕捉检测体接近引起的电气信号容量变化的方式、利用磁石和引导开关的方式、利用光电效应和光电转换器件作为检测元件的方式等。YL-1633B 型自动化生产线所使用的是磁感应式接近开关（又称磁性开关）、电感式接近开关、漫射式（又称漫反射式）光电接近开关和光纤型光电传感器等。

（一）磁性开关

YL-1633B 型自动化生产线所使用的气缸都是带磁性开关的气缸。气缸的缸筒采用导磁性能弱、隔磁性能强的材料，如硬铝、不锈钢等。在非磁性体的活塞上安装一个永久磁铁的磁环，这样就提供了一个反映气缸活塞位置的磁场。而安装在气缸外侧的磁性开关则用来检测气缸活塞的位置，即检测活塞的运动行程。

有触点式的磁性开关用舌簧开关作为磁场检测元件。舌簧开关成型于合成树脂块内，并且动作指示灯、过电压保护电路也塑封在内。图 1-3-1 所示是带磁性开关气缸的工作原理图。当气缸中随活塞移动的磁环靠近磁性开关时，舌簧开关的两根簧片被磁化而相互吸引，触点闭合；当磁环移开磁性开关后，簧片失磁，触点断开。触点闭合或断开时均可发出电控信号，在 PLC 的自动控制电路中，可以利用该信号判断推料气缸及顶料气缸的运动状态或所处的位置，以确定工件是否被推出或气缸是否返回。

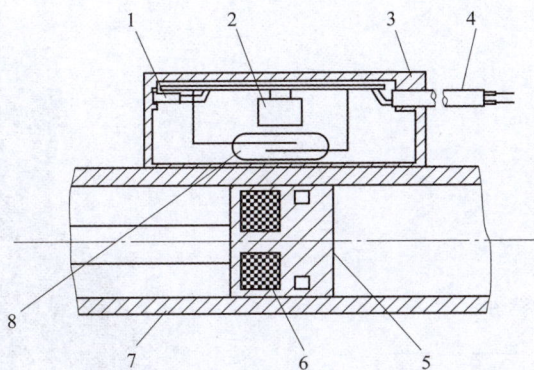

图 1-3-1　带磁性开关气缸的工作原理图

1—动作指示灯；2—过电压保护电路；3—开关外壳；4—导线；5—活塞；
6—磁环（永磁体）；7—缸筒；8—舌簧开关

在磁性开关上设置的发光二极管（light emitting diode，LED）用于显示其信号状态，调试时使用。磁性开关动作时，输出信号为 1，LED 显示灯亮；磁性开关不动作时，输出信号为 0，LED 显示灯不亮。

磁性开关的安装位置可以调整，调整方法是松开它的紧固定位螺栓，使磁性开关顺着气缸滑动，当磁性开关到达指定位置后，再旋紧它的紧固定位螺栓。

　　磁性开关有蓝色和棕色2根引出线，使用时蓝色引出线应连接到 PLC 输入公共端，棕色引出线应连接到 PLC 输入端。磁性开关的内部电路如图 1-3-2 中虚线框部分所示。

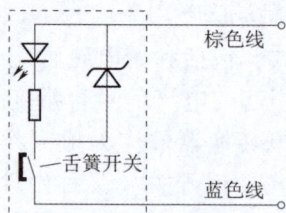

图 1-3-2　磁性开关

电感式传感器

（二）电感式接近开关

　　电感式接近开关是利用电涡流效应制造的传感器。电涡流效应是当金属物体处于一个交变的磁场中时，在金属内部会产生交变的电涡流，该涡流又会反作用于产生它的磁场的一种物理效应。如果这个交变的磁场是由一个电感线圈产生的，则这个电感线圈中的电流就会发生变化，用于平衡涡流产生的磁场。

　　利用这一原理，以高频振荡器（LC 振荡器）中的电感线圈作为检测元件，当被测金属物体接近电感线圈时就会产生涡流效应，从而引起振荡器振幅或频率的变化。而传感器的信号调理电路（包括检波、放大、整形、输出等电路）将该变化转换成开关量输出，从而达到信号检测目的。电感式接近开关工作原理框图如图 1-3-3 所示。供料单元中，为了检测待加工工件是否为金属材料，在供料管形料仓底座侧面安装了一个电感式接近开关，如图 1-3-4 所示。

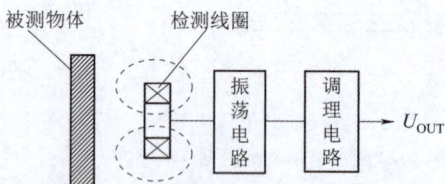

图 1-3-3　电感式接近开关原理框图

图 1-3-4　供料单元上的电感式接近开关

　　在接近开关的选用和安装中，必须认真考虑接近开关的检测距离、设定距离，保证生产线上的接近开关可靠动作。接近开关安装距离注意说明如图 1-3-5 所示。

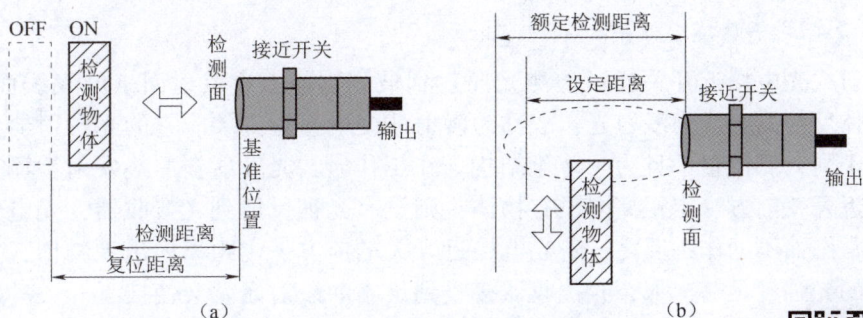

图1-3-5　接近开关安装距离注意说明

（a）检测距离；（b）设定距离

（三）漫射式光电接近开关

光电传感器

漫射式光电接近开关是一种常用的光电传感器，它具有精度高、反应速度快、稳定性好等优点。该光电接近开关适用于工业自动化、机器人应用、物流输送、包装等领域。例如，在包装生产线上，漫射式光电接近开关可以检测产品是否到位、产品数量、产品位置等信息；在物流输送领域，它可以用于检测物品的位置和数量；在机器人应用领域，漫射式光电接近开关可以检测机器人末端执行器的位置，从而实现自动化操作，提高工作效率并减少错误率。总之，漫射式光电接近开关在现代工业自动化和智能化的进程中具有重要作用。

1. 光电接近开关

光电传感器是利用光的各种性质，检测物体的有无和表面状态的变化等的传感器，其中，输出形式为开关量的光电传感器为光电接近开关。

光电接近开关主要由光发射器和光接收器构成。如果光发射器发射的光线因检测物体不同而被遮掩或反射，则到达光接收器的量将会发生变化。光接收器的敏感元件检测出这种变化，并将其转换为电气信号，然后将输出电信号传送到 PLC 中。大多光电接近开关使用可视光（主要为红色，也用绿色、蓝色来判断颜色）和红外光。

按照光接收器接收光的方式的不同，光电接近开关可分为对射式光电接近开关、反射式光电接近开关和漫射式光电接近开关 3 种，如图 1-3-6 所示。

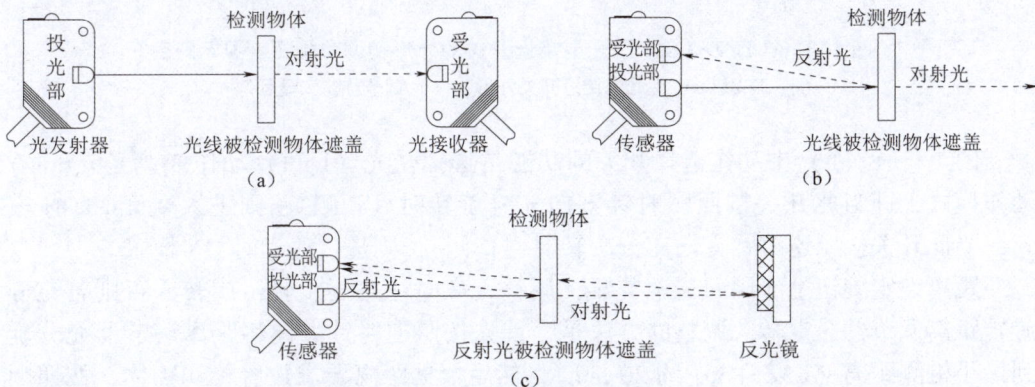

图1-3-6　光电接近开关

（a）对射式光电接近开关；（b）漫射式光电接近开关；（c）反射式光电接近开关

2. 漫射式光电接近开关

漫射式光电接近开关通过检测光照射到被测物体上后反射回来的光线而动作。由于物体反射的光线为漫射光，故称为漫射式光电接近开关。它的光发射器与光接收器处于同一侧位置，且为一体化结构。在工作时，光发射器始终发射检测光。若光电接近开关前方一定距离内没有物体，则没有光被反射到光接收器，光电接近开关处于常态而不动作；反之，若光电接近开关的前方一定距离内出现物体，只要反射回来的光强度足够，那么光接收器接收到足够的漫射光就会使接近开关动作而改变输出的状态。图 1-3-6（b）为漫射式光电接近开关。

供料单元中，用来检测工件不足或工件有无的漫射式光电接近开关选用 OMRON 公司的 E3Z-LS61 型放大器内置型光电接近开关（细小光束类型，NPN 型晶体管集电极开路输出），其电路原理如图 1-3-7 所示。该光电接近开关的外形和顶端面上的调节旋钮与显示灯如图 1-3-8 所示。

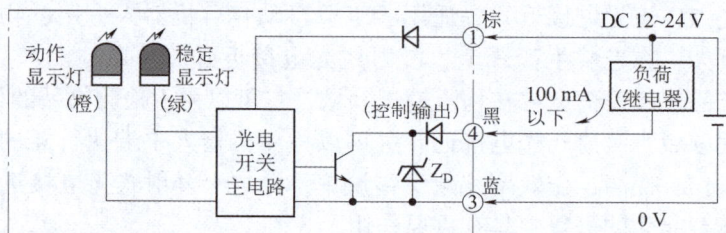

图 1-3-7　E3Z-LS61 型光电接近开关电路原理图

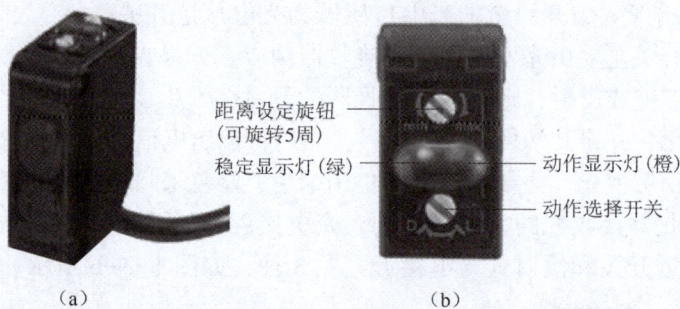

图 1-3-8　E3Z-LS61 型光电接近开关的外形和调节旋钮、显示灯
（a）E3Z-LS61 型光电接近开关外形；（b）调节旋钮和显示灯

图 1-3-8（b）中动作选择开关的功能是选择受光（light）动作或遮光（drag）动作模式，即当此开关按照顺时针方向充分旋转时（L 侧），则进入受光时 ON 模式；当此开关按照逆时针方向充分旋转时（D 侧），则进入遮光时 ON 模式。

距离设定旋钮是 5 周回转调节器，调整距离时注意逐步轻微旋转，否则若充分旋转距离调节器会空转。调整的方法是，首先按照逆时针方向将距离调节器充分旋到最小检测距离（E3Z-LS61 约 20 mm），然后根据距离要求放置检测物体，按照顺时针方向逐步旋转距离调节器，找到传感器进入检测状态的距离点；最后拉开检测物体距离，按照顺时针方向进一步旋转距离调节器，找到传感器再次进入检测状态的距离点，一旦进入，向后旋转距离调节器直到传感器回到非检测状态。两点之间的中点为稳定检测物体的最佳位置。

用来检测物料台上有无工件的光电开关是一个圆柱形漫射式光电接近开关，工作时向上发出光线，透过小孔检测是否有工件存在。

部分光电接近开关的图形符号如图 1-3-9 所示。其中图 1-3-9（a）、图 1-3-9（b）、图 1-3-9（c）三种情况均使用 NPN 型三极管集电极开路输出。如果使用 PNP 型的接近开关，则正负极性接线应反向。

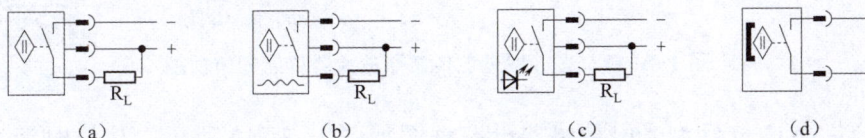

图 1-3-9　接近开关的图形符号

（a）通用图形符号；（b）电感式接近开关；（c）光电接近开关；（d）磁性开关

（四）光纤型光电传感器

光纤型光电传感器由光纤检测头、光纤放大器两部分组成。光纤放大器和光纤检测头是分离的两个部分，光纤检测头的尾端部分分成两条光纤，使用时分别插入光纤放大器的两个光纤插孔。光纤型光电传感器组件外形及光纤放大器的安装示意图如图 1-3-10 所示。

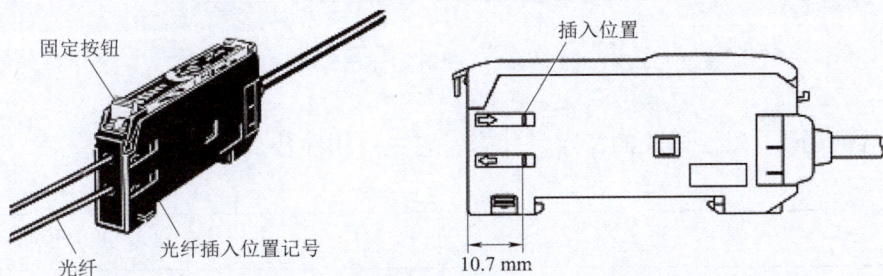

图 1-3-10　光纤型光电传感器组件外形及光纤放大器的安装示意图

光纤型光电传感器也是光电传感器中的一种。光纤型光电传感器具有抗电磁干扰、可工作于恶劣环境、传输距离远、使用寿命长等优点。此外，由于光纤头体积较小，因此它可以安装在空间很小的地方。

光纤型光电传感器中放大器的灵敏度调节范围较大，当灵敏度调得比较小时，对于反射性较差的黑色物体，光电传感器无法接收到其反射信号；而对于反射性较好的白色物体，光电传感器就可以接收到其反射信号。反之，若灵敏度调得比较大，即使对反射性较差的黑色物体，光电传感器也可以接收到反射信号。

图 1-3-11 给出了光纤型光电传感器放大器单元的俯视图，调节其中部的 8 旋转灵敏度调整旋钮就能进行放大器灵敏度调节（顺时针旋转灵敏度增大）。调节旋钮时，会看到入光量显示灯发光的变化。当光纤型光电传感器检测到物体时，动作显示灯会点亮，提示检测到了物体。

图 1-3-11　光纤型光电传感器放大器单元的俯视图

传感器调试

E3X-NA11 光纤型光电传感器电路框图如图 1-3-12 所示。接线时请注意根据导线颜色判断电源线极性和信号输出线,切勿把信号输出线直接连接到电源 +24 V 端。

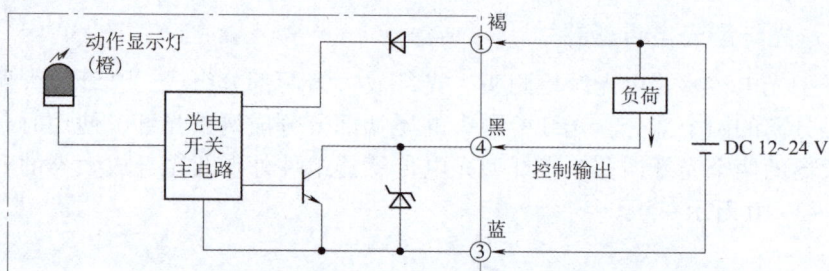

图 1-3-12　E3X-NA11 光纤型光电传感器电路框图

💡 引导问题 1:磁性开关的特点是什么?它主要用在什么地方?

_____

_____

💡 引导问题 2:磁性开关棕色线与蓝色线如何接线?如果接线错误会有什么后果?

_____

_____

💡 引导问题 3:为什么电感式接近开关只能检测金属物件?它主要用在什么地方?

_____

_____

💡 引导问题 4:简述光纤型光电传感器的组成与特点。

_____

_____

💡 引导问题 5：简述光纤型光电传感器放大器灵敏度调节的作用。

_____

_____

💡 引导问题 6：比较磁性开关、光电接近开关与光纤型光电传感器的应用场合有何不同？

_____

_____

四、变频技术

（一）变频器简介

变频器是将固定频率的交流电转换成频率和电压可调的交流电的装置。

1. 变频器分类

（1）按照主电路工作方式分类：电压源型变频器、电流源型变频器。

（2）按照开关方式分类：脉幅调制（pulse amplitude modulation，PAM）控制变频器、脉宽调制（pulse width modulation，PWM）控制变频器。

（3）按照电压等级分类：低压 220 V、380 V；中压 660 V、1 140 V；高压 3 kV、3.3 kV、6 kV、6.6 kV、10 kV。

（4）按照控制方式分类：电压/频率（voltage/frequency，V/F）控制变频器、矢量控制变频器、直接转矩控制变频器。

（5）按照用途分类：风机泵类专用变频器、通用变频器、高性能专用变频器。

2. 变频器功能

（1）变频器能够调速，$n=60f/p$，改变频率可实现电机速度调节。

（2）变频器节能效果显著，主要表现在风机、水泵的应用。

（3）变频器具有软启功能，启动平滑，无冲击电流。

（4）变频器可改善生产工艺，提高生产效率。

（5）变频器能够提供多种保护功能，如过流、过压、过载、短路、接地等保护功能等。

（6）变频器的典型功能应用有电梯控制、供水控制、空调控制等。

3. 变频器的主回路结构图

以常用的交-直-交变频器为例对变频器的主回路结构进行介绍。

变频器主要由整流电路（交流变直流）、滤波电路、逆变电路（直流变交流）、制动单元、驱动单元、检测单元、微处理单元等组成。变频器主回路结构框图如图 1-4-1 所示，变频器原理框图如图 1-4-2 所示。

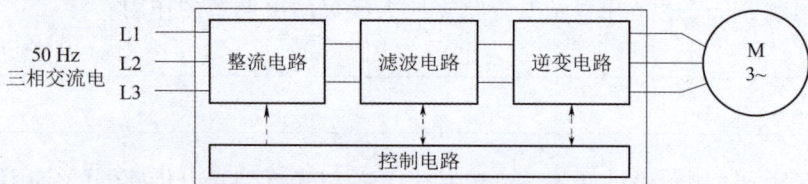

图 1-4-1 变频器主回路结构框图

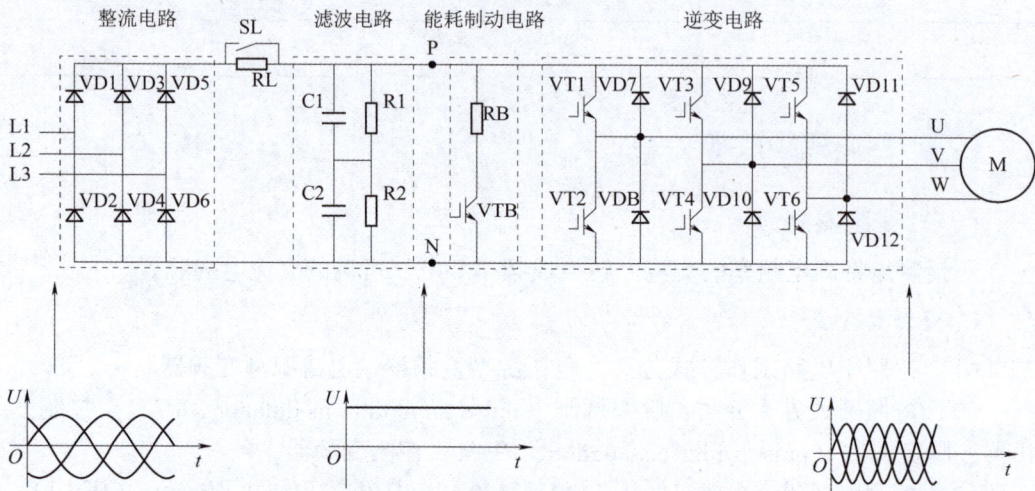

图 1-4-2 变频器原理框图

（二）西门子 G120C 系列变频器

西门子 G120C 系列变频器功率范围覆盖 0.55～132 kW，是一款性能卓越的通用变频器，广泛应用在各种工业自动化领域。具备多种控制方式，如 V/F 控制、矢量控制和伺服控制。电机运行极为灵活，这为电机提供了更高一级的保护。不同功率的 G120C 变频器如图 1-4-3 所示。

西门子 G120C 系列变频器是将控制单元（control unit，CU）和功率模块（power module，PM）集于一体，防护等级（ingress protection，IP）为 IP20，并可内置于开关柜中的紧凑型变频器。

通过数字量输入端子、模拟量输入端子或现场总线接口可以将西门子 G120C 变频器集成至各种应用体系中。

集成了 PROFIBUS/PROFINET 接口的西门子 G120C 系列变频器产品可完全集成至西门子 TIA Portal 体系，充分发挥无缝式 TIA Portal 产品系列的优势。

西门子 G120C 系列变频器的通信类型包含 PROFINET/EtherNet/IP、PROFIBUS DP、CANopen、USS/Modbus RTU。

1. 主回路接口及接线

在变频器的主视图方向，可以看到变频器的电源接线端子、电动机的接线端子和制动电阻的接线端子。主回路接线实物图如图 1-4-4 所示，主回路接线原理图如图 1-4-5 所示。

图 1-4-3　不同功率的 G120C 变频器

（a）FSAA；（b）FSA；（c）FSB；（d）FSC；（e）FSD；（f）FSE；（g）FSF

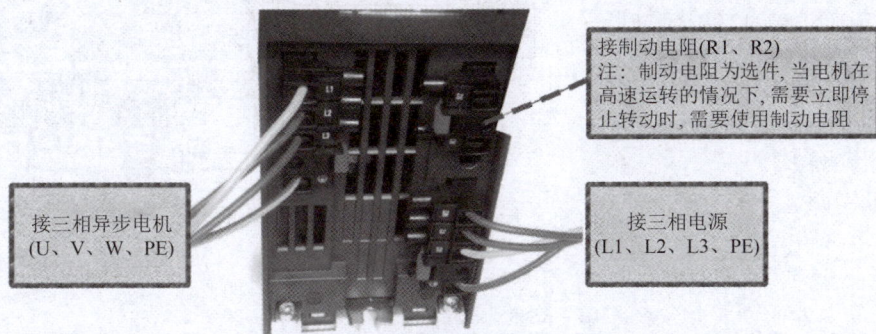

接制动电阻(R1、R2)
注：制动电阻为选件，当电机在高速运转的情况下，需要立即停止转动时，需要使用制动电阻

接三相异步电机
(U、V、W、PE)

接三相电源
(L1、L2、L3、PE)

图 1-4-4　主回路接线实物图

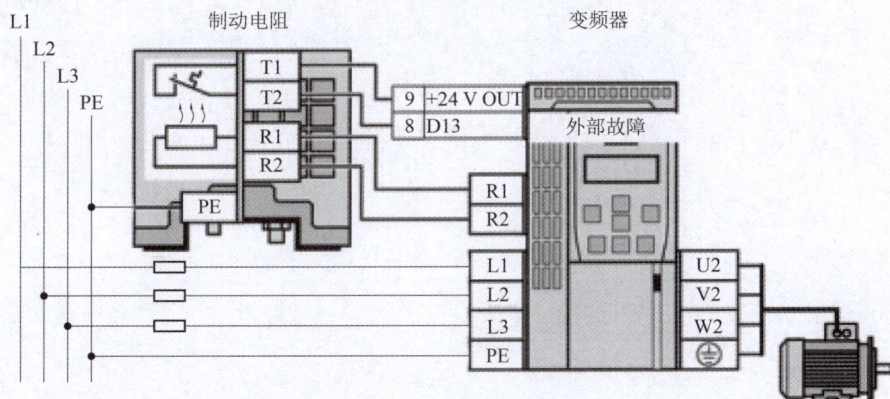

图 1-4-5　主回路接线原理图

拆开变频器的操作面板后，就可以看到端子盖板。打开正面门盖板后可以看到变频器的连接要求和用户接口，G120C 系列变频器用户接口如图 1-4-6 所示，G120C 系列变频器与 PLC 接线如图 1-4-7 所示。

①—存储卡 (MMC卡或 SD卡)插槽；

②—操作面板 (BOP-2 或 IOP) 的接口；

③—STARTER 用 USB 接口；

④—状态 LED；
- RDY
- BF
- SAFE

⑤—总线地址的 DIP 开关；

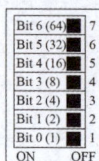

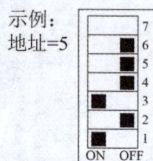

Bit 6 (64)	7
Bit 5 (32)	6
Bit 4 (16)	5
Bit 3 (8)	4
Bit 2 (4)	3
Bit 1 (2)	2
Bit 0 (1)	1
ON	OFF

示例：
地址=5

⑥—模拟量输入 AI 0 的开关；

I U

- 电流输入 0~20 mA 或 4~20 mA；
- 电压输入 -10~10 V 或 0~10 V；

⑦—总线终端开关；
仅在 G120C USS/MB 上，
G120C PN 和 G120C DB 没有功能

OFF ON

⑧—端子排；

⑨—端子标识；

⑩—现场总线接口

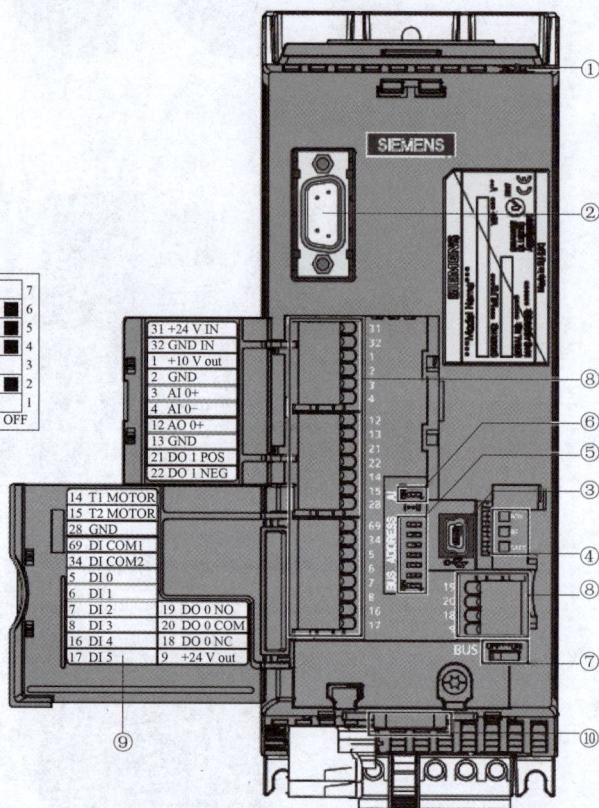

31 +24 V IN
32 GND IN
1 +10 V out
2 GND
3 AI 0+
4 AI 0-
12 AO 0+
13 GND
21 DO 1 POS
22 DO 1 NEG

14 T1 MOTOR
15 T2 MOTOR
28 GND
69 DI COM1
34 DI COM2
5 DI 0
6 DI 1
7 DI 2　　19 DO 0 NO
8 DI 3　　20 DO 0 COM
16 DI 4　　18 DO 0 NC
17 DI 5　　9 +24 V out

USS 或者
Modbus RTU

1—0 V；
2—RS485P:接收和发送 (+)；
3—RS485N:接收和发送 (-)；
4—屏蔽；
5—未使用

PROFIBUS

1—未使用；
2—未使用；
3—RxD/TxD-P: 接收/发送数据 P(B/B')；
4—CNTR-P:控制信号；
5—GND:数据参考电位 (C/C')；
6—电源+5 V；
7—未使用；
8—RxD/TxD-N:接收和发送数据 (A/A')；
9—未使用

图 1-4-6　G120C 系列变频器用户接口

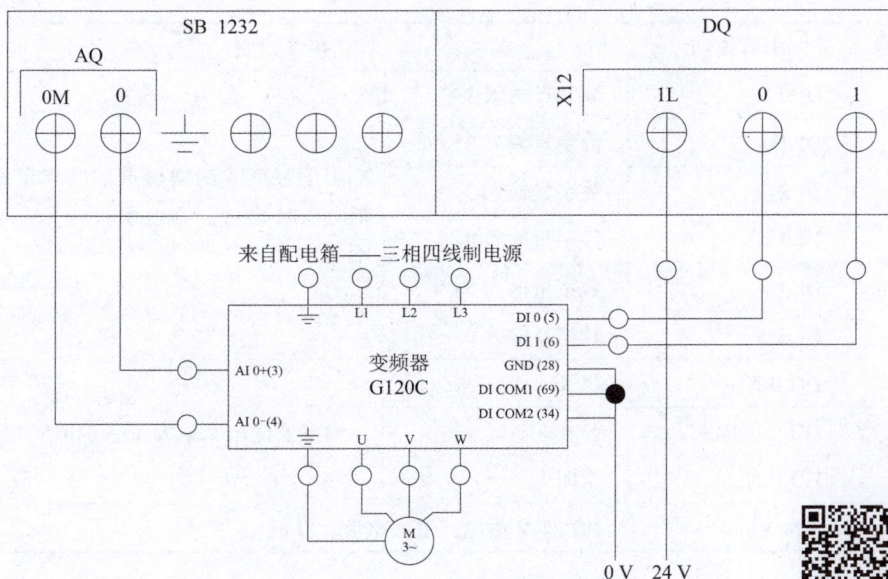

图 1-4-7　G120C 系列变频器与 PLC 接线

变频器外部
端子控制

2. I/O 接口接线说明

G120C 系列变频器的 I/O 接口说明见表 1-4-1。

表 1-4-1　G120C 系列变频器的 I/O 接口说明

端子号	引脚说明	接线说明
31	+24 V IN	18~30 V 可选电源，电流 0.5 A
32	GND IN	与端子 31 配合使用
1	+10 V out	+10 V 输出，最大电流 10 mA
2	GND	与端子 1，9 和 12 配合使用
3	AI 0+	模拟量输入信号（−10~10 V，0/4~20 mA）
4	AI 0−	与端子 3 配合使用
12	AO 0+	模拟量输出信号（0~10 V，0~20 mA）
13	GND	与端子 1，9 和 12 配合使用
21	DO 1 POS	【晶体管型】数字量输出，最大 DC 30 V，0.5 A
22	DO 1 NEG	
14	T1 MOTOR	温度传感器（PTC、KTY84、双金属、Pt1000）
15	T2 MOTOR	
28	GND	与端子 1，9 和 12 配合使用
69	DI COM1	数字量输入公共端 1，基于端子 5，7 和 16
34	DI COM2	数字量输入公共端 2，基于端子 6，8 和 17

端子号	引脚说明		接线说明
5	DI 0	数字量输入1	用于源型或漏型触点的数字量输入，低电压时<5 V，高电压时>11 V，最高不超过30 V
6	DI 1	数字量输入2	
7	DI 2	数字量输入3	
8	DI 3	数字量输入4	
16	DI 4	数字量输入5	
17	DI 5	数字量输入6	
19	DO 0 NO	常开	继电器输出，最大30 V，0.5 A
20	DO 0 COM	公共端	
18	DO 0 NC	常闭	
9	+24 V out	DC 24 V输出，最大电流100 mA	

3. 变频器参数设置

西门子G120C变频器是一个智能化的数字式变频器，在基本操作面板2（basic operation panel-2，BOP-2）上可以进行参数设置。

参数分为两个级别：标准级——可以访问最经常使用的参数；专家级——只供专家使用。

图1-4-8所示为BOP-2的外形图。利用BOP-2可以改变变频器的各个参数。

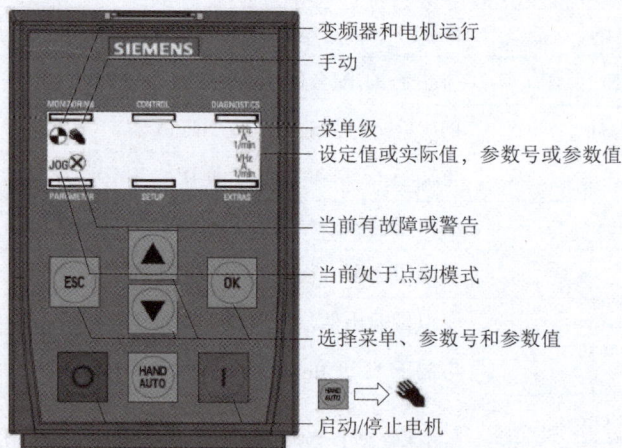

变频参数
面板设置

图1-4-8　BOP-2的外形图

（1）G120C变频器的参数设置。

G120C的每一个参数名称对应一个参数的编号。参数号用从0000到9999的4位数字表示。在参数号的前面冠以一个小写字母 r 时，表示该参数是只读的参数。其他所有参数号的前面都冠以一个大写字母 P。这些参数的设定值可以直接在标题栏的"最小值"和"最大值"范围内进行修改。

更改参数数值的步骤可大致归纳为：①查找所选定的参数号；②进入参数值访问标准级，修改参数值；③确认并存储修改好的参数值。变频器 BOP-2 的菜单结构如图 1-4-9 所示。

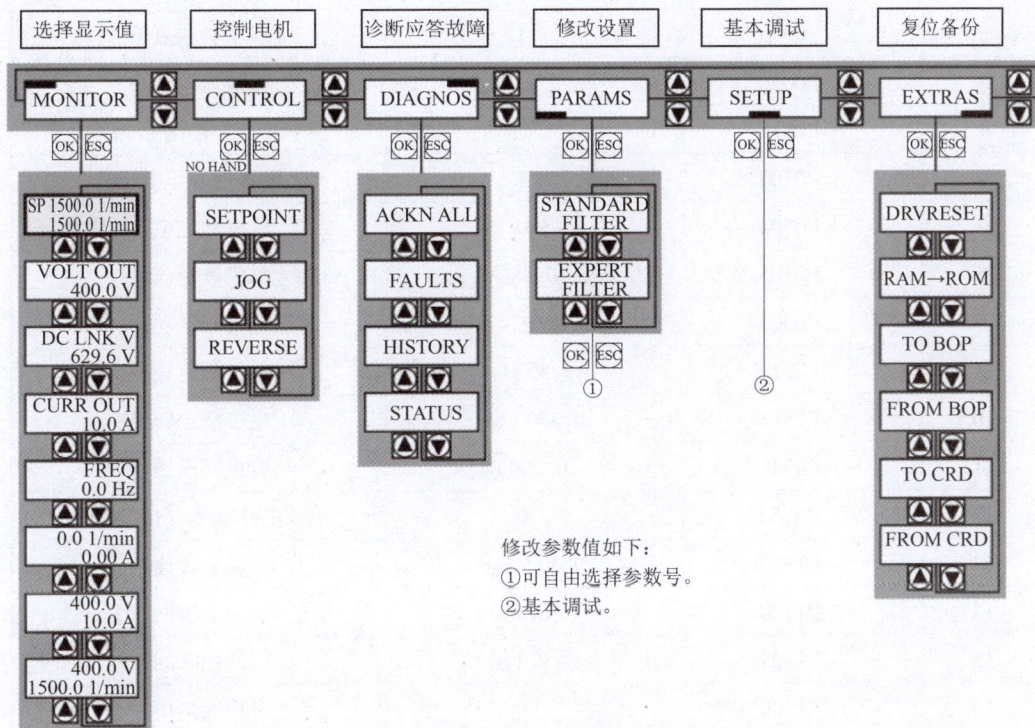

图 1-4-9　BOP-2 的菜单结构

（2）恢复出厂设置。
按照如下步骤将变频器的安全功能恢复为出厂设置。
①设置 P0010＝30，激活恢复出厂设置。
②设置 P9761＝…，输入安全功能的密码。
③设置 P0970＝5，进行复位。等待，直至变频器设置 P0970＝0。
④设置 P0971＝1，等待，直至变频器设置 P0971＝0。
⑤切断变频器的电源。
⑥等待片刻，直到变频器上所有的 LED 都熄灭。
⑦变频器重新上电。
⑧成功将变频器的安全功能恢复为出厂设置。
（3）G120C 系列变频器参数设置说明。
G120C 系列变频器模拟量参数设置说明见表 1-4-2。

变频参数
软件设置

表 1-4-2　G120C 系列变频器模拟量参数设置说明

序号	参数号	设置值	参数号注释
1	P0010	30	参数复位
2	P0970	1	启动参数复位
3	P0010	1	快速调试
4	P0015	17	宏连接
5	P0300	1	设置为异步电机
6	P0304	380 V	电机额定电压
7	P0305	0.18 A	电机额定电流
8	P0307	0.03 kW	电机额定功率
9	P0310	50 Hz	电机额定频率
10	P0311	1 300 r/min	电机额定转速
11	P0341	0.000 01	电机转动惯量
12	P0756	0	单极电压输入（0~10 V）
13	P1082	1 300 r/min	最大转速
14	P1120	0.1 s	加速时间
15	P1121	0.1 s	减速时间
16	P1900	0	功能禁用
17	P0010	0	电机就绪
18	P0971	1	参数保存

引导问题 1：简述变频器的基本结构组成。

_____

_____

变频器送电检测

引导问题 2：请根据变频器的端子接线绘制电路图。

_____

_____

引导问题 3：简述变频器宏定义。

_____

_____

引导问题 4：如何理解变频器连接变量？

_____

_____

引导问题5：如何查询变频器的历史故障？如何根据故障原因查找故障？

_____

_____

引导问题6：如何观察变频器的运行状态，如电机变频器运行电流、电源电压、电机速度？

_____

_____

五、步进电动机及驱动器与伺服电动机及驱动器

输送单元中，驱动抓取机械手装置沿直线导轨做往复运动的动力源，可以是步进电动机，也可以是伺服电动机，这需要根据项目需求确定。同一套系统选用的步进电动机和伺服电动机，因为需要考虑方便更换等问题，所以它们的安装孔大小及孔距应相同。

步进电动机和伺服电动机都是机电一体化技术的关键产品，分别介绍如下。

（一）认知步进电动机及驱动器

1. 步进电动机简介

步进电动机是将电脉冲信号转换为相应的角位移或直线位移的一种特殊执行电动机。每输入一个电脉冲信号，电动机就转动一个角度，因为它的运动形式是步进式，所以称为步进电动机。

2. 步进电动机的工作原理

本书以一台最简单的三相反应式步进电动机为例，简介步进电动机的工作原理。

图1-5-1是一台三相反应式步进电动机的原理图。定子铁芯为凸极式，共有三对（六个）磁极，每两个空间相对的磁极上绕有一相控制绕组。转子用软磁性材料制成，也是凸极结构，只有四个齿，齿宽等于定子的极靴宽。

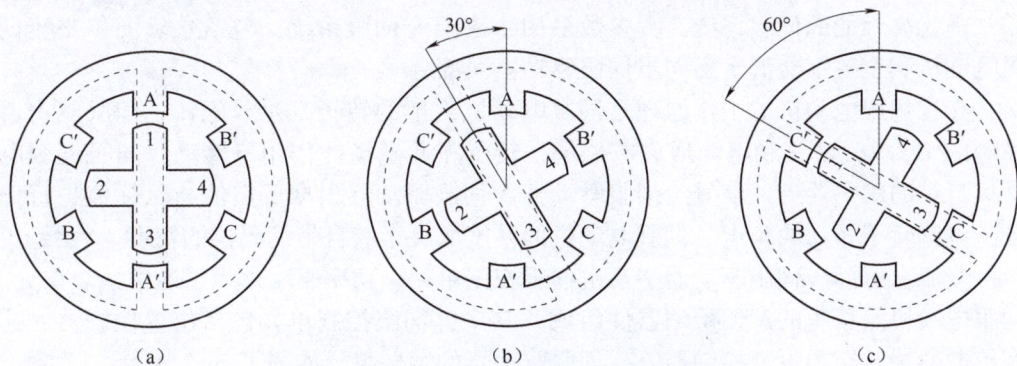

图1-5-1　三相反应式步进电动机的原理图
（a）A相通电；（b）B相通电；（c）C相通电

当A相控制绕组通电时，其余两相均不通电，电机内建立以定子A相磁极为轴

线的磁场。由于磁通具有力图走磁阻最小路径的特点，则转子齿1，3的轴线与定子A相磁极轴线对齐，如图1-5-1（a）所示。若A相控制绕组断电、B相控制绕组通电，则转子在磁场转矩的作用下，沿逆时针方向转过30°，使转子齿2，4的轴线与定子B相磁极轴线对齐，即转子走了一步，如图1-5-1（b）所示。若B相控制绕组断电，C相控制绕组通电，则转子沿逆时针方向又转过30°，使转子齿1，3的轴线与定子C相磁极轴线对齐，如图1-5-1（c）所示。如此按照A→B→C→A的顺序轮流通电，转子就会一步一步地沿逆时针方向转动。其转速取决于各相控制绕组通电与断电的频率，旋转方向取决于控制绕组轮流通电的顺序。若按照A→C→B→A的顺序轮流通电，则电动机按照顺时针方向转动。

上述通电方式称为三相单三拍通电方式。三相是指三相步进电动机；单三拍是指每次只有一相控制绕组通电，控制绕组每改变一次通电状态称为一拍，三拍是指改变三次通电状态为一个循环。把转子每一拍转过的角度称为步距角。三相单三拍运行时，步距角为30°。显然，这个角度太大，不能满足实际使用要求。

如果把控制绕组的通电方式改为A→AB→B→BC→C→CA→A的顺序轮流通电，即一相通电接着二相通电这样间隔地轮流进行，则完成一个循环需要六次改变通电状态，称为三相单、双六拍的通电方式。当A、B两相绕组同时通电时，转子的位置应同时考虑到两对定子磁极的作用，只有A相磁极和B相磁极对转子所产生的磁拉力相平衡的中间位置，才是转子的平衡位置。这样，三相单、双六拍通电方式下转子平衡位置增加了一倍，此时的步距角为15°。进一步减少步距角的措施是采用定子磁极带有小齿，转子齿数增加的结构。分析表明，这种结构的步进电动机，其步距角可以做得很小。一般来说，实际的步进电动机产品都采用这种方法实现步距角的细分，例如，输送单元所选用的Kinco三相步进电动机3S57Q-04056，它的步距角在整步方式下为1.2°，半步方式下为0.6°。

除步距角外，步进电动机还有保持转矩、阻尼转矩等技术参数，这些参数的物理意义请参阅有关步进电动机的专门资料。

（二）认知伺服电动机及伺服放大器

1. 永磁交流伺服系统概述

现代高性能的伺服系统，大多数采用永磁交流伺服系统，包括永磁同步交流伺服电动机和全数字交流永磁同步伺服驱动器两部分。

交流伺服电动机的工作原理是伺服电动机内部的转子是永久磁铁，伺服驱动器控制的U，V，W三相电源形成电磁场，转子在此磁场的作用下转动，同时伺服电动机自带的编码器反馈信号给伺服驱动器，伺服驱动器根据反馈值与目标值进行比较，调整转子转动的角度。伺服电动机的精度取决于其自带编码器的精度（线数）。

交流永磁同步伺服驱动器主要由伺服控制单元、功率驱动单元、通信接口单元、伺服电动机及相应的反馈检测器件组成，其中，伺服控制单元包括位置控制器、速度控制器、转矩和电流控制器等。伺服驱动器的结构组成如图1-5-2所示。

伺服驱动器采用数字信号处理器（digital signal processor，DSP）作为控制核心，其优点是可以实现比较复杂的控制算法，实现数字化、网络化和智能化控制。伺服驱动器的功率器件普遍采用以智能功率模块（intelligent power module，IPM）为核

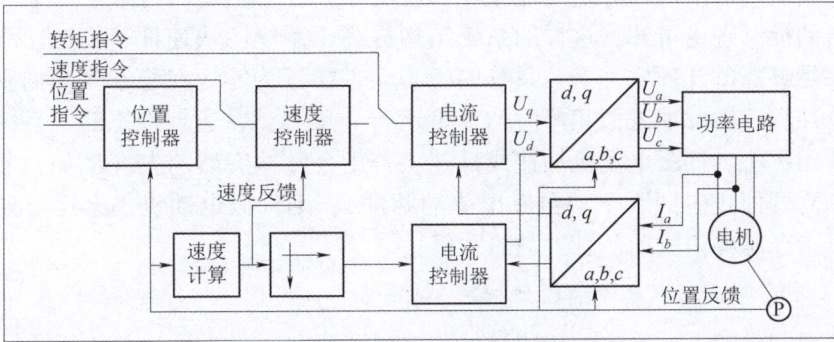

图 1-5-2　伺服驱动器的结构组成

心设计的驱动电路，IPM 内部也集成了驱动电路，不但具有过电压、过电流、过热、欠压等故障检测保护电路，而且在主回路中还加入软启动电路，以减小启动过程对伺服驱动器的冲击。

　　功率驱动单元通过整流电路对输入的三相电或者市电进行整流，变换为直流电。通过三相正弦 PWM 电压型逆变器变频来驱动三相永磁式同步交流伺服电动机。

　　逆变部分（DC-AC）采用功率器件集成驱动电路、保护电路和功率开关于一体的智能功率模块，主要拓扑结构采用三相桥式逆变电路，如图 1-5-3 所示。利用 PWM 技术，通过改变功率晶体管交替导通的时间来改变逆变器输出波形的频率，通过改变每半周期内晶体管的通断时间比来改变脉冲宽度，从而改变逆变器输出电压幅值的大小，以达到调节功率的目的。

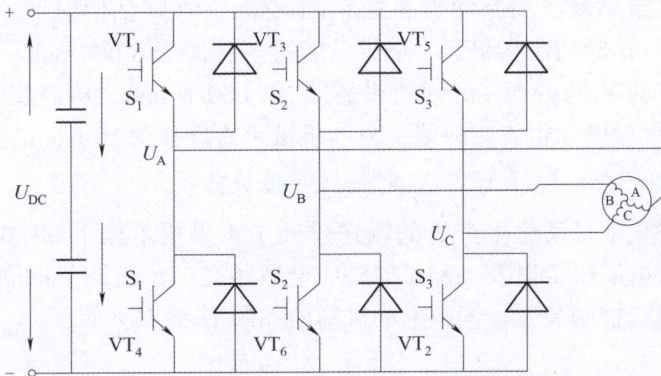

图 1-5-3　三相桥式逆变电路

2. 交流伺服系统的位置控制模式

　　（1）伺服驱动器输出到伺服电动机的三相电压波形基本是正弦波（高次谐波被绕组电感滤除）。从位置控制器输入的是脉冲信号，而不是像步进电动机那样输入的是三相脉冲序列。

　　（2）伺服系统用作定位控制时，位置指令输入位置控制器，速度控制器输入端前面的电子开关切换到位置控制器输出端，同样，电流控制器输入端前面的电子开关切换到速度控制器输出端。这时，位置控制模式下的伺服系统是一个三重闭环控制系统，其中的两个内环分别是电流环和速度环。

由自动控制理论可知，这样的系统结构提高了系统的快速性、稳定性和抗干扰能力。在足够高的开环增益下，系统的稳态误差接近为零。在稳态时，伺服电动机以指令脉冲和反馈脉冲近似相等时的速度运行。反之，在达到稳态前，系统将在偏差信号作用下驱动伺服电动机加速或减速。若指令脉冲突然消失（例如，紧急停车时，PLC 立即停止向伺服驱动器发出驱动脉冲），则伺服电动机仍会运行到反馈脉冲数等于指令脉冲消失前的脉冲数时才停止。

3. 位置控制模式下电子齿轮的概念

位置控制模式下，等效的单闭环位置控制系统方框图如图 1-5-4 所示。

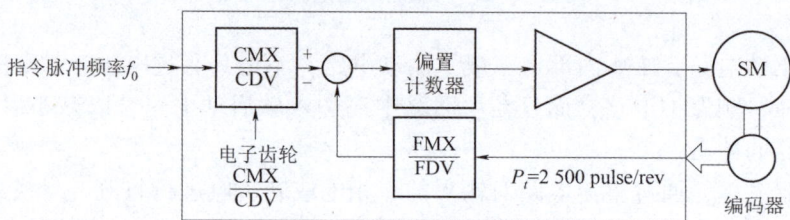

图 1-5-4　等效的单闭环位置控制系统方框图

图 1-5-4 中，指令脉冲信号和电动机编码器反馈脉冲信号进入驱动器后，均通过电子齿轮变换才进行偏差计算。电子齿轮实际是一个分频–倍频器，合理搭配分频–倍频值，可以灵活地设置指令脉冲的行程。

例如，YL-1633B 型自动化生产线所使用的松下 MINAS A6 系列 AC 伺服电动机·驱动器，电动机编码器反馈脉冲为 2 500 pulse/rev。在默认情况下，驱动器反馈脉冲电子齿轮分频–倍频值为 4 倍频。如果希望指令脉冲为 6 000 pulse/rev，那么就应把指令脉冲电子齿轮的分频–倍频值设置为 10 000/6 000，从而实现 PLC 每输出 6 000 个脉冲，伺服电动机旋转一周，驱动机械手恰好移动 60 mm 的整数倍关系。

4. 松下 MINAS A6 系列 AC 伺服电动机·驱动器

在 YL-1633B 型自动化生产线的输送单元中，采用了松下 MHMF022L1U2M 永磁同步交流伺服电动机，以及 MADLN15SG 全数字交流永磁同步伺服驱动装置作为抓取机械手的运动控制装置。伺服电动机结构如图 1-5-5 所示。

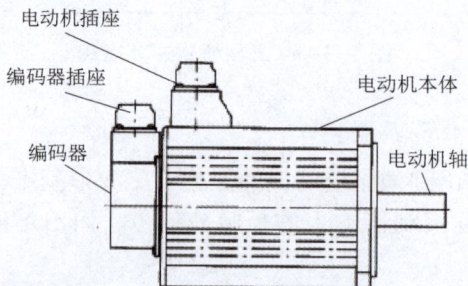

图 1-5-5　伺服电动机结构

MHMF022L1U2M 的含义：MHM 表示电动机类型为高惯量，02 表示电动机的额定功率为 200 W，2 表示电动机电压规格为 200 V，L 表示电动机带绝对式旋转编码器，U2 表示电动机带键，带螺纹，无保持制动器，有油封和电动机编码器端子导线连接。

MADLN15SG 的含义：MADL 表示松下 A6 系列 A 型驱动器，N 表示无安全功能，1 表示功率元件最大额定电流为 8 A，5 表示驱动器电源电压规格为单相/三相 200 V，S 表示模拟/脉冲，G 表示通用通信型（脉冲列专用，如 RS232/RS485）。伺服驱动器的外观和面板图如图 1-5-6 所示。

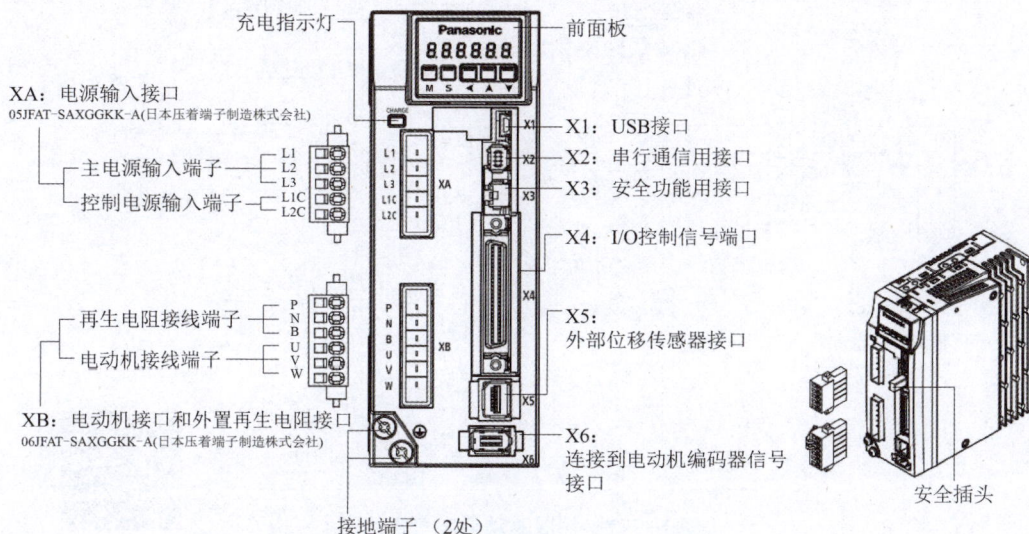

图 1-5-6　伺服驱动器的外观和面板图

（1）伺服驱动器的接线。

MADLN15SG 伺服驱动器面板上有多个接线端口，分别说明如下。

①XA：电源输入接口。AC 220 V 电源连接到 L1、L3 主电源端子，同时连接到控制电源端子 L1C、L2C 上。

②XB：电动机接口和外置再生电阻接口。U，V，W 端子用于连接电动机。必须注意，电源电压务必按照伺服驱动器铭牌上的指示，电动机接线端子（U，V，W）不可以接地或短路，交流伺服电动机的旋转方向和感应电动机不同，不可以通过交换三相相序来改变，必须保证驱动器上的 U，V，W，PE 接线端子与电动机主回路接线端子按照规定的次序一一对应，否则可能造成伺服驱动器的损坏。电动机的接线端子和伺服驱动器的接地端子以及滤波器的接地端子必须保证可靠连接到同一个接地点上。机身也必须可靠接地。P，N，B 端子用来外接再生电阻，YL-1633B 型自动化生产线没有使用外接再生电阻。

③X6：连接到电动机编码器信号接口。连接电缆应选用带有屏蔽层的双绞电缆，屏蔽层应接到电动机侧的接地端子上，并且应确保将编码器电缆屏蔽层连接到插头的外壳（FG）上。

④X4：I/O 控制信号端口。其部分引脚信号定义与选择的控制模式有关，不同

模式下的接线请参考《松下 A6 系列伺服电动机手册》。YL-1633B 型自动化生产线输送单元中，伺服电动机用于定位控制，选用位置控制模式。该生产线的伺服驱动器所采用的是简化接线方式，如图 1-5-7 所示。

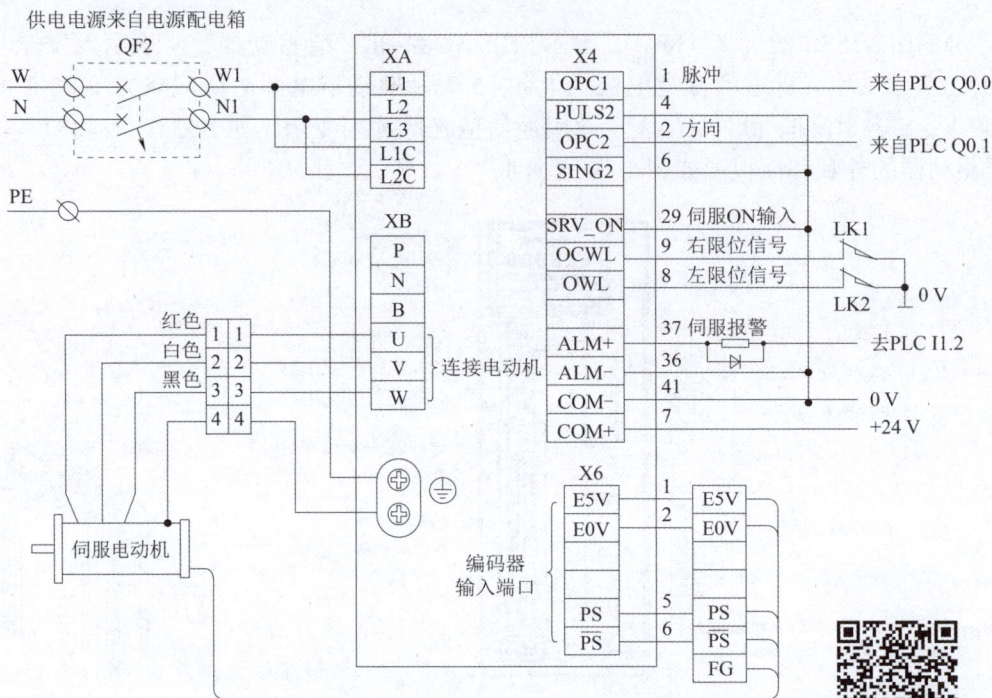

图 1-5-7　伺服驱动器电气接线图

伺服驱动器的
电气接线

（2）伺服驱动器的参数设置与调整。

松下的伺服驱动器有 7 种控制运行方式，即位置控制、速度控制、转矩控制、位置/速度控制、位置/转矩控制、速度/转矩控制、全闭环控制。位置控制方式就是输入脉冲来使电动机定位运行，电动机转速与脉冲频率相关，电动机转动的角度与脉冲个数相关。速度控制方式有两种，一是通过输入直流-10～+10 V 指令进行电压调速，二是选用驱动器内设置的内部速度来调速。转矩控制方式是通过输入-10～+10 V 直流电压调节电动机的输出转矩，这种方式下运行必须进行速度限制，有如下两种方法：①设置伺服驱动器内的参数来限制；②输入模拟量电压来限制。

（3）伺服驱动器的参数设置方式操作说明。

MADLN15SG 伺服驱动器的参数共有 218 个，在 Pr000～Pr639 范围内取值，可以在伺服驱动器的参数设置面板（图 1-5-8）上进行参数设置，伺服驱动器面板按键的说明见表 1-5-1。

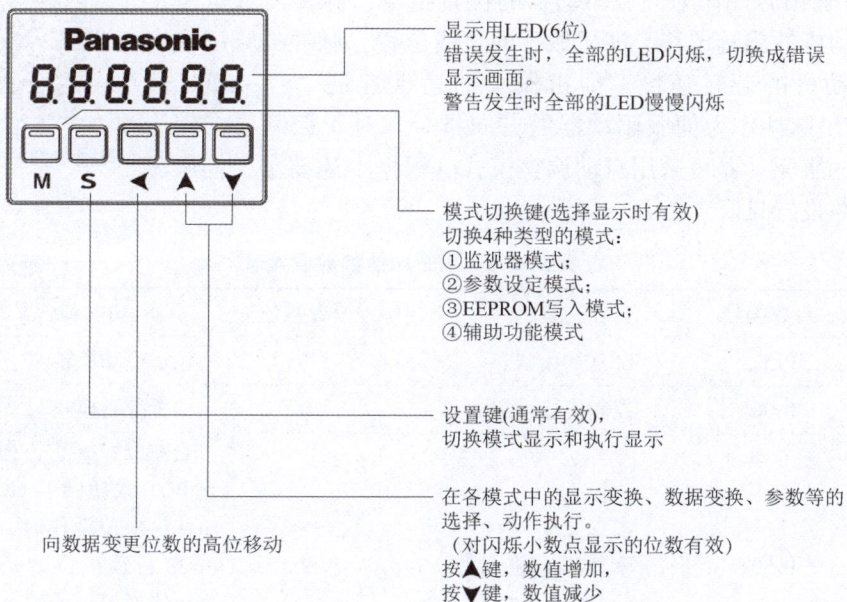

显示用LED(6位)
错误发生时，全部的LED闪烁，切换成错误
显示画面。
警告发生时全部的LED慢慢闪烁

模式切换键(选择显示时有效)
切换4种类型的模式：
①监视器模式；
②参数设定模式；
③EEPROM写入模式；
④辅助功能模式

设置键(通常有效)，
切换模式显示和执行显示

在各模式中的显示变换、数据变换、参数等的
选择、动作执行。
（对闪烁小数点显示的位数有效）
按▲键，数值增加，
按▼键，数值减少

向数据变更位数的高位移动

图1-5-8　驱动器参数设置面板

表1-5-1　伺服驱动器面板按键的说明

按键说明	激活条件	功能
MODE	在模式显示时有效	在以下4种模式之间切换：①监视器模式；②参数设定模式；③EEPROM 写入模式；④辅助功能模式
SET	常时有效	用来在模式显示和执行显示之间切换
▲　▼	仅对闪烁小数点指示的位数有效	改变各模式中的显示内容、更改参数、选择参数或执行选中的操作
◀		把移动的小数点移动到更高位数

设置面板操作说明如下。

参数设置，先按 S 键，再按 M 键选择到"Pr000"后，按向上、向下或向左的方向键选择要设置的通用参数的项目，按 S 键进入。然后按▲或▼或◀的方向键调整参数，调整完后，长按 S 键返回，可切换至执行状态。

参数保存，按 M 键选择到"EE-SET"后按 S 键确认，出现"EEP -"，然后按▲键 3 s，出现"FINISH"或"reset"，然后切断控制电源并重启即可保存参数。

（4）伺服驱动器的部分参数说明。

在 YL-1633B 型自动化生产线上，伺服驱动装置工作于位置控制模式，S7-1200

的 Q0.0 输出脉冲作为伺服驱动器的位置指令，脉冲的数量决定伺服电动机的旋转位移，即机械手的直线位移；脉冲的频率决定伺服电动机的旋转速度，即机械手的运动速度。S7–1200 的 Q0.1 输出脉冲作为伺服驱动器的方向指令。对于控制要求较为简单，伺服驱动器可采用自动调整模式。根据上述要求，伺服驱动器参数设置见表 1-5-2。

伺服参数软件设置

表 1-5-2 伺服驱动器参数设置表

序号	参数编号	参数名称	设置数值	功能和含义
1	Pr528	LED 初始状态	1	显示电动机转速
2	Pr001	控制模式设定	0	位置控制模式
3	Pr504	驱动禁止输入设定	2	当左或右（正方向驱动禁止 POT 或负方向驱动禁止 NOT）限位动作时，会发生 Err38 行程限位禁止输入信号出错报警。设置此参数值必须在控制电源断电重启之后才能修改、写入成功
4	Pr004	惯量比	250	设定负载惯量与电机转子惯量的比 Pr004 =（负载惯量/转子惯量×100%）
5	Pr002	实时自动调整设定	1	实时自动调整设定为标准模式，运行时负载惯量的变化很小
6	Pr003	实时自动调整的机械刚性设定	13	此参数值越大，响应性越快，机械刚性越高，伺服增益越高
7	Pr006	指令脉冲旋转方向设置	1	
8	Pr007	指令脉冲输入模式设定	3	
9	Pr008	电动机每旋转一圈的指令脉冲数	6 000	

注：其他参数的说明及设置请参看松下 MINAS A6 系列伺服电动机、驱动器使用说明书。

六、人机界面

（一）认知人机界面

1. 人机界面介绍

YL–1633B 型自动化生产线的人机界面选用昆仑通态 TPC 系列触摸屏 TPC7062Ti。它是一款在实时多任务嵌入式操作系统 WindowsCE 环境中运行的 MCGS 嵌入式组态软件。

伺服驱动器参数面板设置

该产品设计采用 7 in 高亮度 TFT 液晶显示屏（分辨率为 800×480），四线电阻式触摸屏（分辨率为 4 096×4 096），色彩为 64K 彩色。

CPU 与存储：基于 ARM 架构的嵌入式低功耗 CPU，主频 400 MHz，64 MB 存储空间。

2. TPC7062Ti 触摸屏的硬件连接

TPC7062Ti 触摸屏的电源进线接口和各种通信接口均在其背面，如图 1-6-1 所示。其中，USB 1 接口用来连接鼠标和 U 盘等，USB 2 接口用于工程项目下载，COM（RS232）接口和以太网接口用来连接 PLC。

S7-1200PLC 与
触摸屏通信

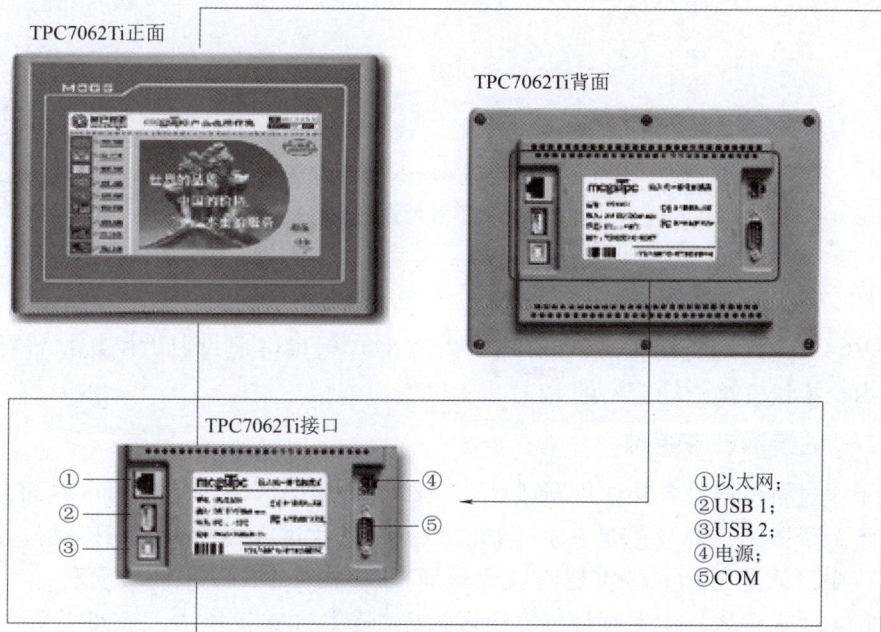

图 1-6-1　TPC7062Ti 人机界面的接口

TPC7062Ti正面

TPC7062Ti背面

TPC7062Ti接口

①以太网；
②USB 1；
③USB 2；
④电源；
⑤COM

注意：用网线可以进行程序下载，也可以与 PLC 建立通信。

3. TPC7062Ti 触摸屏与个人计算机的连接

在 YL-1633B 型自动化生产线上，TPC7062Ti 触摸屏通过以太网接口与个人计算机连接，连接前，个人计算机应先安装 MCGS 组态软件。

在 MCGS 组态软件上把工程下载到人机界面（human machine interface，HMI）时，需在 MCGS 组态软件的"下载配置"对话框里，单击"连机运行"按钮，在"连接方式"下拉列表框中选择"TCP/IP 网络"选项，设置"目标机名"为"192.168.3.6"（触摸屏通电后，进入 CeSvr 属性界面中查看或修改 IP 地址），单击"工程下载"按钮，即可进行下载。"下载配置"对话框如图 1-6-2 所示。如果工程项目要在计算机进行模拟测试，则在软件界面上选择"模拟运行"按钮，测试完毕后，再下载工程。

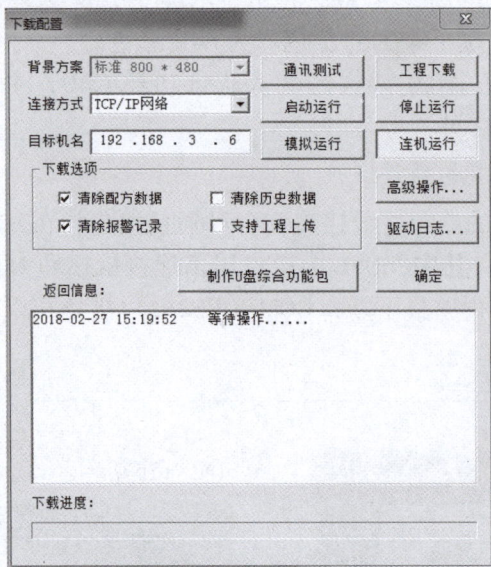

图 1-6-2　下载配置对话框

人机界面组态技术

4. TPC7062Ti 触摸屏与 S7-1200 PLC 的连接

在 YL-1633B 型自动化生产线中，TPC7062Ti 触摸屏通过以太网接口连接交换机，再由交换机直接与输送站的 PLC 以太网接口连接。

（二）触摸屏设备组态

为了通过触摸屏设备操作机器或系统，必须给触摸屏设备组态用户界面，该过程称为组态阶段。系统组态就是通过 PLC 以变量方式进行操作单元与机械设备之间的通信。变量值写入 PLC 的存储区域（地址），由操作单元从该区域读取。

运行 MCGS 嵌入式组态软件，在出现的界面上，单击菜单中"文件"→"新建工程"选项，弹出图 1-6-3 所示的工作台界面。MCGS 嵌入式组态软件用工作台界

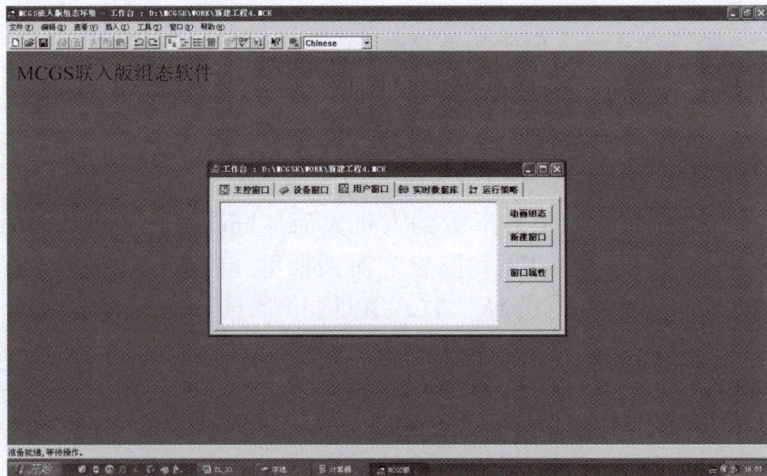

图 1-6-3　工作台

面来管理构成用户应用系统的 5 个部分。工作台界面上的 5 个标签分别为主控窗口、设备窗口、用户窗口、实时数据库和运行策略。它们分别对应于 5 个不同的窗口页面，每一个页面负责管理用户应用系统的一个部分，用鼠标单击不同的标签可选取不同窗口页面，对应用系统的相应部分进行组态操作。

1. 主控窗口

MCGS 嵌入式组态软件的主控窗口是组态工程的主窗口，是所有设备窗口和用户窗口的父窗口。它相当于一个大的容器，可以放置一个设备窗口和多个用户窗口，在负责这些窗口的管理和调度的同时，调度用户策略的运行。主控窗口又是组态工程结构的主框架，可在主控窗口内设置系统运行流程及特征参数，方便用户操作。

2. 设备窗口

设备窗口是 MCGS 嵌入式组态软件与作为测控对象的外部设备建立联系的后台作业环境，负责驱动外部设备，控制外部设备的工作状态。系统通过外部设备与数据之间的通道，把外部设备的运行数据采集进来，送入实时数据库，供系统其他部分调用，并且把实时数据库中的数据输出到外部设备，实现对外部设备的操作与控制。

3. 用户窗口

用户窗口本身是一个容器，用来放置各种图形对象（图元、图形符号和动画构件），不同的图形对象对应不同的功能。通过对用户窗口内多个图形对象的组态，生成美观的图形界面，为实现动画显示效果做准备。

4. 实时数据库

在 MCGS 嵌入式组态软件中，用数据对象来描述系统中的实时数据，用对象变量代替传统意义上的值变量，把数据库技术管理的所有数据对象的集合称为实时数据库。

实时数据库是 MCGS 嵌入式组态软件的核心，是应用系统的数据处理中心。系统各个部分均以实时数据库为公共区域来交换数据，实现各个部分协调动作。

设备窗口通过设备构件驱动外部设备，将采集的数据送入实时数据库；由用户窗口组成的图形对象，与实时数据库中的数据对象建立连接，以动画形式实现数据的可视化；运行策略通过策略构件，对数据进行操作和处理。实时数据库数据流图如图 1-6-4 所示。

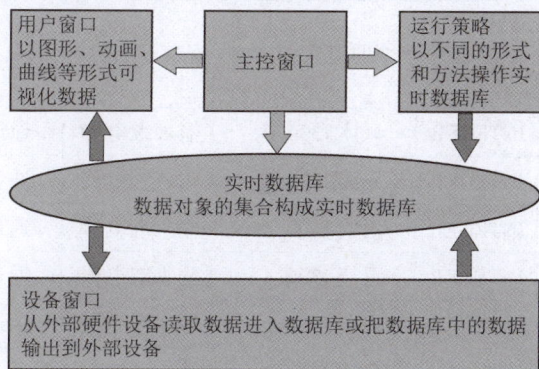

图 1-6-4 实时数据库数据流图

5. 运行策略

对于复杂的工程，监控系统必须设计成多分支、多层循环嵌套式结构，按照预定的条件，对系统的运行流程及设备的运行状态进行有针对性的选择和精确的控制。因此，MCGS嵌入式组态软件引入运行策略的概念，用以解决上述问题。

所谓运行策略，是用户为实现对系统运行流程自由控制所组态生成的一系列功能块的总称。MCGS嵌入式组态软件为用户提供了进行策略组态的专用窗口和工具箱。运行策略的建立，使系统能够按照设定的顺序和条件，操作实时数据库，控制用户窗口的打开、关闭以及设备构件的工作状态，从而达到对系统工作过程精确控制及有序调度管理的目的。

（三）人机界面组态

人机界面效果图如图1-6-5所示。

自动化生产线实训考核装备

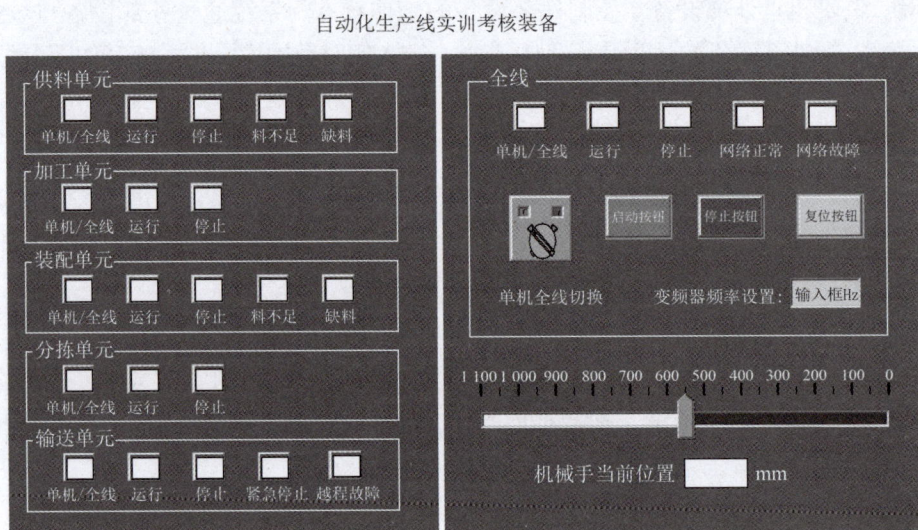

图 1-6-5　人机界面效果图

触摸屏组态画面中各元件对应的 PLC 地址见表 1-6-1。

表 1-6-1　触摸屏组态画面中各元件对应的 PLC 地址

序号	变量名	变量类型	通道名称	寄存器名称	数据类型	寄存器地址
1	供料站全线模式	INTEGER	只读 I300.0	I 输入继电器	通道的第 00 位	300
2	供料站运行	INTEGER	只读 I300.2	I 输入继电器	通道的第 02 位	300
3	供料不足	INTEGER	只读 I300.3	I 输入继电器	通道的第 03 位	300
4	供料没有	INTEGER	只读 I300.4	I 输入继电器	通道的第 04 位	300
5	加工站全线模式	INTEGER	只读 I310.0	I 输入继电器	通道的第 00 位	310
6	加工站运行	INTEGER	只读 I310.2	I 输入继电器	通道的第 02 位	310

序号	变量名	变量类型	通道名称	寄存器名称	数据类型	寄存器地址
7	装配站全线模式	INTEGER	只读 I320.0	I 输入继电器	通道的第 00 位	320
8	装配站运行	INTEGER	只读 I320.2	I 输入继电器	通道的第 02 位	320
9	芯件不足	INTEGER	只读 I320.3	I 输入继电器	通道的第 03 位	320
10	芯件没有	INTEGER	只读 I320.4	I 输入继电器	通道的第 04 位	320
11	分拣站全线模式	INTEGER	只读 I330.0	I 输入继电器	通道的第 00 位	330
12	分拣站运行	INTEGER	只读 I330.2	I 输入继电器	通道的第 02 位	330
13	写入变频器频率	SINGLE	读写 QWUB331	Q 输出继电器	16 位无符号二进制	331
14	输送站运行	INTEGER	读写 M003.0	M 内部继电器	通道的第 00 位	3
15	输送站全线模式	INTEGER	读写 M003.4	M 内部继电器	通道的第 04 位	3
16	单机全线_全线	INTEGER	读写 M003.5	M 内部继电器	通道的第 05 位	3
17	越程故障—输送	INTEGER	读写 M003.7	M 内部继电器	通道的第 07 位	3
18	全线_运行	INTEGER	读写 M005.4	M 内部继电器	通道的第 04 位	5
19	急停	INTEGER	读写 M005.5	M 内部继电器	通道的第 05 位	5
20	HMI 复位按钮	INTEGER	读写 M006.0	M 内部继电器	通道的第 00 位	6
21	HMI 停止按钮	INTEGER	读写 M006.1	M 内部继电器	通道的第 01 位	6
22	HMI 启动按钮	INTEGER	读写 M006.2	M 内部继电器	通道的第 02 位	6
23	HMI 联机转换	INTEGER	读写 M006.3	M 内部继电器	通道的第 03 位	6
24	机械手当前位置	SINGLE	读写 MDF100	M 内部继电器	32 位浮点数	100

（四）项目步骤及方法

1. 工程建立

1）创建工程

打开软件，在 TPC 类型中找到"TPC7062Ti"，工程名称定义为"1633B"。

2）定义数据对象

根据表 1-6-1 定义数据对象。

下面以数据对象"供料站全线模式"为例，介绍定义数据对象的步骤。

（1）单击工作台中的"实时数据库"标签，进入"实时数据库"选项卡。

（2）单击"新增对象"按钮，在对话框的"数据对象列表"中，增加新的数据对象，系统默认定义的名称为"Data1""Data2""Data3"等（多次单击该按钮，则可增加多个数据对象）。

（3）选中对象，单击"对象属性"按钮或双击选中对象，则打开"数据对象属性设置"对话框。

（4）将"对象名称"改为"供料站全线模式"；选择"对象类型"为"开关

型"，单击"确认"按钮。

按照上述步骤，根据表1-6-1设置其他数据对象。

3）设备连接

为了能够使触摸屏和PLC通信连接成功，需把定义好的数据对象和PLC内部变量进行连接，具体操作步骤如下。

（1）添加"设备工具箱"。

①如图1-6-6所示，单击"设备窗口"出现"设备窗口"图标→②双击"设备窗口"图标，出现"设备组态：设备窗口"→③右键单击，出现子菜单，选择"设备工具箱"并单击，添加"设备工具箱"完成。

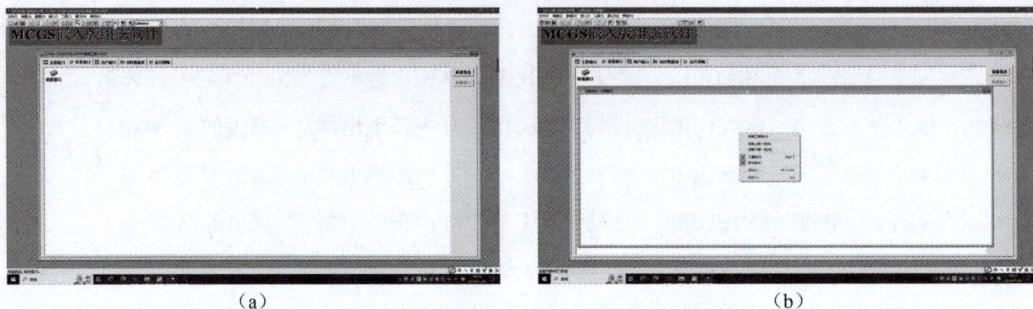

（a）   （b）

图1-6-6　打开设备窗口及选择工具箱

（a）"设备窗口"对话框；（b）"设备窗口-选择工具箱"对话框

（2）添加与S7-1200PLC通信的驱动——"Siemens_1200"。

①单击"设备管理"-"PLC"→②单击"西门子"展开→③单击"Siemens_1200以太网"展开，选中"Siemens_1200"→④单击"增加"→⑤可以看到"Siemens_1200"出现在"选定设备"栏中［图1-6-7（a）］→⑥单击"确认"按钮，添加成功→⑦在"设备工具箱"中可以看到"Siemens_1200"，如图1-6-7（b）所示。

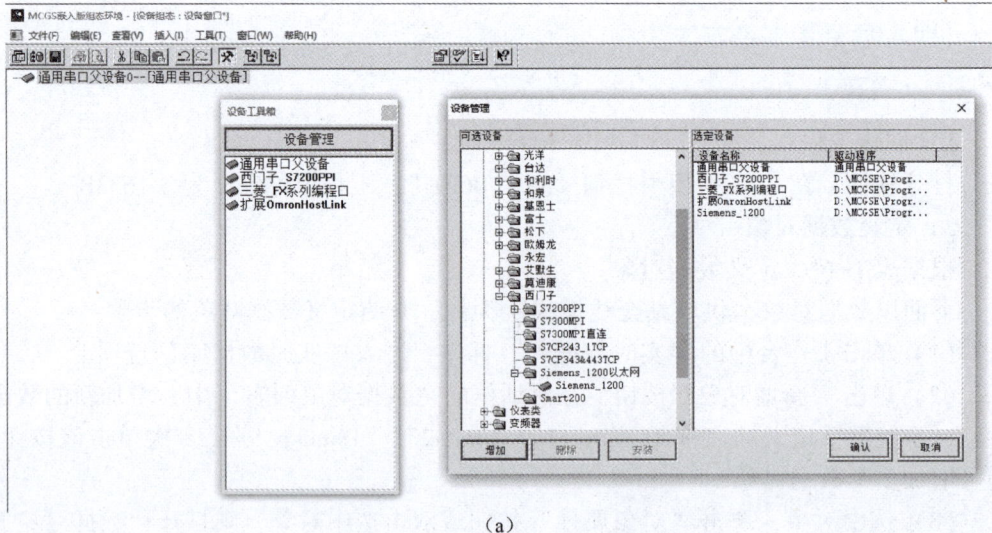

（a）

图1-6-7　添加"Siemens_1200"

（a）"设备窗口"-设备管理对话框

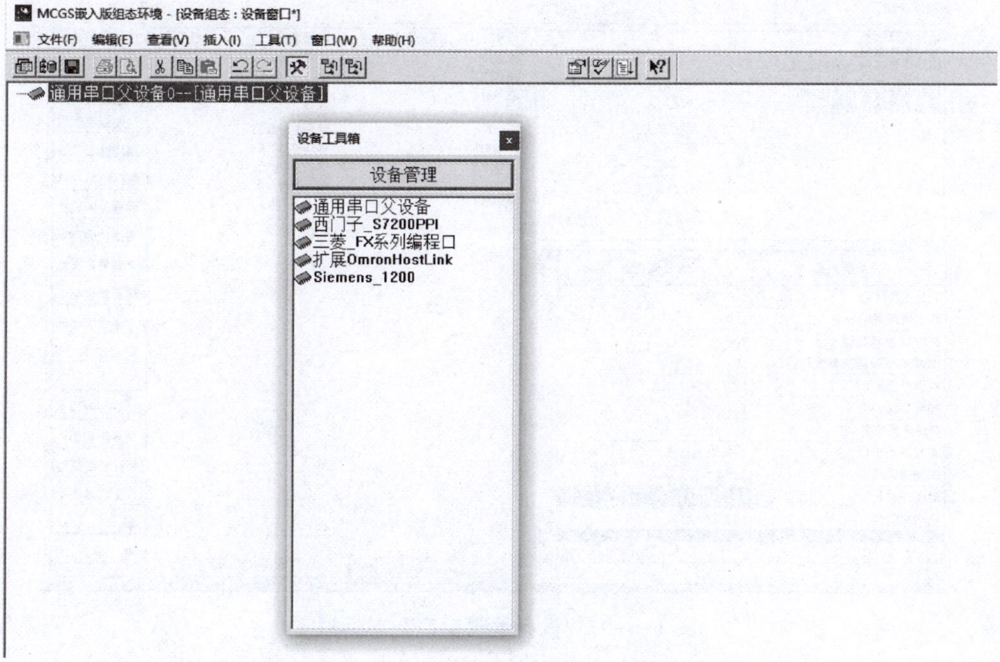

MCGS嵌入版组态环境 - [设备组态：设备窗口*]

文件(F) 编辑(E) 查看(V) 插入(I) 工具(T) 窗口(W) 帮助(H)

通用串口父设备0--[通用串口父设备]

设备工具箱

设备管理

通用串口父设备
西门子_S7200PPI
三菱_FX系列编程口
扩展OmronHostLink
Siemens_1200

（b）

图 1-6-7 添加 "Siemens_1200"（续）

（b）"设备工具箱"对话框

（3）在可选设备列表中，双击"Siemens_1200"，出现"设备组态：设备窗口"对话框，如图 1-6-8 所示。

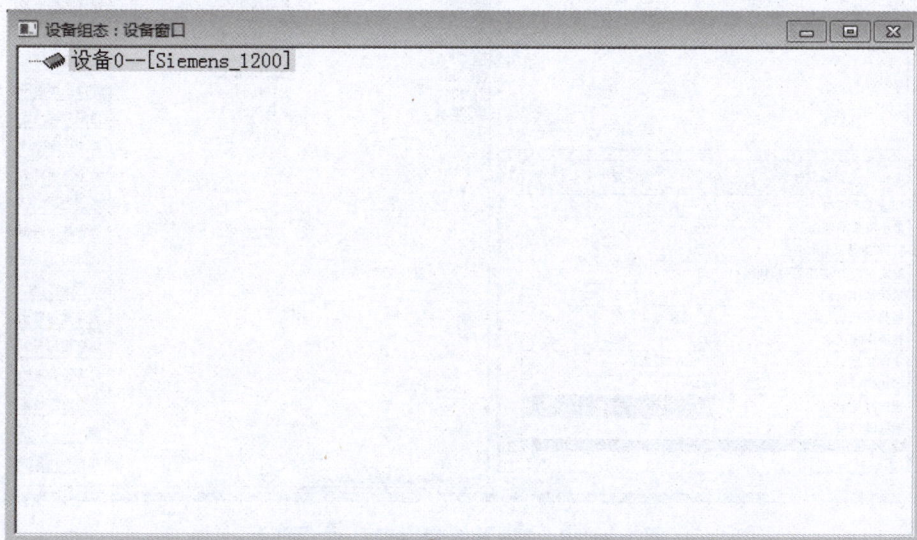

设备组态：设备窗口

设备0--[Siemens_1200]

图 1-6-8 "设备组态：设备窗口"对话框

（4）设置本地 IP 地址为 192.168.3.6，远端 IP 地址为 192.168.3.1，"设备编辑窗口"对话框如图 1-6-9 所示。

图1-6-9　"设备编辑窗口"对话框1

（5）双击"设备0--［Siemens_1200］"选项，进入"设备编辑窗口"对话框，如图1-6-10所示。默认右侧窗口自动产生名称为I000.0—I000.7的通道，可以单击"删除全部通道"按钮将所有通道删除。

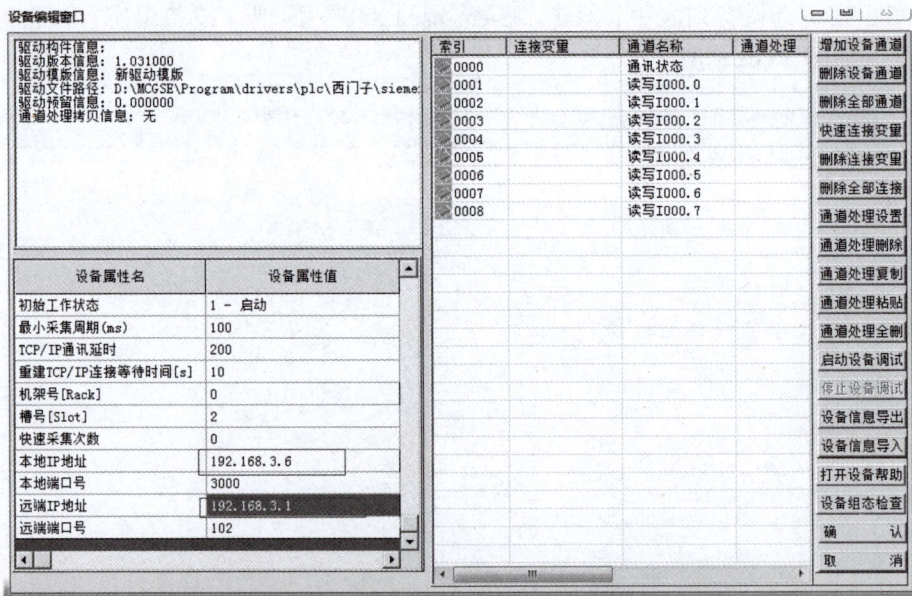

图1-6-10　"设备编辑窗口"对话框2

（6）进行变量的连接，这里以"HMI复位按钮"的变量连接为例进行说明。

①单击"增加设备通道"按钮，出现如图1-6-11所示对话框。

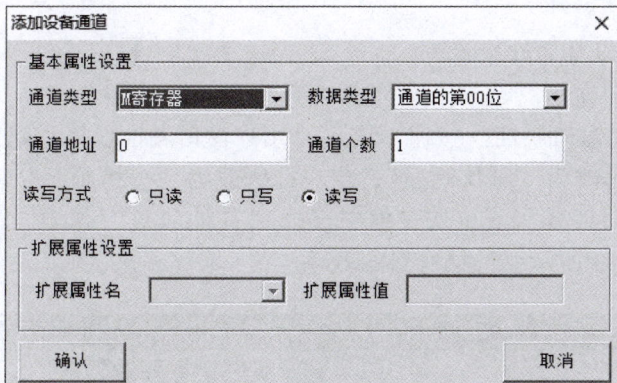

图 1-6-11 "添加设备通道"对话框

参数设置如下：

a. 通道类型：M 寄存器。

b. 数据类型：通道的第 00 位。

c. 通道地址：6。

d. 通道个数：1。

e. 读写方式：读写。

②单击"确认"按钮，完成基本属性设置。

③双击"读写 M006.0"通道对应的连接变量，从数据中心选择变量"HMI 复位按钮"。

同样的方法，增加其他通道对应的连接变量，如图 1-6-12 所示，单击"确认"按钮完成设置。

图 1-6-12 "连接变量"设置对话框

2. 画面和元件制作

1）新建画面以及属性设置

（1）在"用户窗口"选项卡中单击"新建窗口"按钮，建立"窗口0"。选中"窗口0"，单击"窗口属性"按钮，进入"用户窗口属性设置"对话框。

（2）窗口名称改为"分拣画面"，窗口标题改为"分拣画面"。

（3）在"窗口背景"下拉列表框中选择"其他颜色"选项，进入"颜色"对话框，如图1-6-13所示，选择所需的颜色。

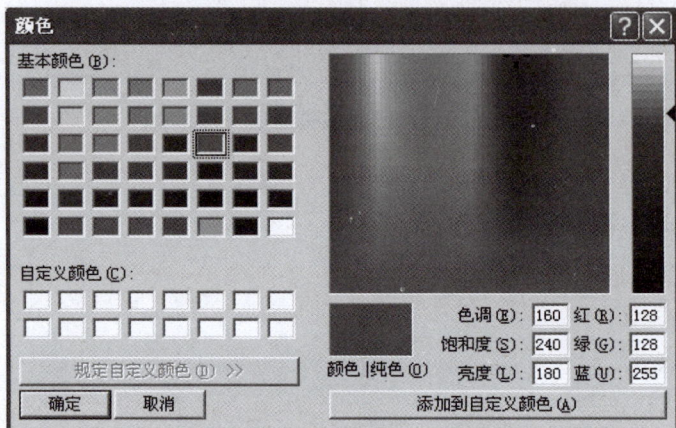

图1-6-13 "颜色"对话框

2）制作文字框图

以标题文字的制作为例进行说明，双击"用户窗口"选项卡下的"分拣画面"按钮。

（1）单击工具条中的"工具箱" 按钮，打开"工具箱"对话框。

（2）选择"工具箱"对话框内的"标签" **A** 按钮，鼠标指针显示为十字形，在窗口顶端中心位置拖拽鼠标指针，根据需要拖出一个大小适合的矩形。

（3）在光标闪烁位置输入"分拣站界面"，按回车键或在窗口任意位置单击，即可完成文字输入。

（4）选中文字框，完成如下设置：

①单击工具条上的"填充颜色" 按钮，设定文字框的背景颜色为"白色"。

②单击工具条上的"边线颜色" 按钮，设置文字框的边线颜色为"没有边线"。

③单击工具条上的"字体" Aª 按钮，设置文字字体为"华文细黑"，字形为"粗体"，字号为"二号"。

④单击工具条上的"字符颜色" 按钮，将文字颜色设置为藏青色。

（5）其他文字框的属性设置如下：

①背景颜色为同画面背景颜色。

②边线颜色为"没有边线"。

③文字字体为"华文细黑"，字形为"常规"，字号为"二号"。

3）制作状态指示灯

以"单机/全线"指示灯为例进行说明。

（1）单击绘图工具箱中的"插入元件" 按钮，弹出"对象元件库管理"对话框，选中"指示灯6"，单击"确定"按钮。双击"指示灯6"，弹出"单元属性设置"对话框，如图1-6-14所示。

（a）

（b）

图1-6-14 "对象元件库管理"对话框

（a）"对象元件库管理"对话框；（b）"单元属性设置"对话框

（2）在"数据对象"选项卡中单击"？"按钮，从数据中心选择"单机全线切换"变量。

（3）在"动画连接"选项卡中单击"填充颜色"选项，则右边出现 按钮，如图1-6-15所示。

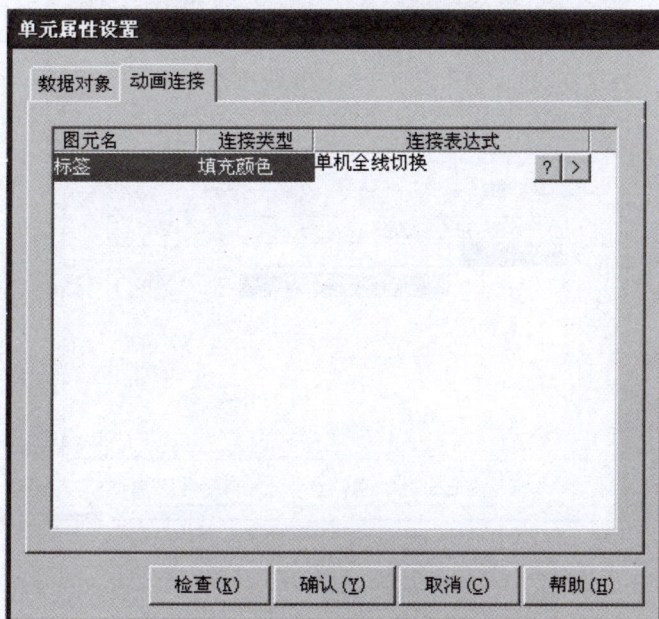

图1-6-15 "单元属性设置"对话框

（4）单击 按钮，进入"标签动画组态属性设置"对话框，如图 1-6-16 所示。

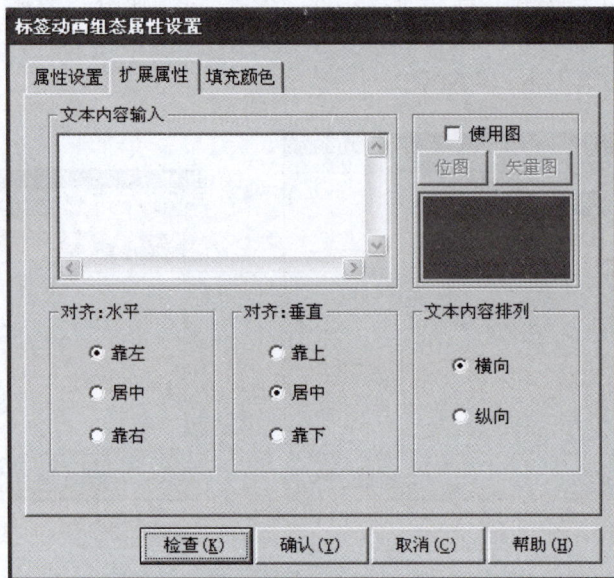

图 1-6-16 "标签动画组态属性设置"对话框

（5）"属性设置"选项卡中，填充颜色为白色。

（6）"填充颜色"选项卡如图 1-6-17 所示，将分段点 0 对应颜色设置为白色，将分段点 1 对应颜色设置为浅绿色，单击"确认"按钮完成设置。

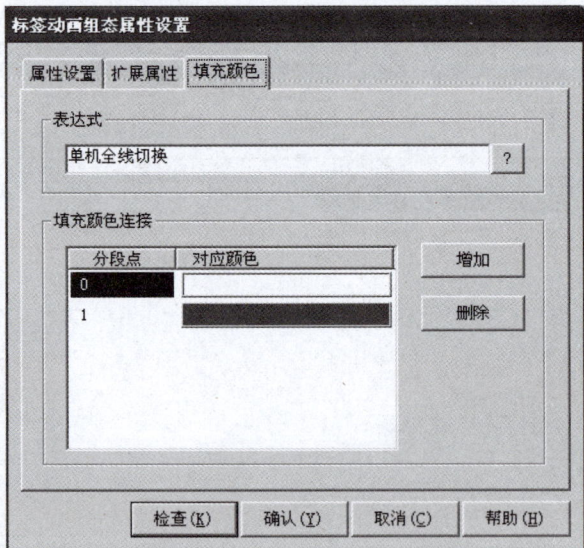

图 1-6-17 "填充颜色"选项卡

注意：指示灯在"属性设置"选项卡中，选中"闪烁效果"单选按钮，可以在"闪烁效果"选项卡中设置指示灯闪烁功能。

4）制作切换旋钮

单击绘图工具箱中的"插入元件" 🔲按钮，进入"对象元件库管理"对话框，选中"开关6"，单击"确定"按钮。双击"开关6"，进入"单元属性设置"对话框。在"数据对象"选项卡的"按钮输入"和"可见度"的列表中分别连接数据对象"单机全线切换"，如图1-6-18所示。

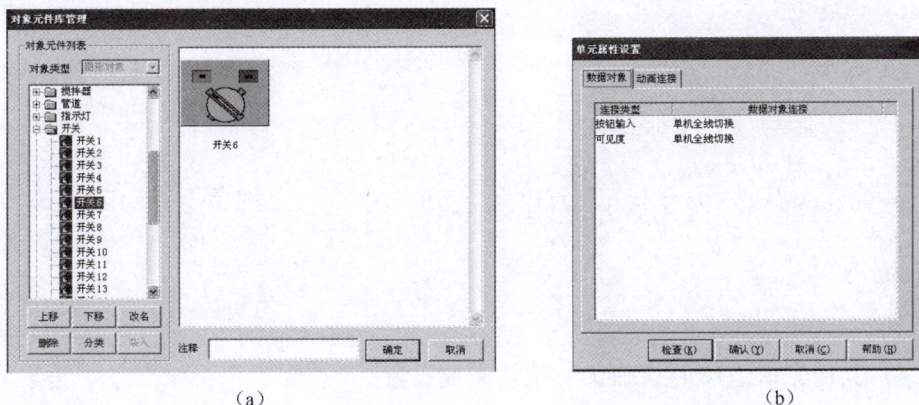

（a）　　　　　　　　　　　　　　　　　　（b）

图1-6-18　"对象元件库管理"及"单元属性设置"对话框

（a）"对象元件库管理"对话框；（b）"单元属性设置"对话框

5）制作按钮

以启动按钮为例，说明如下：

（1）单击绘图工具箱中"标准按钮" 🔲，在对话框中拖出一个大小合适的按钮，双击按钮，出现"标准按钮构件属性设置"对话框，如图1-6-19所示。

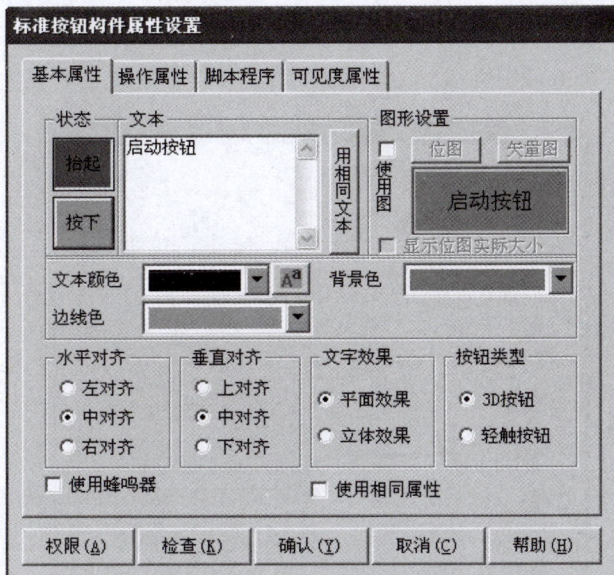

图1-6-19　"标准按钮构件属性设置"对话框

（2）"基本属性"选项卡中，无论是抬起还是按下状态，文本框中都输入"启动按钮"；抬起功能属性字体设置为"宋体"，字号设置为"五号"，背景颜色设置为浅绿色；按下功能字号设置为"小五号"，其他设置同抬起功能。

（3）"脚本程序"选项卡中设置如下：

抬起脚本：

```
HMI 启动按钮 = 0
```

按下脚本：

```
if 写入变频器频率<=0 THEN
HMI 启动按钮 = 0
! OpenSubWnd( 窗口 2,260,187,414,212,0)
else
HMI 启动按钮 = 1
endif
```

（4）其他默认。单击"确认"按钮完成设置。

6）制作数值输入框

（1）选中"工具箱"中的"输入框" abl 按钮，在对话框中拖动鼠标，绘制一个输入框。

（2）双击 输入框 构件，进行属性设置，只需要设置操作属性。

①数据对象名称：最高频率设置。

②使用单位：Hz。

③最小值：0。

④最大值：50。

⑤小数点位：0。

设置结果如图 1-6-20 所示。

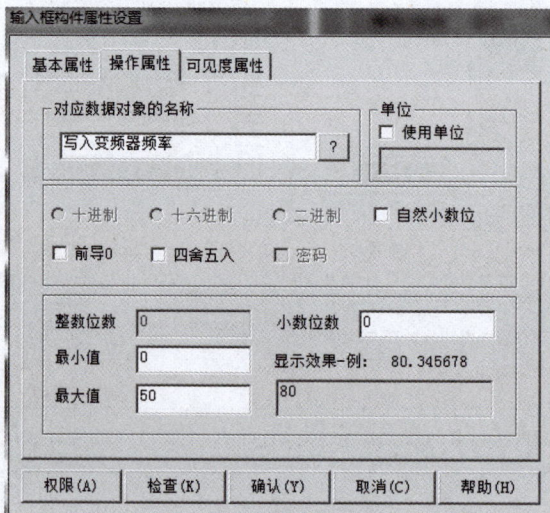

图 1-6-20 "输入框构件属性设置"对话框

7）制作数据显示框

以白色金属料累计数据显示为例，介绍如下：

（1）选中"工具箱"中的"标签" $\boxed{A}$ 按钮，拖动鼠标，绘制一个"标签"显示框。

（2）双击显示框，进入"标签动画组态属性设置"对话框，如图1-6-21所示。在"输入输出连接"选项组中，勾选"显示输出"复选框，在"标签动画组态属性设置"对话框中则会出现"显示输出"标签。

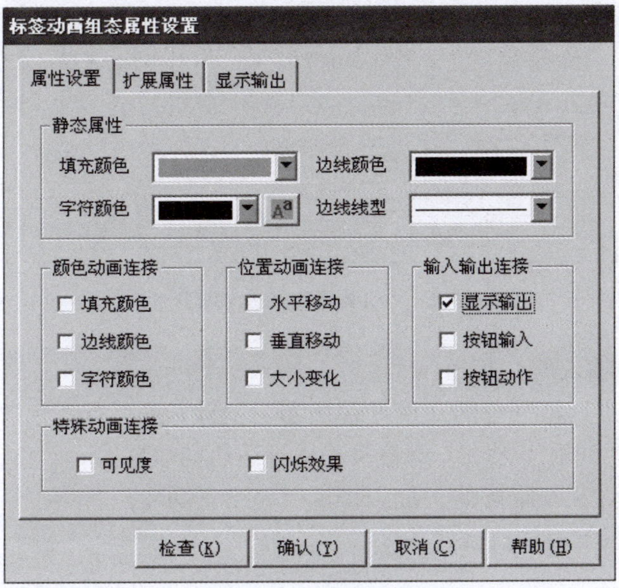

图 1-6-21 "标签动画组态属性设置"对话框

（3）单击"显示输出"标签，"显示输出"选项卡的参数设置如下：

①表达式：机械手当前位置。

②单位：mm。

③输出值类型：数值量输出。

④输出格式：浮点数输出。

⑤整数位数：0。

⑥小数位数：0。

（4）单击"确认"按钮，制作完毕。

8）制作矩形框

单击工具箱中的"矩形" $\boxed{\square}$ 按钮，在窗口的左上方拖出一个大小适合的矩形，双击矩形，出现图1-6-22所示的"动画组态属性设置"对话框，属性设置如下：

（1）单击工具条上的"填充颜色"按钮，设置矩形框的背景颜色为"没有填充"。

（2）单击工具条上的"边线颜色"按钮，设置矩形框的边线颜色为白色。

（3）其他默认。单击"确认"按钮完成设置。

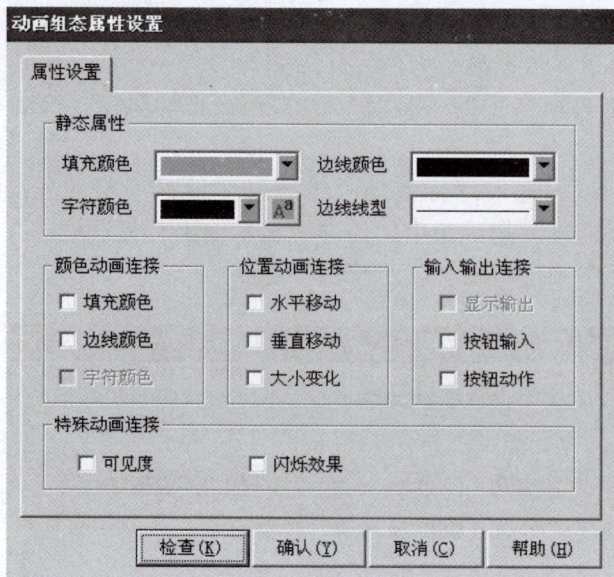

图 1-6-22 "动画组态属性设置"对话框

9）制作滑动输入器

（1）选中"工具箱"中的"滑动输入器" 按钮，当鼠标指针显示为十字形后，拖动鼠标指针到适当大小，调整滑动块到适当的位置。

（2）双击滑动输入器构件，进入图 1-6-23 所示的"滑动输入器构件属性设置"对话框。按照下面的值设置各个参数。

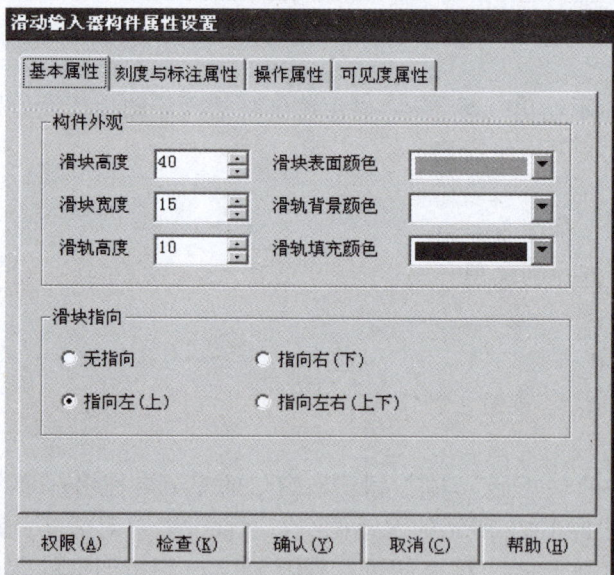

图 1-6-23 "滑动输入器构件属性设置"对话框

①在"基本属性"选项卡的"滑块指向"选项组中选中"指向左（上）"单选按钮。

②在"刻度与标注属性"选项卡中,"主划线数目"设置为11,"次划线数目"设置为2,小数位数设置为0。

③在"操作属性"选项卡中,"对应数据对象名称"设置为手爪当前位置_输送,"滑块在最左(下)边时对应的值"设为1 100,"滑块在最右(上)边时对应的值"设为0。

④其他为默认值。

(3)单击"权限"按钮,进入"用户权限设置"对话框,选择"管理员组",单击"确认"按钮完成制作。图1-6-24是制作完成的效果图。

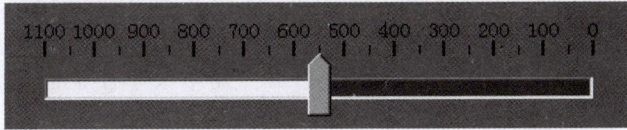

图1-6-24 效果图

10)制作循环移动的文字框图

(1)选择"工具箱"内的"标签" **A** 按钮,拖拽到窗口上方中心位置,根据需要拖出一个大小适合的矩形。在鼠标光标闪烁位置输入"欢迎使用 YL-1633B 自动化生产线实训考核装备!",按回车键或在窗口任意位置单击,完成文字输入。

(2)双击文字框,在"标签动画组态属性设置"选项框中的"静态属性"区域设置如下。文字框的背景颜色为"没有填充";文字框的边线颜色为"没有边线";字符颜色为"艳粉色";文字字体为"华文细黑",字形为"粗体",字号为"二号"。

(3)为了使文字循环移动,在"位置动画连接"选项卡中勾选"水平移动"复选框,这时在对话框中则会出现"水平移动"标签。"水平移动"选项卡的设置如图1-6-25所示。

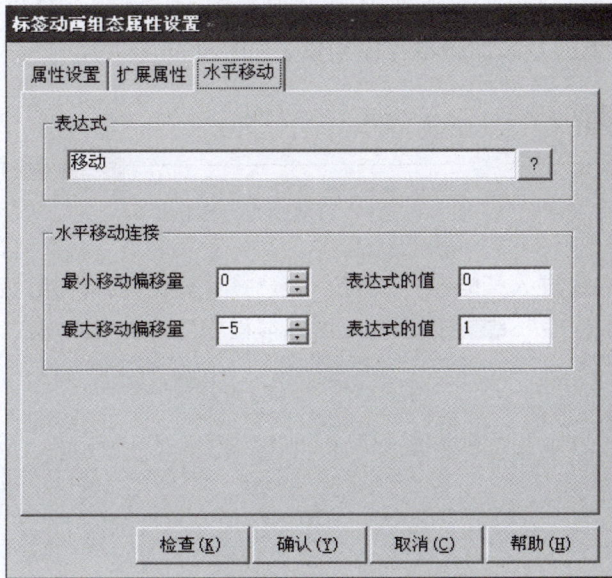

图1-6-25 "水平移动"选项卡

①设置说明如下:

a. 为了实现水平移动动画连接,首先要确定对应连接对象的表达式,然后再定义表达式的值所对应的位置偏移量。图1-6-26中定义一个内部数据对象"移动"作为表达式,它是一个与文字对象的位置偏移量成比例的增量值。当表达式"移动"的值为0时,文字对象的位置向右移动0点(即不动);当表达式"移动"的值为1时,文字对象的位置向左移动5点(-5),这就是说"移动"变量与文字对象的位置之间的关系是斜率为-5的线性关系。

b. 人机界面图形对象所在的水平位置定义为以左上角为坐标原点,单位为像素,向左为负方向,向右为正方向。TPC7062Ti分辨率是800×480,文字"欢迎使用自动化生产线实训考核装备!"向左全部移出的偏移量约为-700像素,故表达式"移动"的值为+140。文字循环移动的策略是,如果文字串向左全部移出,则返回初始位置重新移动。

②组态"循环策略"的具体操作如下:

a. 在"运行策略"选项卡中,双击"循环策略"进入"策略组态:循环策略"对话框。

b. 双击 ◼◼ 按钮进入"策略属性设置"对话框,将循环时间设为100 ms,单击"确认"按钮完成设置。

c. 在"策略组态:循环策略"对话框中,单击工具条中的"新增策略行" ◼ 按钮,增加一个策略行,如图1-6-26所示。

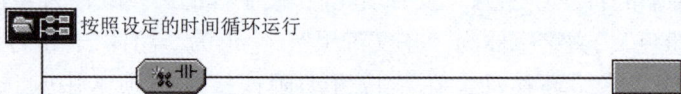

图1-6-26　新增策略行

d. 单击"策略工具箱"对话框中的"脚本程序"选项,将鼠标指针移到"策略块" ◼◼ 上并单击,添加脚本程序构件,如图1-6-27所示。

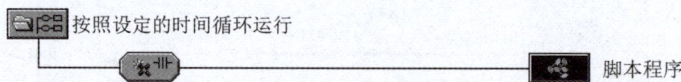

图1-6-27　添加脚本程序构件

e. 双击 ◼◼ 按钮进入策略条件设置,表达式中输入1,即始终满足条件。

f. 双击"脚本程序" ◼◼ 按钮进入"脚本程序"对话框,输入下面的程序:

```
if 移动<=140 then
    移动=移动+1
else
    移动=-140
endif
```

g. 单击"确认"按钮,脚本程序编写完毕。

引导问题 1：触摸屏主要起什么作用？它如何进行组态设计？

_____

_____

引导问题 2：TPC7062Ti 触摸屏如何与 PLC 建立连接？

_____

_____

引导问题 3：怎样实现用户登录功能？

_____

_____

引导问题 4：怎样通过脚本程序编写实现密码修改功能？

_____

_____

七、工业机器人

工业机器人由机器人本体、示教器、机器人控制器、示教器通信电缆、数据交换电缆、电动机驱动电缆和电源供电电缆组成，如图 1-7-1 所示。

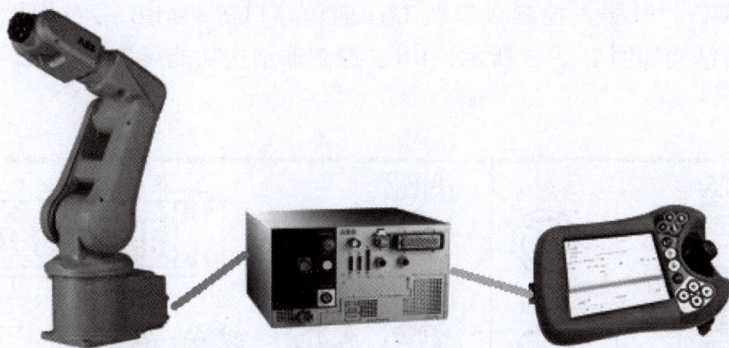

图 1-7-1　IRB 120 系列工业机器人

本自动化生产线设备采用 ABB IRB 120 系列工业机器人。IRB 120 型机器人是 ABB 新型第四代机器人，其有 6 轴自由度，具有动作敏捷、结构紧凑、重量轻等优点，控制精度高，路径精度高。IRB 120 系列机器人本体外形及 6 轴位置如图 1-7-2 所示，其各轴的运动范围及最大的运行速度见表 1-7-1。

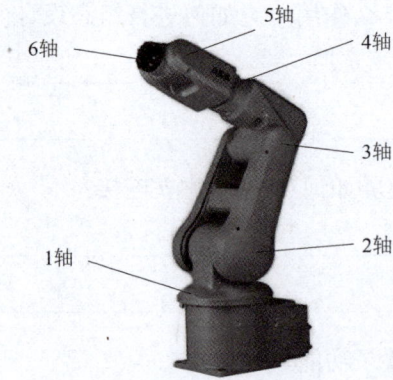

图 1-7-2　IRB 120 系列机器人本体外形及 6 轴位置

表 1-7-1　IRB 120 机器人各轴运动范围及最大运行速度

轴运动	工作范围	最大运行速度	轴运动	工作范围	最大运行速度
轴 1 旋转	−165°～+165°	250°/s	轴 4 手腕	−160°～+160°	320°/s
轴 2 手臂	−110°～+110°	250°/s	轴 5 弯曲	−120°～+120°	320°/s
轴 3 手臂	−90°～+70°	250°/s	轴 6 翻转	−400°～+400°	420°/s

（一）机器人控制器的介绍

机器人控制器主要包括控制面板和外部接口两部分。控制面板主要有总开关、急停按钮、电机开启和指示及模式选择开关等；外部接口主要有示教器连接接口、机器人驱动接口、机器人控制接口及 I/O 通信接口等。ABB 第 5 代机器人控制器（IRC5）外形结构如图 1-7-3 所示，IRC5 控制器结构功能见表 1-7-2。

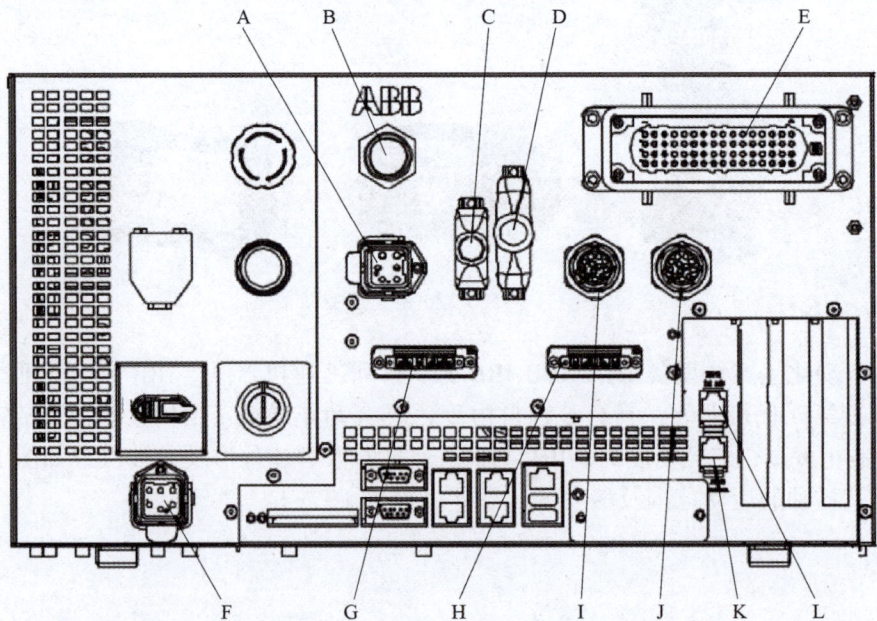

图 1-7-3　IRC5 控制器外形结构

A	XS8 附加轴，电源电缆连接器（不能用于此版本）
B	XS4 FlexPendant 连接器
C	XS7 I/O 连接器
D	XS9 安全连接器
E	XS1 电源电缆连接器
F	XS0 电源输入连接器
G	XS10 电源连接器
H	XS11 DeviceNet 连接器
I	XS41 信号电缆连接器
J	XS2 信号电缆连接器
K	XS13 轴选择器连接器
L	XS12 附加轴，信号电缆连接器（不能用于此版本）

（二）机器人示教器的介绍

机器人示教器主要由连接器、触摸屏、紧急停止按钮、手动操作摇杆、USB 接口、使能器、触摸笔、重置按钮等组成，如图 1-7-4 所示。

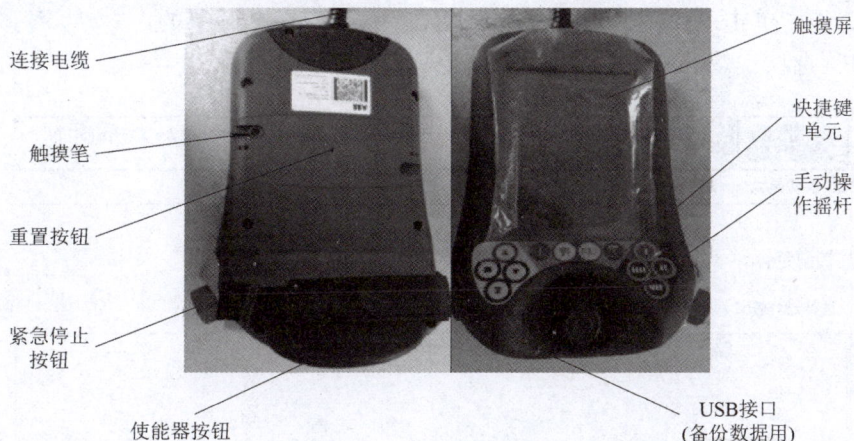

图 1-7-4　机器人示教器

1. 使能器按钮的作用及介绍

使能器按钮是工业机器人为保证操作人员人身安全而设置的，只有在按下使能器按钮，并保证在"电机开启"状态下，才能对机器人进行手动操作与程序调试。当发生危险时，人会本能地将使能器按钮松开或锁紧，机器人就会马上停止，保证操作人员安全。使能器按钮分为两挡，在手动状态下按下第一挡，机器人将处于电动机开启状态；按下第二挡，机器人就会处于防护装置停止状态。

2. 示教器的功能特点

示教器（FlexPendand）以简洁明了、直观互动的彩色触摸屏和 3D 操纵杆为设计特色，拥有强大的定制应用支持功能，可加载自定义的操作屏幕等关键件，无需另设工作站人机界面。

（三）机器人控制器和示教器的使用操作

1. 使用步骤

首先使机器人控制器、示教器上的紧急停止按钮处于松开状态。此时的机器人处于何种状态，取决于实际情况，在这里我们将机器人切换到手动状态。然后将电源开关打到 ON 状态，系统启动完成后就可以手动操纵机器人。

2. ABB IRB 120 系列工业机器人的手动操纵

手动操纵机器人运动一共有 3 种模式：单轴运动、线性运动和重定位运动。下面介绍如何手动操纵机器人进行这 3 种运动。

1）单轴运动的手动操纵

一般来说，ABB IRB 120 系列工业机器人由 6 个伺服电动机分别驱动机器人的 6 个关节轴，每次手动操纵一个关节轴的运动，就称为单轴运动。以下是手动操纵单轴运动的具体方法。

第 1 步，接通电源，把机器人状态钥匙切换到中间的手动状态，如图 1-7-5 所示。

图 1-7-5 机器人状态切换

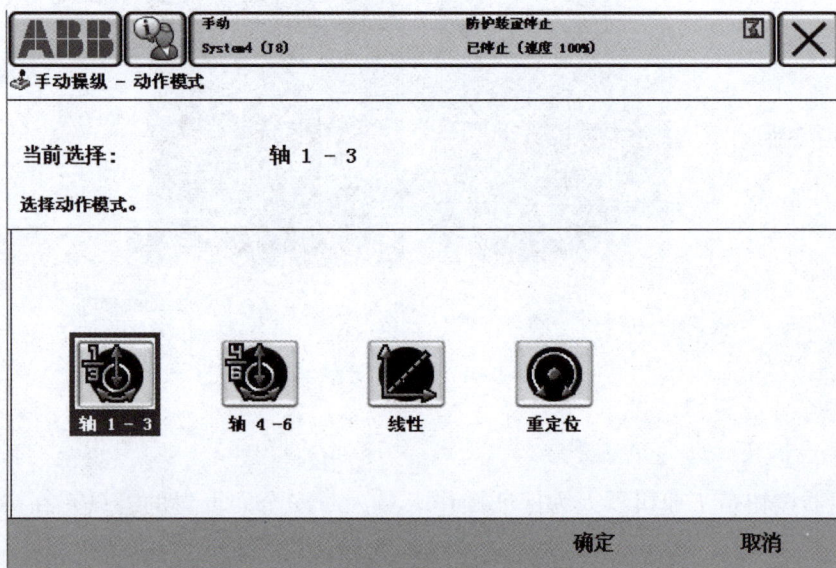

第 2 步，单击 ABB 按钮，选择"动作模式"选项组中的"轴 1-3"选项，然后单击"确定"按钮，如图 1-7-6 所示。

图 1-7-6 动作模式——轴 1-3

第 3 步，用左手按下使能器按钮，进入"电机开启"状态，手动操作摇杆时机器人的 1，2，3 轴就会动作，摇杆的操作幅度越大，机器人的动作速度越快。同样的方法，选择"动作模式"选择组中的"轴 4-6"选项，然后操作摇杆，机器人的4，5，6 轴就会动作，如图 1-7-7 所示。

图 1-7-7　动作模式——轴 4-6

2）线性运动的手动操纵

机器人的线性运动是指安装在机器人第 6 轴法兰盘上工具的工具中心点（tool center point，TCP）在空间中做线性运动。以下是手动操纵线性运动的方法。

第 1 步，单击 ABB 按钮，选择"动作模式"选项组中的"线性"选项，然后单击"确定"按钮，如图 1-7-8 所示。

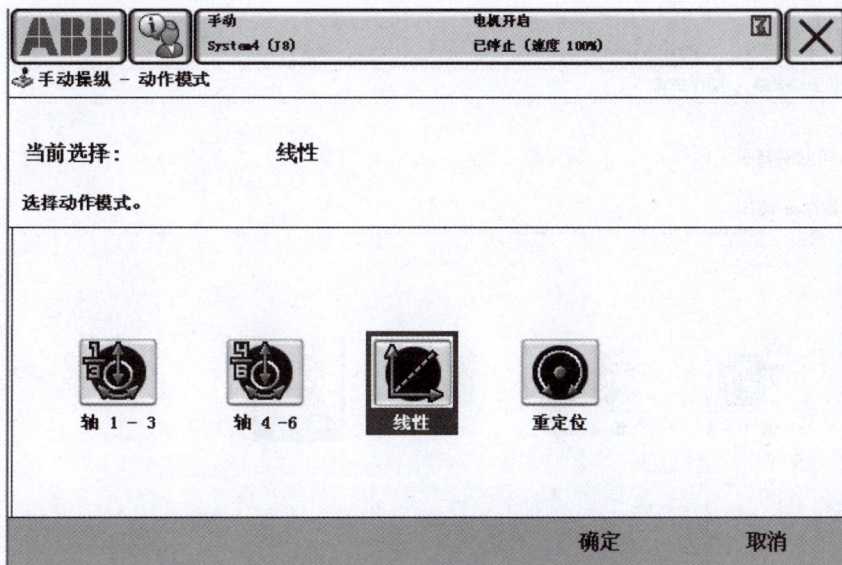

图 1-7-8　动作模式——线性

第2步，机器人的线性运动要在"工具坐标"中指定对应的工具，这里我们用 tool0 操纵示教器上的操纵杆，则机器人第6轴法兰盘上工具的 TCP 点在空间中做线性运动，如图 1-7-9 所示。

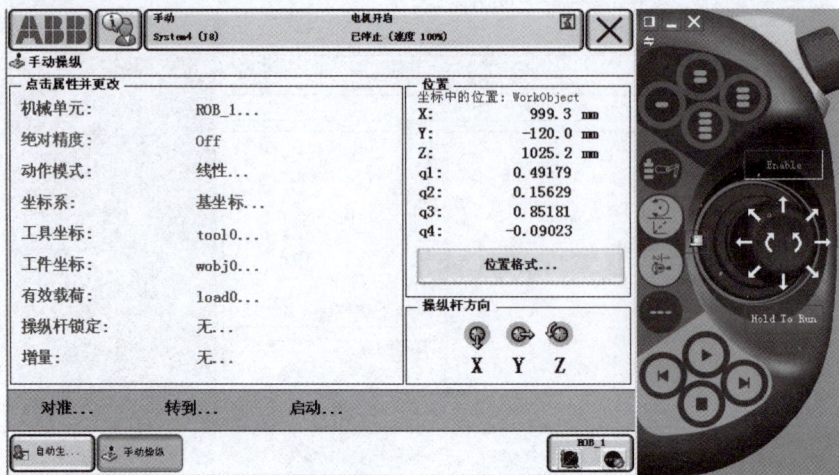

图 1-7-9　线性模式——工具坐标系 tool0

3）重定位运动的手动操纵

机器人的重定位运动是指机器人第6轴法兰盘上工具的 TCP 点在空间中绕着坐标轴旋转的运动，也可以理解为机器人绕着工具的 TCP 点做姿态调整的运动。以下是手动操纵重定位运动的方法。

第1步，单击 ABB 按钮，选择"动作模式"选项组中的"重定位"选项，然后单击"确定"按钮，如图 1-7-10 所示。

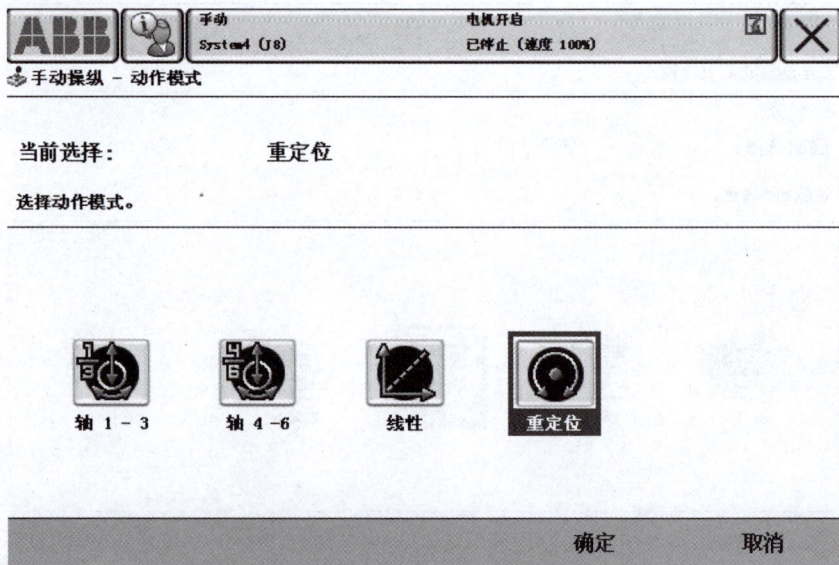

图 1-7-10　动作模式——重定位

第2步，单击"坐标系"选项组中的"工具"选项，然后单击"确定"按钮，如图1-7-11所示。

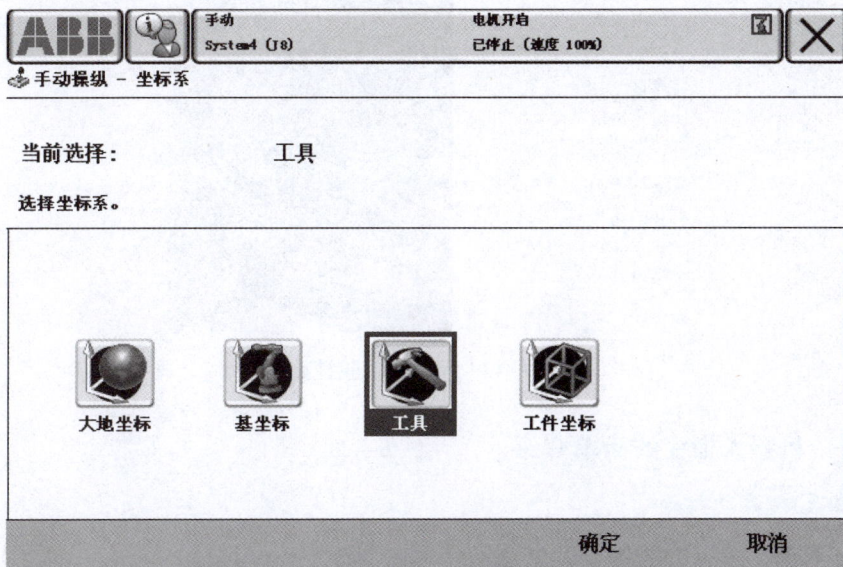

图1-7-11　重定位模式——选择工具坐标系

第3步，单击"工具坐标"列表的tool0选项，然后单击"确定"按钮，操纵示教器上的操纵杆，则机器人第6轴法兰盘工具的TCP点做姿态调整的运动，如图1-7-12所示。

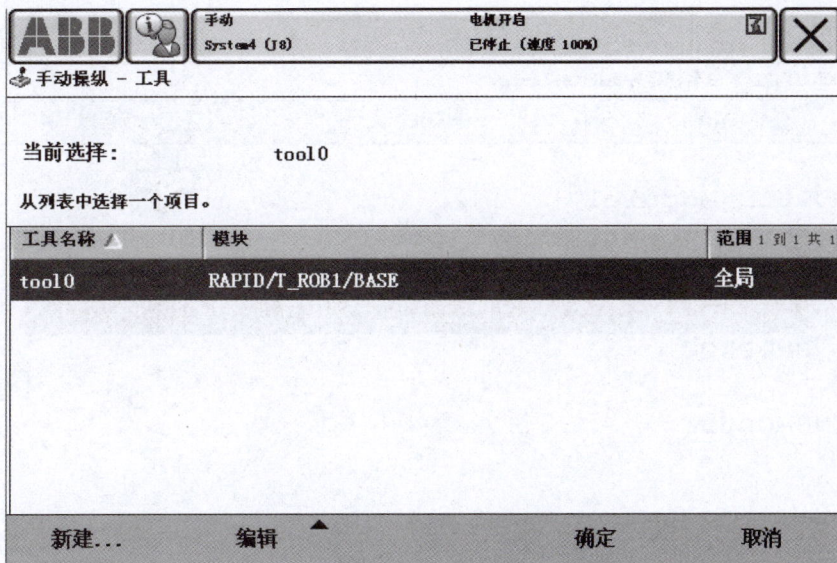

图1-7-12　重定位模式——工具坐标选择tool0

第4步，手动操纵快捷按钮，如图1-7-13所示。

学习笔记

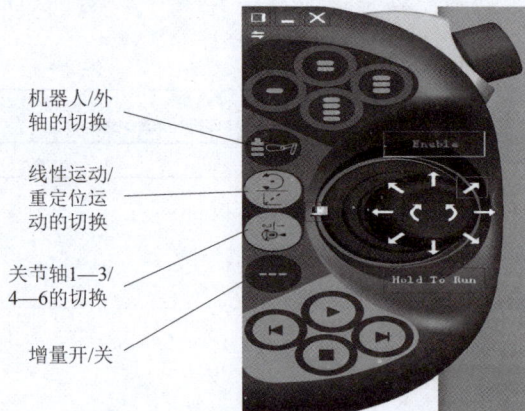

机器人/外轴的切换

线性运动/重定位运动的切换

关节轴1—3/4—6的切换

增量开/关

图 1-7-13 手动操纵快捷按钮

（四）机器人指令的简单介绍

1. 机器人运动指令

机器人在空间中的运动主要有绝对位置运动（MoveAbsJ）、关节运动（MoveJ）、线性运动（MoveL）和圆弧运动（MoveC）四种方式。

1）绝对位置运动指令

绝对位置运动指令是指机器人的运动使用 6 个轴和外轴的角度值来定义目标位置数据。常用于机器人 6 个轴回到机械零点（0°）的位置。绝对位置运动指令参数如图 1-7-14 中选中区域所示。

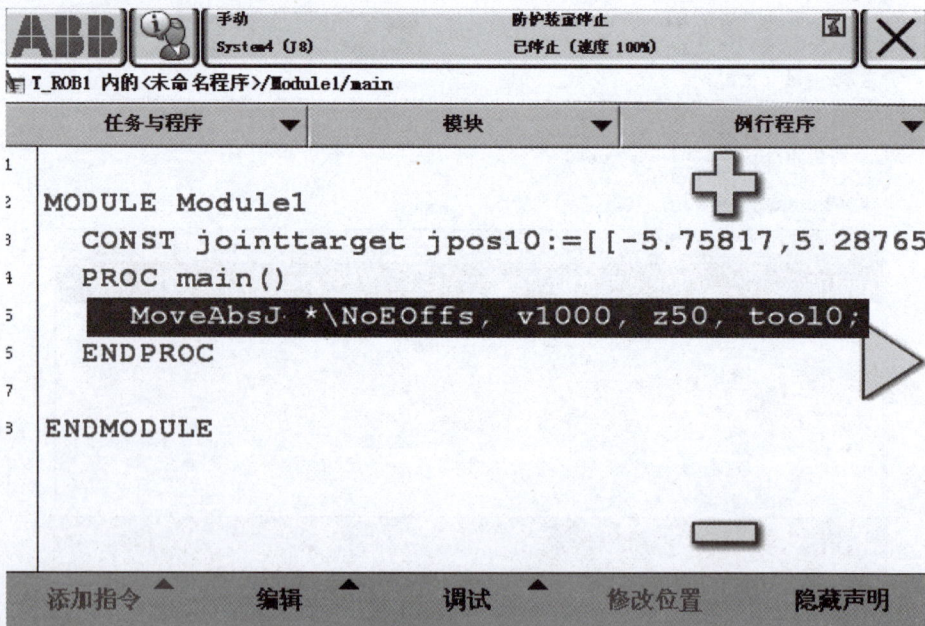

```
MODULE Module1
  CONST jointtarget jpos10:=[[-5.75817,5.28765
  PROC main()
    MoveAbsJ *\NoEOffs, v1000, z50, tool0;
  ENDPROC

ENDMODULE
```

图 1-7-14 绝对位置运动指令参数

绝对位置运动指令数据解析见表 1-7-3。

表 1-7-3　绝对位置运动指令数据解析

参数	含义
*	目标点位置数据
\ NoEoffs	外轴不带偏移数据
v1000	运动速度数据，1 000 mm/s
z50	转弯区数据
tool0	工具坐标数据

2）关节运动指令

关节运动指令是在对路径精度要求不高的情况下，使机器人的 TCP 点从一个位置移动到另一个位置的指令，两个位置之间的路径不一定是直线。关节运动指令如下：

```
MoveJ p10,v1000,z50,tool0
```

表示机器人的 TCP 点从当前位置向 p10 点运动，速度是 1 000 mm/s，距离 p10 点还有 50 mm 的时候开始转弯，使用的工具坐标是 tool0。

3）线性运动指令

线性运动是机器人的 TCP 点从起点到终点之间的路径始终保持为直线。一般如焊接、涂胶等应用对路径要求高的场合使用此指令。线性运动指令如下：

```
MoveL p10,v1000,fine,tool1
```

4）圆弧运动指令

圆弧路径是指在机器人可到达的空间范围内定义三个位置点，第一个位置点是圆弧的起点，第二个位置点用于圆弧的曲率，第三个位置点是圆弧的终点。圆弧运动指令如下：

```
MoveC p10,p20,v1000,z1,tool1
```

注意：在圆弧运动指令中速度一般最高为 500 mm/s，在手动限速状态下，所有的运动速度被限速在 250 mm/s。

关于转弯区，fine 指机器人的 TCP 点到达目标点，在目标点速度将为 0，机器人动作有所停顿后再向下运动。如果是一段路径的最后一个点，一定要为 fine。转弯区数值越大，机器人的动作路径就越圆滑与流畅。

2. 机器人 I/O 指令

I/O 控制指令用于控制 I/O 信号，以达到与机器人周边设备进行通信的目的。

（1）Set 数字信号置位指令。

Set 数字信号置位指令用于将数字输出信号置位为 1，数字信号置位指令如下：

```
Set do1
```

（2）Reset 数字信号复位指令。

Reset 数字信号复位指令用于将数字输出信号置位为 0，数字信号复位指令如下：

```
Reset do1
```

注意：如果在 Set，Reset 指令前有运动指令 MoveJ、MoveL、MoveC、MoveAbsJ 的转弯区数据，必须使用 fine 后才可以准确地输出 I/O 信号的状态变化。

（3）WaitDI 数字输入信号判断指令。

WaitDI 数字输入信号判断指令用于判断数字输入信号的值是否与目标一致。数字输入信号判断指令如下：

```
WaitDI di1,1
```

等待，直到输入信号 di1 为 1，方才跳到下一步骤。

（4）WaitDO 数字输出信号判断指令。

WaitDO 数字输出信号判断指令用于判断数字输出信号的值是否与目标一致。数字输出信号判断指令如下：

```
WaitDO do1,1
```

等待，直到输入信号 di1 为 1，方才跳到下一步骤。

（5）WaitTime 时间等待指令。

WaitTime 为时间等待指令，即等待时间到达设定的时间。时间等待指令如下：

```
WaitTime 1
```

等待 1 s 后执行下一动作。

（6）= 赋值指令。

=赋值指令，即对程序数据进行赋值。

（7）Stop 停止指令。

Stop 停止指令，即停止程序执行。

（8）Offs 位置偏移指令。

Offs 位置偏移指令，即对机器人位置进行偏移。

Offs（p10，30，20，10）即在 p10 的位置上在 X 轴位置偏移 30，Y 轴位置偏移 20，Z 轴位置偏移 10。

（五）示教器设置

1. 定义 DSQC651 板总线连接

ABB 标准 I/O 板都是在 DeviceNet 现场总线上通信的设备，定义 DSQC651 板总线连接的相关参数说明见表 1-7-4。

表 1-7-4　总线连接参数说明

参数名称	设定值	说明
Name	Board10	设定 I/O 板在系统中的名字

参数名称	设定值	说明
Type of Unit	D651	设定 I/O 板的类型
Connected to Bus	Devicenet1	设定 I/O 板连接的总线
DeviceNet Address	10	设定 I/O 板在总线中的地址

DSQC651 板总线连接的操作步骤如下。

第 1 步，单击"控制面板"按钮，如图 1-7-15 所示。

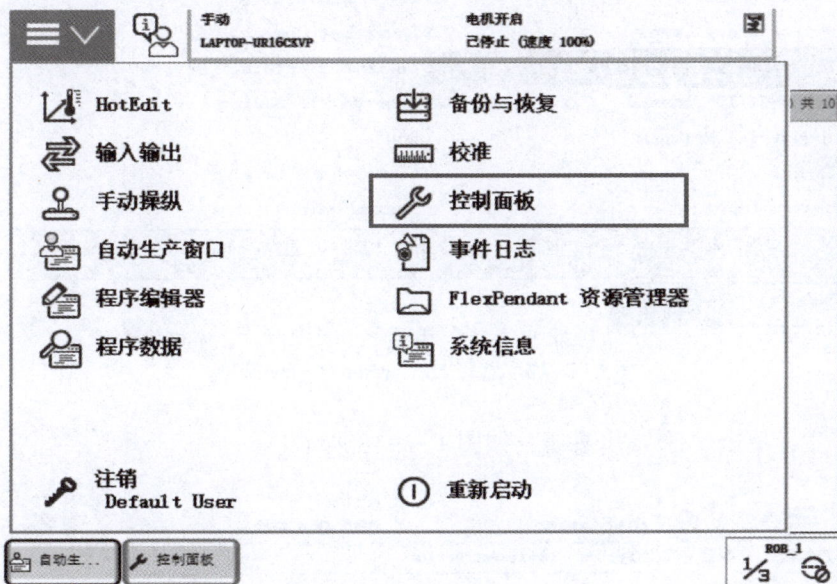

图 1-7-15　单击"控制面板"按钮

第 2 步，选择"配置"选项，如图 1-7-16 所示。

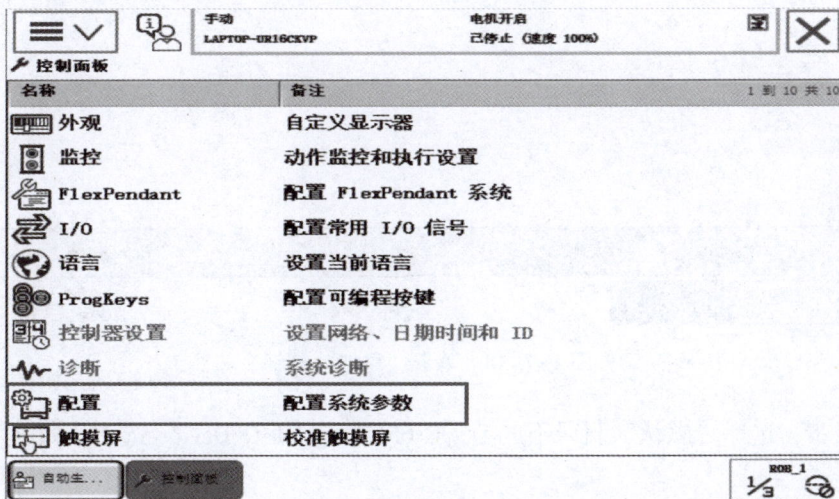

图 1-7-16　选择"配置"选项

第 3 步，双击 DeviceNet Device 选项，进行 DSQC651 模块的创建，如图 1-7-17 所示。

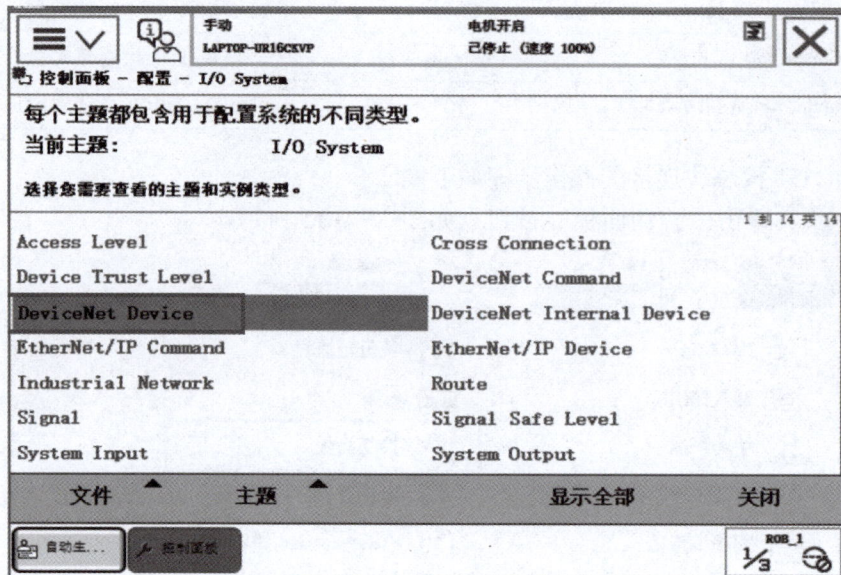

图 1-7-17 选择 DeviceNet Device 选项

第 4 步，单击"添加"按钮，如图 1-7-18 所示。

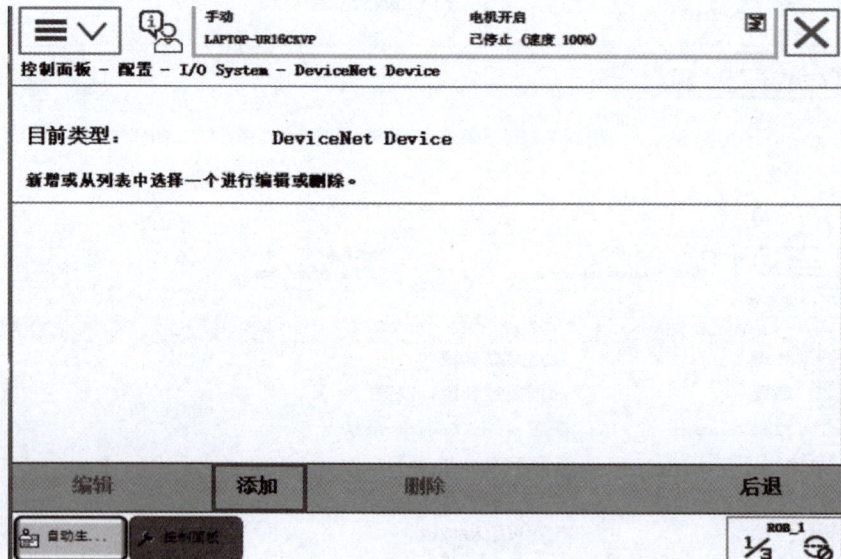

图 1-7-18 单击"添加"按钮

第 5 步，选择"默认"目录下的 DSQC 651 Combi I/O Device 选项，如图 1-7-19 所示。

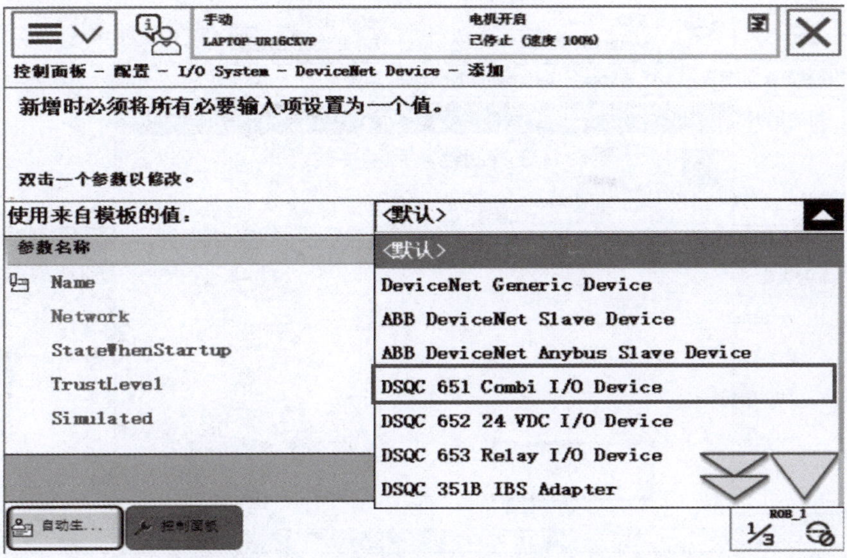

图 1-7-19　DSQC 651 的选择

第 6 步, 将 Name 更改为 board10, Address 更改为 10, 如图 1-7-20 所示。

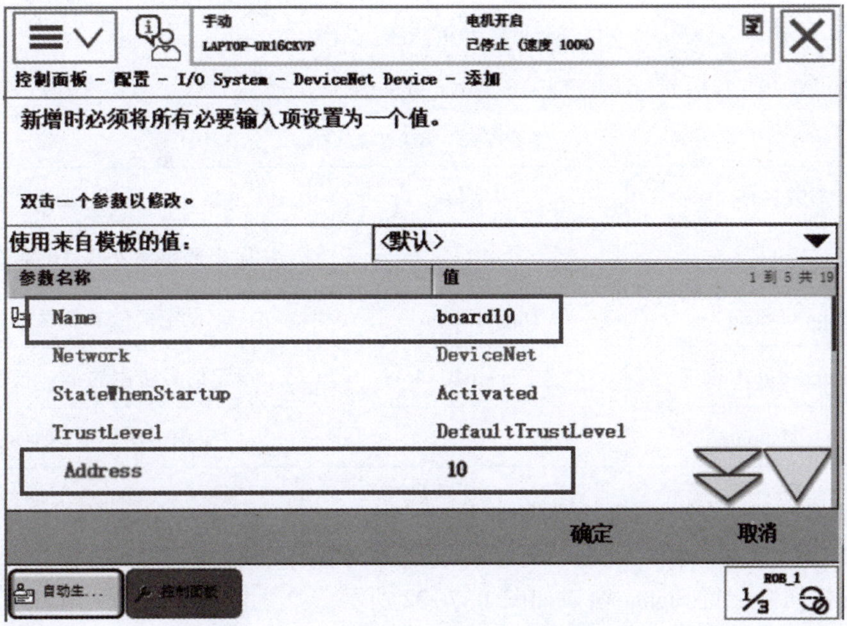

图 1-7-20　DSQC 651 名称和地址的配置

第 7 步, 单击 "确定" 按钮进入 "重新启动" 对话框, 单击 "是" 按钮, 如图 1-7-21 所示。

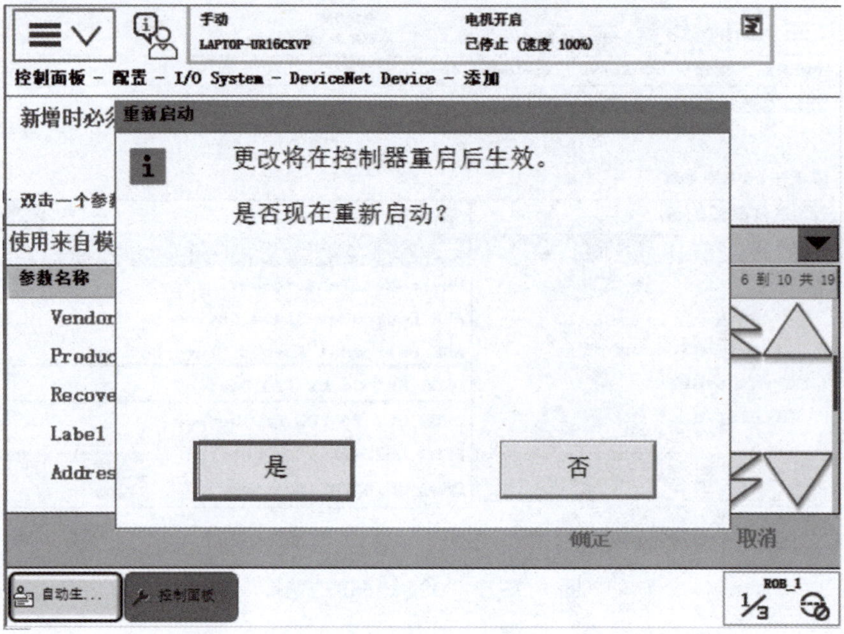

图 1-7-21 选择重启

2. 定义数字输入信号 di1 和数字输出信号 do1

（1）数字输入信号 di1 的相关参数说明见表 1-7-5。

表 1-7-5　di1 参数说明

参数名称	设定值	说明
Name	di1	设定数字输入信号的名字
Type of Signal	Digital Input	设定信号的类型
Assigned to Unit	board10	设定信号所占的 I/O 模块
Unit Mapping	0	设定信号所占用的地址

定义数字输入信号的操作步骤如下：

第 1 步，选择"控制面板"选项，选择"配置"选项，双击 Signal 选项，单击"添加"按钮。配置 Signal 窗口如图 1-7-22 所示。

第 2 步，双击 Name 选项，输入 di1，单击"确定"按钮；双击列表中的 Type of Signal 选项，选择 Digital Input 选项；双击列表中的 Assigned to Unit 选项，选择 board10 选项；双击列表中的 Unit Mapping 选项，输入"0"，单击"确定"按钮，单击"是"按钮完成配置。配置输入信号 di1 窗口如图 1-7-23 所示。

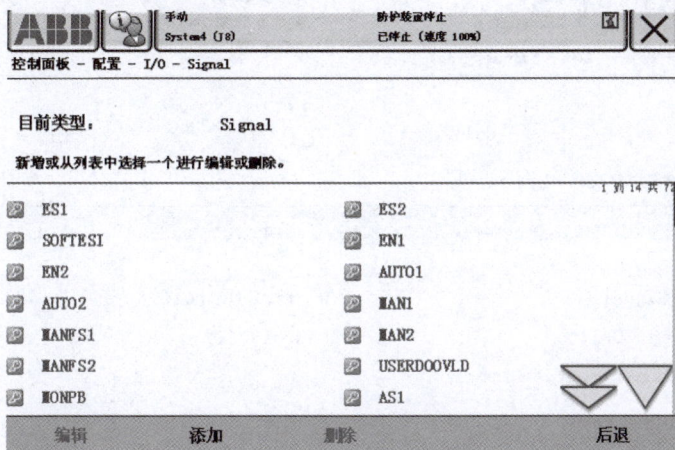

图 1-7-22　配置 Signal 窗口

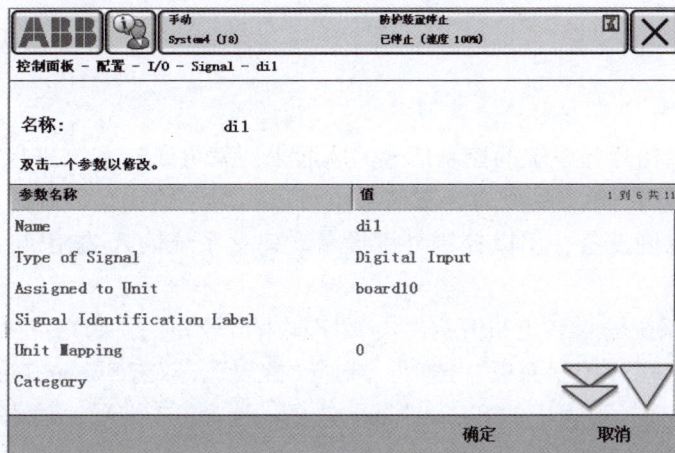

图 1-7-23　配置输入信号 di1 窗口

（2）数字输出信号 do1 的相关参数说明见表 1-7-6。

表 1-7-6　do1 参数说明

参数名称	设定值	说明
Name	do1	设定数字输出信号的名字
Type of Signal	Digital Output	设定信号的类型
Assigned to Unit	board10	设定信号所占的 I/O 模块
Unit Mapping	32	设定信号所占用的地址

定义数字输出信号的操作步骤同定义数字输入信号一致，只有相关参数的设定值不一致，请按照表 1-7-6 所示进行设置，设置完成后如图 1-7-24 所示。

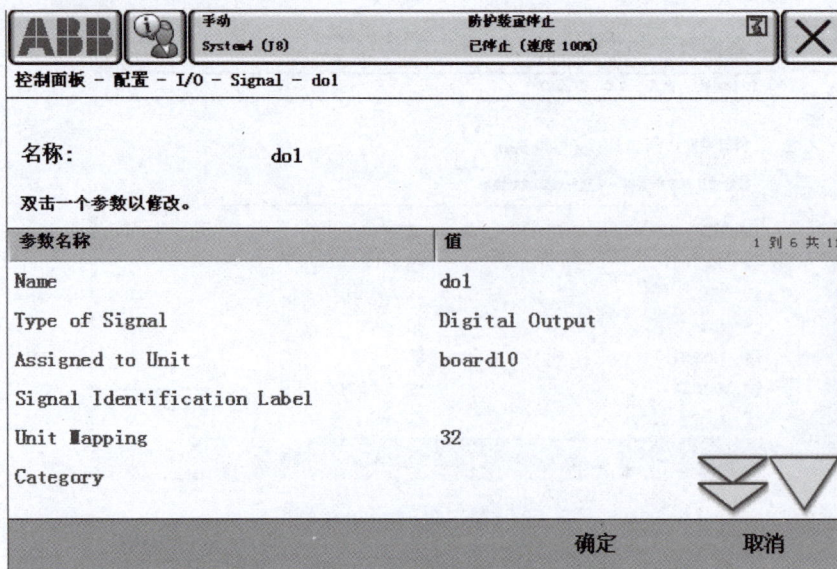

图 1-7-24　配置输出信号 do1 窗口

3. 系统输入/输出与 I/O 信号的关联

　　将数字输入信号与系统的控制信号关联起来，就可以对系统进行控制（如电动机开启、程序运行等）。系统的状态信号也可以与数字输出信号关联起来，将系统的状态输出给外围设备，用以控制外围设备。建立系统输入/输出与 I/O 信号关联的操作步骤如下：

　　（1）建立系统输入"电机开启"与数字输入信号 di1 的关联。

　　第 1 步，选择"控制面板"选项，选择"配置"，双击 System Input 选项，单击"添加"按钮，选择列表中的 Signal Name 选项，选择 di1 选项，输入信号与系统信号关联窗口如图 1-7-25 所示。

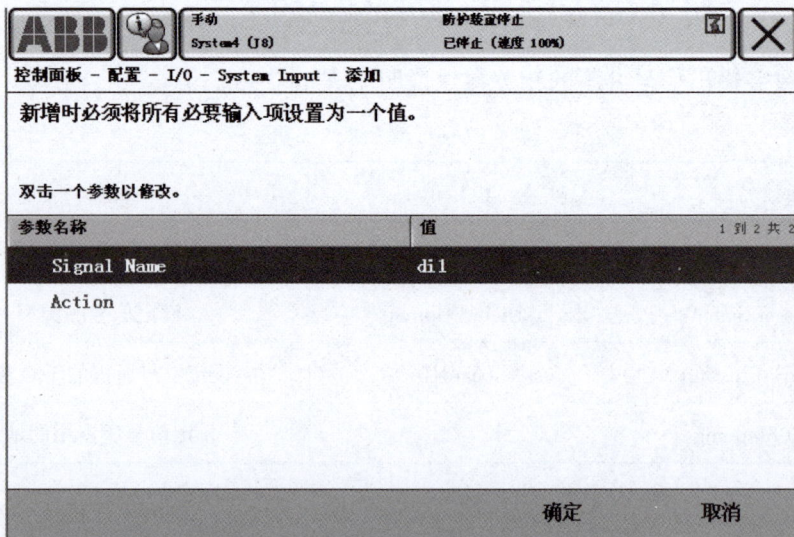

图 1-7-25　输入信号与系统信号关联窗口 1

第 2 步，双击 Action 选项，选择列表中的 Motors On 选项，然后单击"确定"按钮，单击"是"按钮，完成设定，如图 1-7-26 和图 1-7-27 所示。

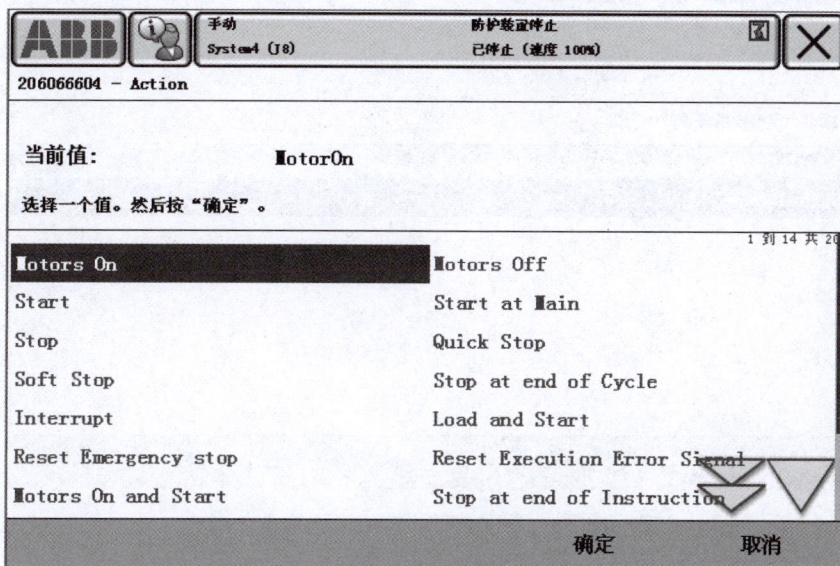

图 1-7-26　输入信号与系统信号关联窗口 2

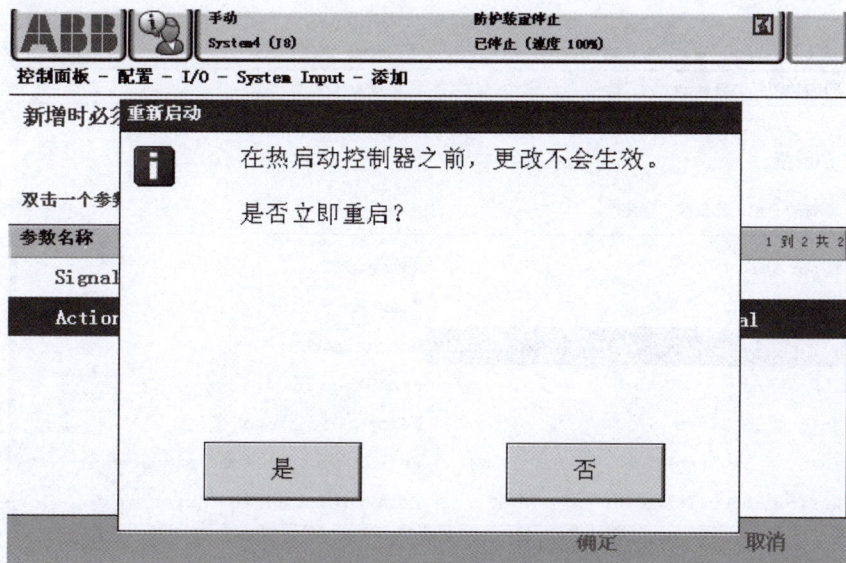

图 1-7-27　系统输入信号重启生效

（2）建立系统输出 Auto on 与数字输出信号 do1 的关联。

第 1 步，选择"控制面板"选项，选择"配置"选项，双击 System Output 选项，单击"添加"按钮，选择列表中的 Signal Name 选项，选择 do1 选项，如图 1-7-28 所示。

ABB 手动 System4 (J8) 防护装置停止 已停止（速度 100%）

控制面板 - 配置 - I/O - System Output

双击一个参数以修改。

参数名称	值	1 到 2 共 2
Signal Name	do1	
Status	Auto On	

确定　　取消

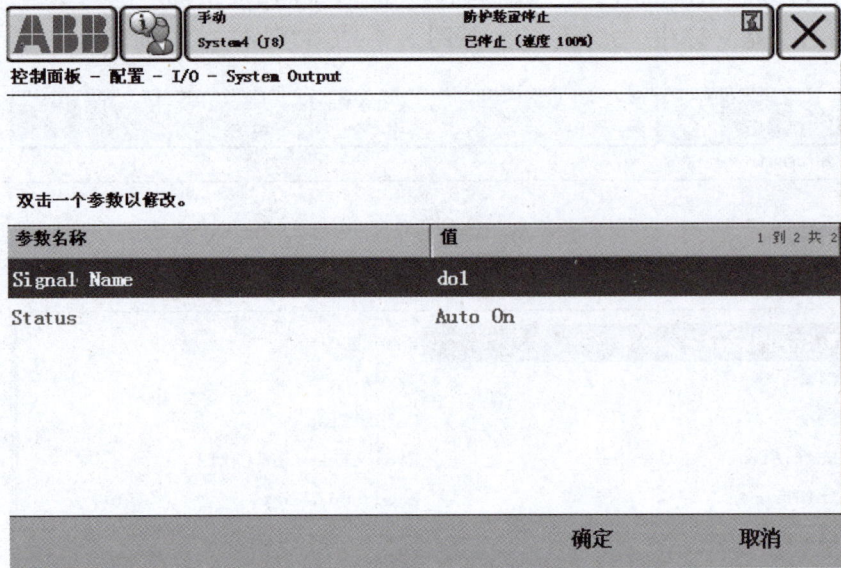

图 1-7-28　输出信号与系统信号关联窗口 1

第 2 步，双击 Action 选项，选择列表中的 Auto On 选项，然后单击"确定"按钮，单击"是"按钮，完成设定，如图 1-7-29 和图 1-7-30 所示。

ABB 手动 System4 (J8) 防护装置停止 已停止（速度 100%）

206063664 - Status

当前值：　　　　　　AutoOn

选择一个值。然后按"确定"。

1 到 14 共 24

Motor On	Motor Off
Cycle On	Emergency Stop
Auto On	Runchain Ok
TCP Speed	Execution Error
Motors On State	Motors Off State
Power Fail Error	Motion Supervision Triggered
Motion Supervision On	Path return Region Error

确定　　取消

图 1-7-29　输出信号与系统信号关联窗口 2

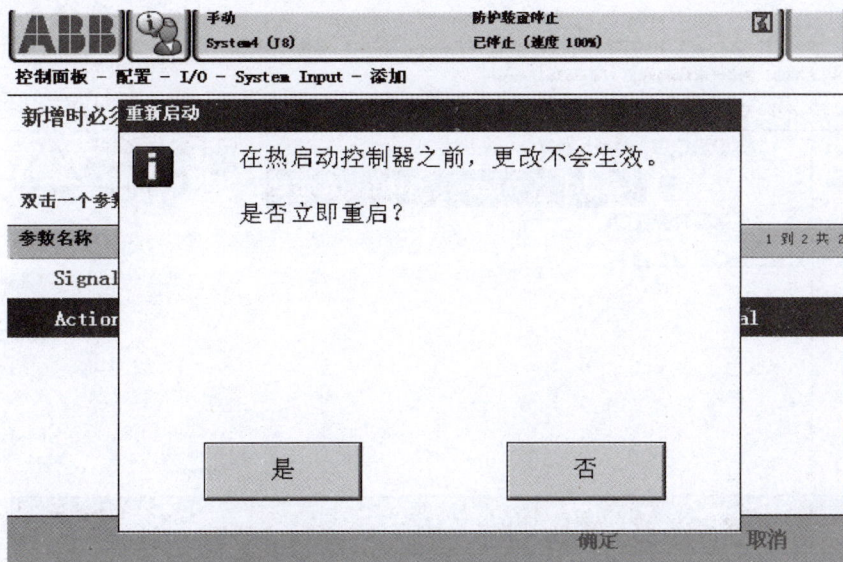

图 1-7-30 系统输出信号重启生效

4. 建立程序模块与例行程序

第1步，单击"程序编辑器"按钮，如图 1-7-31 所示。

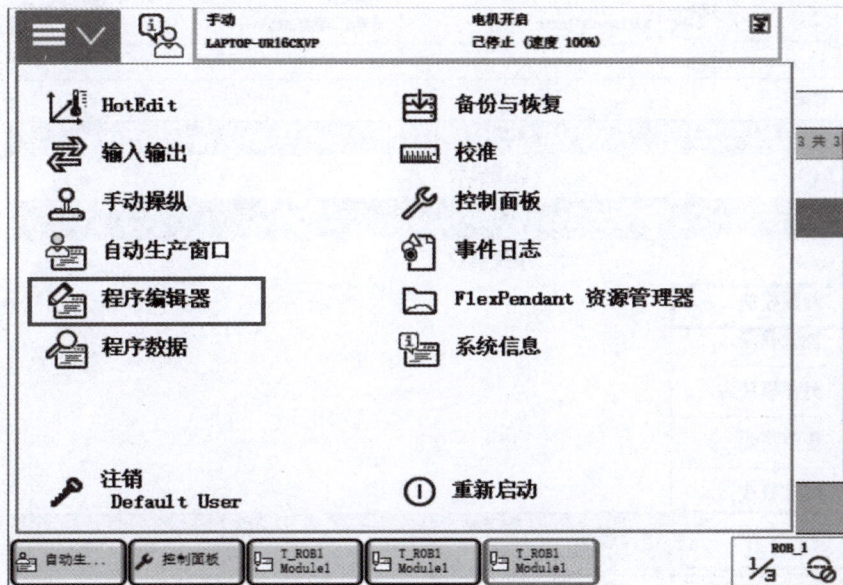

图 1-7-31 单击"程序编辑器"按钮

第2步，单击"模块"按钮，如图 1-7-32 所示。

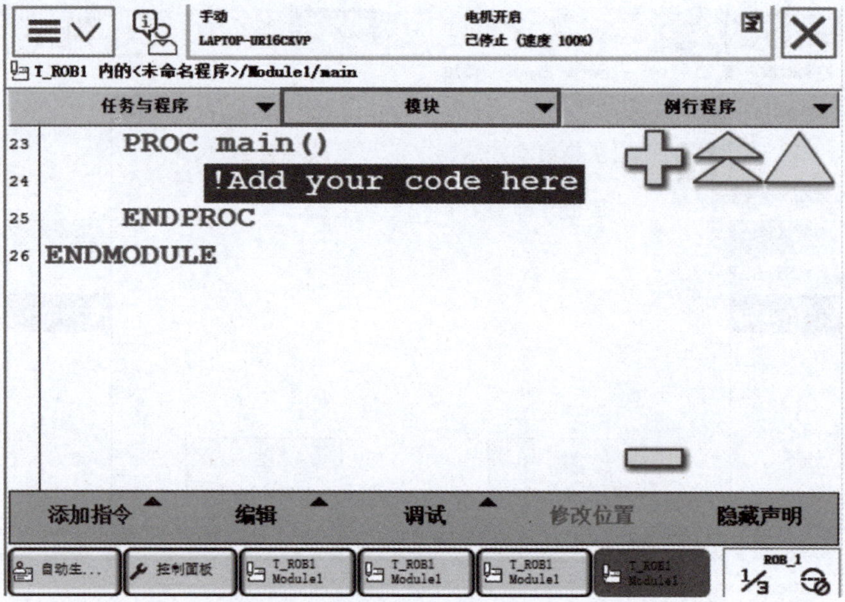

图 1-7-32 单击"模块"按钮

第 3 步，选择"文件"选项，选择"新建模块"选项，如图 1-7-33 所示。

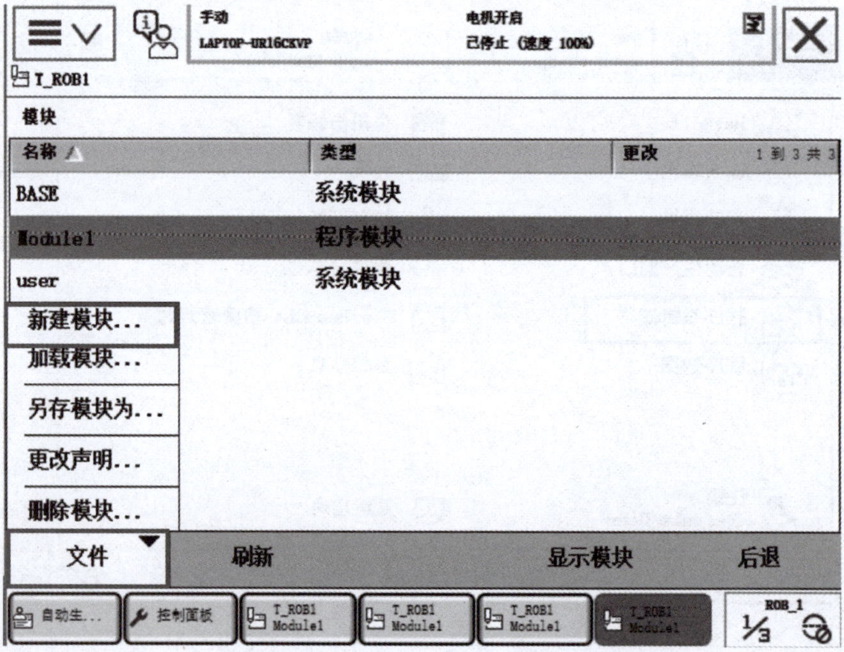

图 1-7-33 选择"新建模块"选项

第 4 步，单击"ABC"按钮进行新模块名称的设定，然后单击"确定"按钮，完成模块程序的创建，如图 1-7-34 所示。

学习笔记

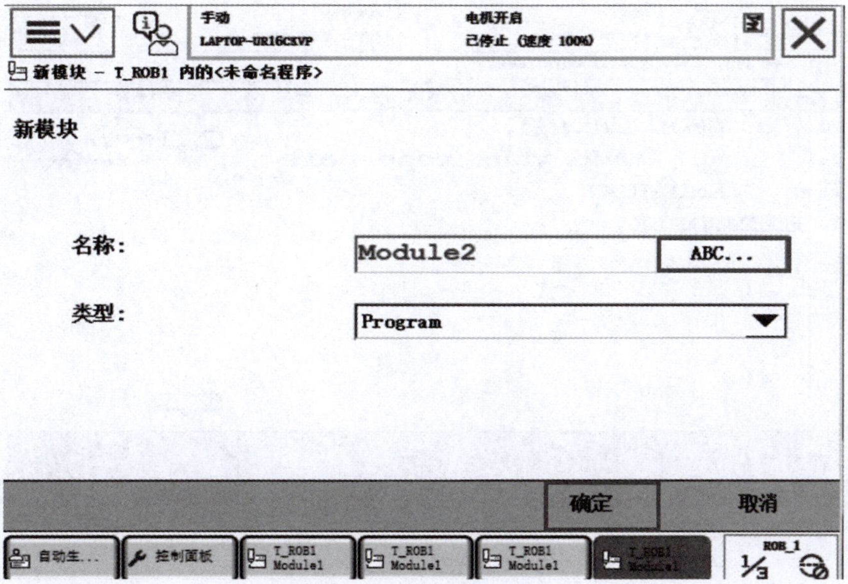

图 1-7-34　修改模块名称

第 5 步，双击"Module1"选项，进入例行程序部分，如图 1-7-35 所示。

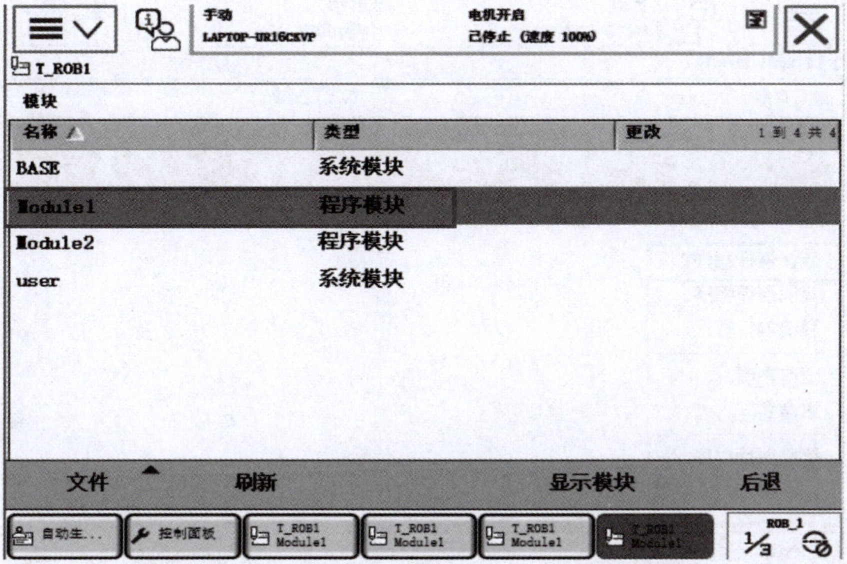

图 1-7-35　双击"Module1"选项

第 6 步，单击"例行程序"按钮，进入例行程序，如图 1-7-36 所示。

学习笔记

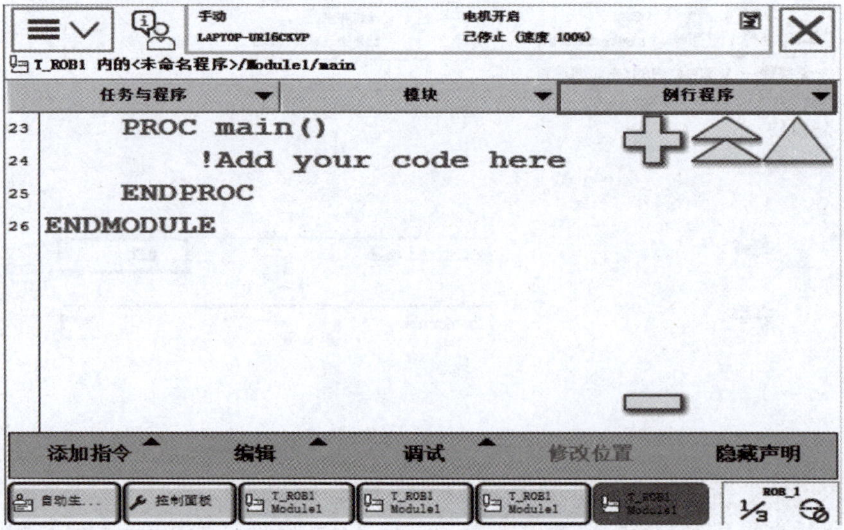

图 1-7-36　单击“例行程序”按钮

第 7 步，在“文件”下拉列表框选择“新建例行程序”选项，如图 1-7-37 所示。

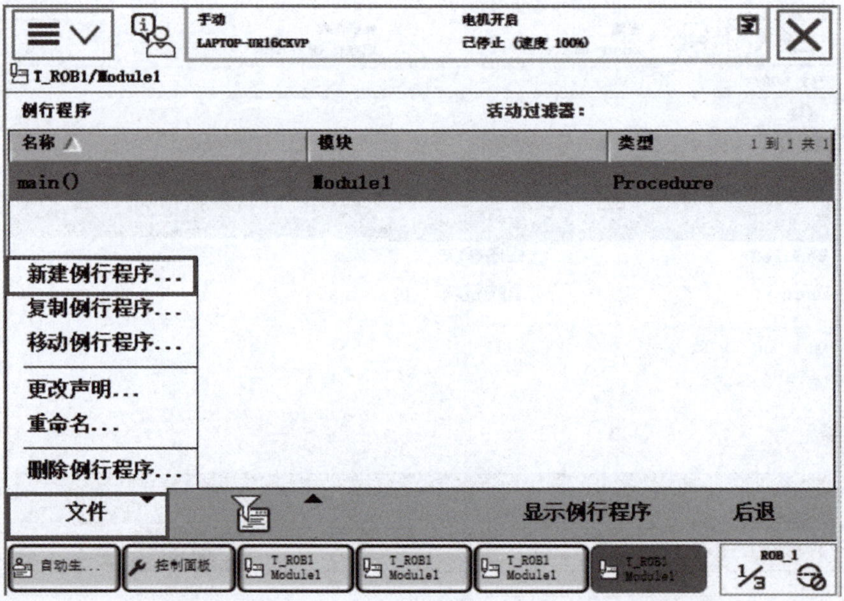

图 1-7-37　选择“新建例行程序”选项

第 8 步，单击“ABC”按钮进行新建例行程序名称的设定，然后单击“确定”按钮，完成例行程序的创建，如图 1-7-38 所示。

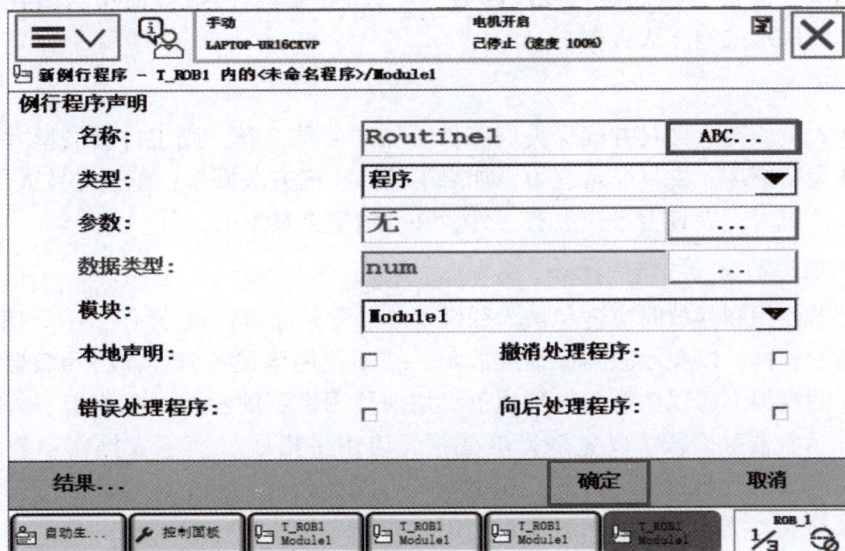

图 1-7-38　创建例行程序

（六）工业机器人安全知识

1. 记得关闭总电源

在进行机器人的安装、维修、保养时切记要将总电源关闭。带电作业可能会产生致命后果。如果操作人员不慎遭高压电击，可能会导致心跳停止、烧伤或其他严重伤害。在收到停电通知时，操作人员要预先关闭机器人的主电源及气源。若突然停电，则操作人员要在来电之前预先关闭机器人的主电源开关，并及时取下夹具上的工件。

2. 与机器人保持足够的安全距离

在调试与运行机器人时，机器人可能会执行一些意外的或不规范的运动。由于所有的运动都会产生很大的力量，从而严重伤害个人或损坏机器人工作范围内的任何设备，因此操作人员需要时刻保持警惕并与机器人保持足够的安全距离。

3. 做好静电放电防护

搬运部件或部件容器时，未接地的人员可能会传递大量的静电荷。由于这一放电过程可能会损坏敏感的电子设备，因此在有此标识的情况下，工作人员要做好静电放电防护。

4. 紧急停止

紧急停止优先于任何其他机器人控制操作，它会断开机器人电动机的驱动电源，停止所有运转部件，并切断由机器人系统控制且存在潜在危险的功能部件的电源。当出现下列情况时请立即按下任意急停按钮：机器人运行时，工作区域内有工作人员，机器人伤害了工作人员或损伤了机器设备。

5. 灭火

发生火灾时，在确保全体人员安全撤离后再进行灭火。在灭火前应先处理受伤人员。当电气设备（如机器人或控制器）起火时，施救人员应使用二氧化碳灭火器，切勿使用水或泡沫灭火器。

6. 工作中的安全

操作人员应注意夹具并确保夹好工件。如果夹具打开，则工件会脱落并导致人员伤害或设备损坏。夹具非常有力，如果不按照正确方法操作，也会导致人员伤害。当机器人停机时，夹具上不应夹有工件，必须清空夹具上的工件。

7. 示教器的安全

示教器使用和存放时应避免被人踩踏电缆。此外，应小心操作，不要摔打、抛掷或重击示教器，以免示教器破损或故障。在不使用该设备时，需将示教器挂到专门存放它的支架上，以防意外掉到地上。切勿使用锋利的物体（如螺钉、刀具或笔尖）操作示教器触摸屏，以免触摸屏受损，应用手指或触摸笔去操作示教器触摸屏。定期清洁示教器触摸屏，灰尘和小颗粒可能会挡住屏幕造成故障。切勿使用溶剂、洗涤剂或擦洗海绵清洁示教器，使用软布蘸少量水或中性清洁剂清洁。没有连接 USB 设备时务必盖上 USB 端口的保护盖，如果端口暴露到灰尘中，则会中断或发生故障。

8. 手动模式下的安全

在手动减速模式下，机器人只能减速操作。只要在安全保护空间之内工作，机器人就应始终以手动速度进行操作。在手动全速模式下，机器人以程序预设速度移动。手动全速模式仅用于所有人员都处于安全保护空间之外时，而且操作人员必须经过特殊训练，熟知潜在的危险。

9. 自动模式下的安全

自动模式用于在生产中运行机器人程序。在自动模式操作情况下，常规模式停止（general stop，GS）机制、自动模式停止（auto stop，AS）机制和上级停止（superior stop，SS）机制都将处于活动状态。

II　实践篇

任务一　供料单元装配与设计调试

一、学习目标

学习完本任务后，能够根据图纸独立完成供料单元机械安装，按照电气接线图完成设备电气接线与调试，按照要求完成人机界面组态，通过编程调试最终达到设备工艺控制要求。

知识目标

(1) 熟悉供料单元的机械结构与功能。
(2) 掌握供料单元机械安装的步骤、调整方法、技巧与注意事项。
(3) 掌握供料单元的编程与调试方法。
(4) 熟练掌握人机界面的组态方法。

人机界面
组态技术

技能目标

(1) 能够正确识别供料单元的零部件，熟悉其工作原理。
(2) 能够正确规范使用安装工具，完成供料单元的机械安装。
(3) 能够读懂供料单元电气接线图，正确规范进行电气接线与调试。
(4) 能够根据任务要求设计供料单元的控制程序。
(5) 具有一定的故障排查能力。

素质目标

(1) 树立安全意识、规范意识、团队意识，具有认真负责、严谨细致的职业态度。
(2) 提升语言表达能力、书面表达能力、沟通交流能力、团队协作能力。

二、任务描述

供料单元是将放置在料仓中等待供料的工件自动送到物料台上，以便输送单元的抓取机械手装置将工件抓取送往其他工作单元。

供料单元的功能如下。在抓取机械手到位后，首先顶料气缸的活塞杆推出，压住次下层工件；然后推料气缸活塞杆推出，把最下层工件推到物料台上；在推料气缸返回并从料仓底部抽出后，顶料气缸的活塞杆返回，松开次下层工件；料仓中的工件在重力的作用下，自动向下移动一个工件的位置，为下一次推出工件做好准备。

以小组为单位，需要在规定时间内完成供料单元的机械安装、气路和线路连接，进行顺序控制程序设计和调试，以及完成组态监控画面，并能解决安装与运行过程中出现的常见问题。

三、任务要求

(一) 工艺流程

供料单元的工作过程如下。将工件垂直叠放在管形料仓中，推料气缸处于管形料仓的底层，其活塞杆可从管形料仓的底部通过。当推料气缸的活塞杆在退回位置时，推料气缸与最下层工件处于同一水平位置，而顶料气缸则与次下层工件处于同一水平位置。按照"顶料气缸的活塞杆推出，压住次下层工件→推料气缸活塞杆推出，把最下层工件推到物料台上→推料气缸返回并从管形料仓底部抽出→顶料气缸返回，松开次下层工件→管形料仓中的工件在重力作用下，自动向下移动一个工件的位置"的顺序完成一个周期，也为下一次推出工件做好准备。

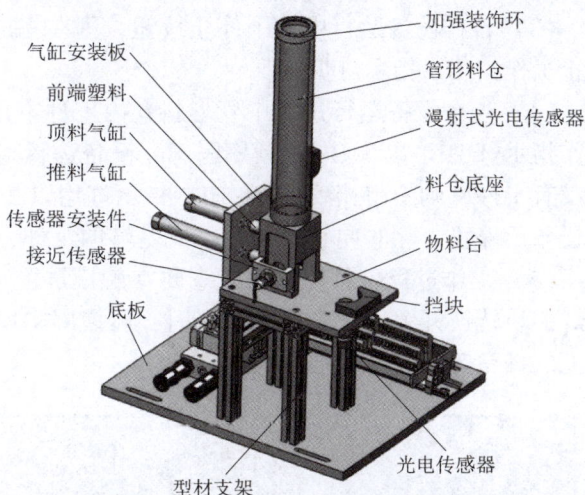

气缸安装板
前端塑料
顶料气缸
推料气缸
传感器安装件
接近传感器
底板
型材支架

加强装饰环
管形料仓
漫射式光电传感器
料仓底座
物料台
挡块
光电传感器

图 2-1-1　供料单元的主要结构组成

供料单元的主要结构组成有管形料仓、检测传感器（光电传感器、接近传感器等）、顶料气缸、推料气缸、物料台、型材支架、底板等，如图 2-1-1 所示。

其中，管形料仓和工件推出装置用于储存工件原料，并在需要时将管形料仓中最下层的工件推出到出料台上。工件推出装置主要由推料气缸、顶料气缸、磁感应接近开关、漫射式光电传感器组成。

图 2-1-2 为供料单元操作示意图，推料气缸的活塞杆把工件推出到出料台上。出料台面开有小孔，出料台下面设有一个圆柱形漫射式光电接近开关，工作时向上发出光线，从而透过小孔检测是否有工件存在，以便向系统提供本单元出料台有无工件的信号。在输送单元的控制程序中，可以利用该信号状态来判断是否需要驱动抓取机械手装置来抓取此工件。

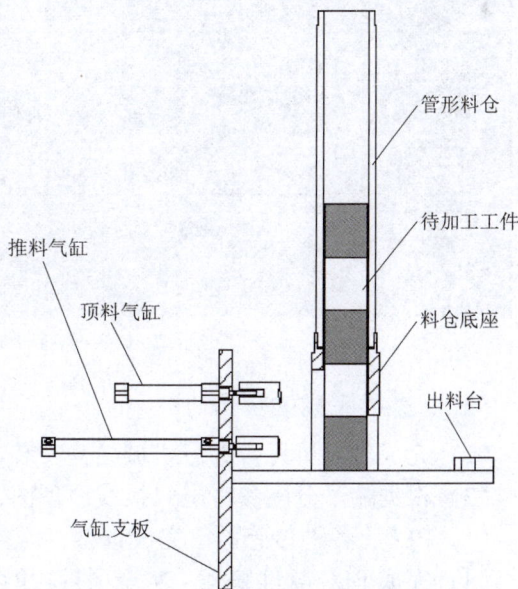

推料气缸
顶料气缸
气缸支板

管形料仓
待加工工件
料仓底座
出料台

图 2-1-2　供料单元操作示意图

（二）供料单元单站运行的工作要求

（1）设备通电和气源接通后，若供料单元的两个气缸满足初始位置要求，并且管形料仓内有足够的待供料工件，则正常工作指示灯 HL1 常亮，表示设备准备好。否则，该指示灯以 1 Hz 频率闪烁。

（2）若设备准备好，则按下启动按钮后，供料单元启动，设备运行指示灯 HL2 常亮。启动后，若出料台上没有工件，则推料气缸活塞杆应把工件推到出料台上。出料台上的工件被人工取走后，若没有收到停止信号，则进行下一次推出工件操作。

（3）若在设备运行中按下停止按钮，则在完成本工作周期任务后，各工作单元停止工作，HL2 指示灯熄灭。

（4）若在设备运行过程中管形料仓内工件不足，而供料单元继续工作，则正常工作指示灯 HL1 以 1 Hz 的频率闪烁，设备运行指示灯 HL2 保持常亮。若管形料仓内没有工件，则 HL1 指示灯和 HL2 指示灯均以 2 Hz 频率闪烁。工作站在完成本周期任务后停止。除非向管形料仓补充足够的工件，否则工作站不能重新启动。

（5）工作过程中各传感器状态要在触摸屏上显示，如图 2-1-3 所示。按钮/指示灯模块转换开关切换到自动状态时，触摸屏实现控制与显示，此时按钮/指示灯模块上的按钮等开关不能控制设备。

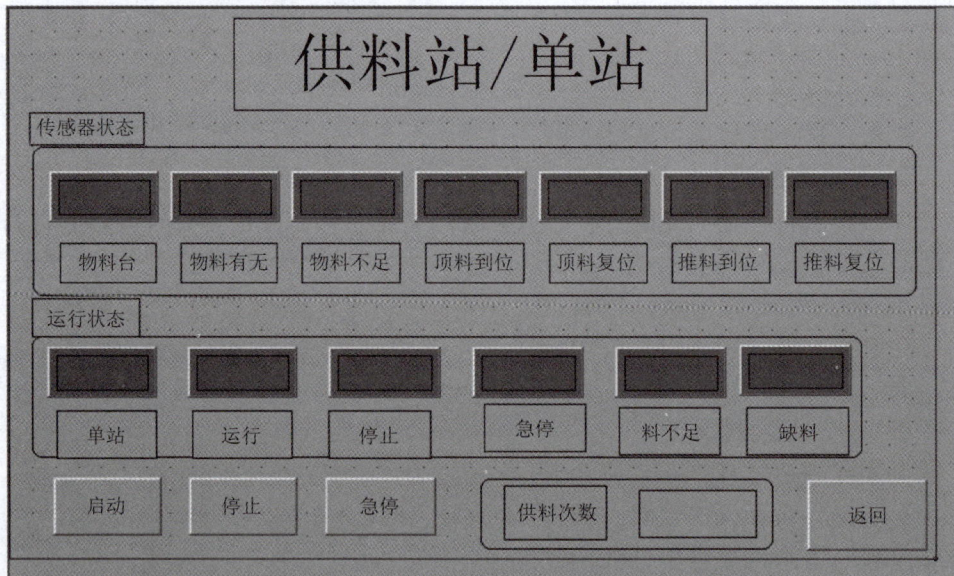

图 2-1-3 供料单元组态界面

（三）需要完成的任务

（1）完成供料单元各部分机械结构安装。

（2）根据端子分配参考电气接线原理图，检查确认后正确完成接线。

（3）PLC、各种传感器已完成选型，需要根据要求正确完成接线。

（4）完成 PLC 软件编程，实现项目功能。

（5）完成人机界面与网络联调。

💡 引导问题 1：供料单元主要由哪几部分组成？

_____

_____

💡 引导问题 2：供料单元各部分的作用是什么？

_____

_____

💡 引导问题 3：完成供料单元任务，思考需要涉及哪些学过的课程内容？

_____

_____

四、过程记录

（一）任务分工及计划

班级学生分组，3~5 人为一组，明确每组的人员和任务分工。学生任务分组表见表 2-1-1。

电气接线规范

表 2-1-1　学生任务分组表

任务			班级	
指导教师			组号	
成员	角色	任务分工		备注
	组长	整个任务的统筹安排、编程调试		
	机械安装员	供料单元机械结构、传感器、气路的安装及调试		
	电气接线员	供料单元电气接线（装置侧、PLC 侧）及调试		
	安全调试员	安全检查、设备电气检查、设备调试		
	程序设计员	供料单元 PLC 编程调试		
	画面设计员	工业组态画面设计及编程		

（二）任务实施

按照任务要求和获取的信息，确定最终达到的功能与工艺要求，商定任务完成的内容与形式，制定任务实施步骤、检查调试等工作内容和步骤，完成供料单元实施工作方案。供料单元实施工作方案见表 2-1-2，材料、工具、器件清单见表 2-1-3。

表 2-1-2　供料单元实施工作方案

步骤	工作内容	负责人

表 2-1-3　材料、工具、器件清单

序号	名称	型号和规格	单位	数量	备注

按照以下步骤实施供料单元工作过程，并完成相关工作清单（表 2-1-4~表 2-1-7）。

（1）认真学习供料单元知识内容，熟悉供料单元的机械结构、主要元器件的功能和原理、动作过程、工艺要求。

（2）熟悉供料单元机械安装的步骤、注意事项，按照装配图纸完成装置侧机械结构安装，保证安装正确、牢固、符合规范。

设备电源调试

（3）读懂供料单元气动控制回路工作原理图，完成气路连接。

（4）根据供料单元工作运行要求，进行电路设计，按照电气接线图完成供料单元电气接线。

（5）按照电气接线图完成线路检查与打点调试，确保电路连接正确规范，无短路。

（6）根据工艺流程编写 PLC 运行程序。

（7）根据人机界面控制要求，完成触摸屏显示与控制。

（8）做好机械安装、电气接线、编程调试、故障处理等全过程记录。

表 2-1-4　供料单元机械安装任务工作清单

班级		小组	时间	地点
小组成员				
工具及耗材				

知识准备	
项目	知识学习
供料单元的基本结构	
磁性开关	(1) 类型：_____。 (2) 作用：_____。 (3) 接线方法：_____。 (4) 注意事项：_____
电感式接近开关	(1) 类型：_____。 (2) 作用：_____。 (3) 接线方法：_____。 (4) 注意事项：_____
漫射式光电接近开关	(1) 类型：_____。 (2) 作用：_____。 (3) 接线方法：_____。 (4) 注意事项：_____
标准双作用直线气缸	(1) 作用：_____。 (2) 特点：_____。 (3) 优点：_____
其他	PLC 输入-输出信号测试

安装过程及记录			
安装步骤	用时	返工次数	返工原因及解决方法
铝合金型材支撑架			
出料台及料仓底座			
推料机构			
整体组装			
传感器			
电磁阀			

学习笔记

安装过程中的注意事项

调试过程		
调试内容	是/否	原因及解决方法
支撑架是否紧固		
出料台及管形料仓底座是否对正		
顶料气缸和推料气缸是否安装正确		
传感器与电磁阀是否安装到位		
调试过程中遇到的其他问题		

总　结
（要求：含知识收获、实践收获、心得体会）

考核评价			
项目	分值	评分标准	得分
知识准备	20分	（1）记录工整。 （2）内容正确，表述简明，条理清楚。 （3）小组成员协商完成	
职业素养	20分	（1）穿着工装，佩戴安全帽，穿戴整齐。 （2）整个实践操作过程中，时刻注意安全检查，严格遵守安全操作规程。 （3）态度端正，认真负责，小组成员合作默契。 （4）工具使用正确合理，操作规范。 （5）机械安装过程中设备、工具、耗材无乱放，无脚踩线等现象。 （6）任务完成，按照规定位置归还摆放工具，进行工作台及周围环境整理清扫	
安装过程	40分	（1）安装过程中返工1次扣3分。 （2）安装完成不出现螺钉剩余或缺失，每次发现多或少1个螺钉扣1分。 （3）安装牢固，手摇无晃动现象。 （4）供料机构的铝合金型材支撑架的各条边安装平行，垂直度好，酌情扣分，最多扣5分。 （5）滑动供料台直线导轨无法移动，扣5分；运行不顺畅酌情扣分。 （6）传感器位置安装合理，位置安装不正确，每处扣2分，扣完为止	
注意事项	5分	（1）内容正确，记录工整。 （2）思路清晰，表述简明，条理清楚。 （3）小组成员协商完成	
调试过程	10分	（1）记录完整。 （2）内容正确，表述简明，条理清楚。 （3）小组成员协商完成	
总结	5分	（1）内容完整，思路清晰，表述简明，条理清楚。 （2）小组成员协商完成	
合　计			

表 2-1-5　供料单元气路连接任务工作清单

班级		小组		时间		地点	
小组成员							
工具及耗材							

知识准备	
项目	知识学习
单电控电磁阀	(1) 单电控电磁阀工作原理：_____。 (2) 单电控电磁阀作用：_____。 (3) 缩回限位对应_____。 (4) 伸出限位对应_____。 (5) 供料单元中使用的是二位五通的单电控电磁阀，二位五通是指_____
气动控制回路	下图是供料单元的气动控制回路，请描述其工作过程 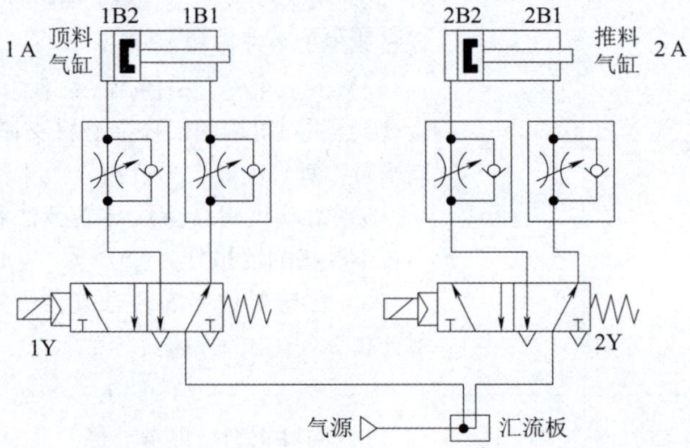

调试步骤			
序号	调试内容	是/否	原因及解决方法
1	气泵是否上电		
2	气压表显示压力值是否正确		
3	气管是否漏气		
4	气缸动作是否符合控制要求		
5	调试过程中遇到的其他问题		

表 2-1-6　供料单元电气接线任务工作清单

班级		小组		时间	
小组成员					
工具及耗材					

前期准备
（1）是否绘制 I/O 分配表？（　　）   （2）是否绘制 I/O 接线图？（　　）

接线过程	
装置侧电气接线	（1）装置侧三层接线端子排具体分布安排。 （2）电源接线正确。 （3）磁性开关和金属接近开关接线正确。 （4）电磁阀接线正确。 （5）按照 I/O 分配表正确连接供料单元的输入与输出
PLC 侧电气接线	（1）PLC 侧两层接线端子排具体分布安排。 （2）电源接线正确。 （3）PLC 输入/输出端子接线正确。 （4）PLC 按钮模块接线正确。 （5）按照 I/O 分配表正确连接供料单元的输入与输出

上电检查
（1）设备安全检查（供电电源、PLC 电源有无短路，接线是否正确）。   （2）传感器信号检测。   顶料气缸伸出到位（　　）　　顶料气缸缩回到位（　　）　　出料台物料检测（　　）   推料气缸伸出到位（　　）　　推料气缸缩回到位（　　）　　供料不足检测（　　）   缺料检测（　　）　　金属工件检测（　　）

出现的问题及解决方法

考核评价			
项目	分值	评分标准	得分
职业素养	10分	（1）符合安全操作规程，工具使用正确，操作规范，工具摆放符合职业岗位要求。 （2）小组成员配合紧密	
装置侧电气接线	30分	（1）电源接线正确。 （2）磁性开关和金属接近开关接线正确。 （3）电磁阀连接正确。 （电源与信号接反，每处扣2分，其他每错一处扣1分）	
PLC侧电气接线	30分	（1）电源接线正确。 （2）PLC输入/输出端子接线正确。 （3）PLC与按钮/指示灯模块接线正确。 （4）按照I/O分配表正确连接供料单元的输入与输出。 （电源与信号接反，每处扣2分，其他每错一处扣1分）	
接线、布线规格平整	30分	线头处理干净，无导线外露，接线端子上最多压入两个线头，导线绑扎利落，线槽走线平整。 （若有违规操作，每处扣1分）	

表 2-1-7　供料单元编程任务工作清单

班级		小组		时间	
小组成员					
工具及耗材					
前期准备					

（1）控制要求：_____。
（2）动作过程：_____。
（3）流程图：_____。
（4）I/O分配表：_____

理论知识

（1）供料单元PLC选用S7-1200 CPU 1214C AC/DC/RLY主单元，其中AC/DC/RLY的含义是什么？

（2）在供料单元单站控制的编程中怎样用程序对电路实现软保护？

（3）描述一下供料单元的编程思路。

任务实施					
安全检查					
编程调试	步骤	运行情况	发现问题	产生原因	解决方法

总结

考核评价			
项目	分值	评分标准	得分
前期准备	20 分	1. 控制要求合理。 2. 动作过程明确。 3. 流程图完成。 4. I/O 分配表确定	
理论知识	12 分	理论知识完成情况，每题 4 分	
安全检查	20 分	1. 供电电源正确。 2. PLC 电源正确。 3. 符合上电要求	
编程调试	40 分	1. 步骤合理。 2. 功能实现（根据任务要求）。 3. 记录完整。 4. 内容正确，表述简明，条理清楚。 5. 小组成员协商完成	
总结	8 分	1. 内容完整，思路清晰，表述简明，条理清楚。 2. 小组成员协商完成	
合计			

💡 引导问题 1：螺钉 M6-20 表示什么含义？通过网络查阅资料了解螺钉规格定义。

_____

_____

💡 引导问题 2：供料单元机械结构安装过程中，有哪些注意事项？

_____

_____

💡 引导问题 3：供料单元电气安装过程中，两线制接近传感器接线有哪些注意事项？

_____

_____

💡 引导问题 4：供料单元电气安装过程中，三线制接近传感器接线有哪些注意事项？

_____

_____

💡 引导问题 5：供料单元装置侧检查电源连接有哪些安全注意事项？

_____

_____

💡 引导问题 6：对照电路图，如何检查接线是否正确？遇到了哪些计划中没有考虑到的问题，这些问题是如何解决的？

_____

_____

💡 引导问题 7：检查电路无短路，送电后，打点输入信号指示灯是否显示正确？

_____

_____

（三）检查验收

对供料单元任务完成情况按照验收标准进行检查验收和评价，包括机械设备安装、电气电路连接、电气线路检查、画面制作协调美观性检查、下载调试等，并记录验收问题及其整改措施、完成时间。验收标准及评分表见表 2-1-8，验收过程问题记录表见表 2-1-9。

表 2-1-8　验收标准及评分表

序号	验收项目	验收标准	分值	教师评分	备注
1	机械结构安装到位	机械设备安装规范	20 分		

序号	验收项目	验收标准	分值	教师评分	备注
2	电气接线规范	《电气装置安装工程接地装置施工及验收规范》（GB 50169—2016）	30 分		
3	安全检查	电气设备安全操作规程	10 分		
4	PLC 编程	通信正常，下载成功	5 分		
5	下载调试	功能正常	35 分		
	合计		100 分		

表 2-1-9　验收过程问题记录表

序号	验收问题	整改措施	完成时间	备注

（四）评价反馈

各组展示任务完成情况，介绍任务的完成过程并提交阐述材料，进行学生自评、学生组内互评、教师评价，完成考核评价表。考核评价表见表 2-1-10。

表 2-1-10　考核评价表

评价项目	评价内容	分值	自评 20%	互评 20%	师评 60%	合计
职业素养（40 分）	安全意识、责任意识、服从意识	10 分				
	积极参加任务活动，按时完成工作	10 分				
	团队合作、交流沟通能力	10 分				
	劳动纪律	5 分				
	现场 6S 标准	5 分				
专业能力（60 分）	专业资料检索能力	10 分				
	制订计划能力	10 分				
	操作符合规范	15 分				
	工作效率	10 分				
	任务验收质量	15 分				
	合计	100 分				

评价项目	评价内容	分值	自评 20%	互评 20%	师评 60%	合计
创新能力 （加分20分）	创新性思维和行动	20 分				
合计		120 分				
教师签名：	学生签名：					

💡 引导问题 1：在完成本次任务过程中，给你印象最深的是哪件事？

_____

_____

💡 引导问题 2：在调试过程中，气动部分遇到了哪些问题，怎样排除故障的？

_____

_____

🖱 五、知识链接

（一）供料单元装置侧安装

1）机械部分安装（正确合理使用工具）

首先把供料单元各零件组合成整体安装时需要的组件，然后把这些组件进行组装。整体安装所需要的组件包括铝合金型材支撑架组件、出料台及料仓底座组件、推料机构组件。供料单元装配组件如图 2-1-4 所示。

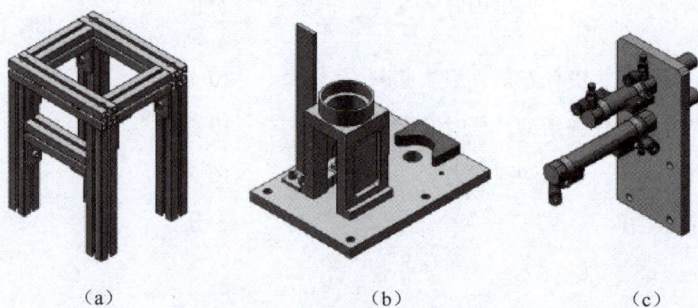

图 2-1-4　供料单元装配组件
（a）铝合金型材支撑架组件；（b）出料台及料仓底座组件；（c）推料机构组件

各组件装配好后，用螺栓把它们连接为整体，再用橡皮锤把管形料仓敲入料仓底座。然后将连接好的供料单元机械部分及电磁阀组、PLC 和接线端子排固定在底板上，最后固定底板，这样就完成了供料单元的安装。

在供料单元机械部分的安装过程中应注意以下几点。

（1）装配铝合金型材支撑架时，注意调整好各条边的平行及垂直度，并锁紧螺栓。

（2）气缸安装板和铝合金型材支撑架的安装，需通过预先在特定位置的铝型材T形槽中放置的与之相配的螺母连接，因此在对该部分的铝合金型材进行连接时，要在相应的位置放置相应的螺母。如果没有放置螺母或没有放置足够的螺母，则会造成工作单元无法安装或安装不可靠。

（3）机械机构固定在底板上的时候，需要将底板移动到操作台的边缘，用螺栓从底板的反面拧入，将底板和机械机构部分的支撑型材连接起来。

2）电气接线

电气接线包括：在供料单元装置侧完成各传感器、电磁阀、电源端子等引线到装置侧接线端口之间的接线；在 PLC 侧进行电源连接、I/O 点接线等。

供料单元装置侧的接线端口上各电磁阀和传感器的信号端子的分配见表 2-1-11。

表 2-1-11　供料单元装置侧的接线端口信号端子的分配

输入端口中间层			输出端口中间层		
端子号	设备符号	信号线	端子号	设备符号	信号线
2	1B1	顶料到位	2	1Y	顶料电磁阀
3	1B2	顶料复位	3		
4	2B1	推料到位	4	2Y	推料电磁阀
5	2B2	推料复位			
6	SC1	出料台物料检测			
7	SC2	物料不足检测			
8	SC3	物料有无检测			
9	SC4	金属材料检测			
10	10#～17#端子没有连接		5#～14#端子没有连接		

接线时应注意，装置侧接线端口中，输入信号端子的上层端子（+24 V）只能作为传感器的正电源端，切勿用于电磁阀等执行元件的负载。电磁阀等执行元件的正电源端和 0 V 端应连接到输出信号端子下层的相应端子上。装置侧接线完成后，电线应用扎带绑扎，力求整齐美观。

电气接线的工艺应符合国家标准的规定，例如，导线连接到端子时，采用压紧端子压接方法，连接线必须有符合规定的标号，每一端子连接的导线不超过 2 根等。

3）气路连接和调试

供料单元气路部分的连接从汇流排开始，按照图 2-1-5 所示的供料单元气动控制回路原理图连接电磁阀、气缸。连接时注意气管走向应按照顺序排布，均匀美观，不能交叉、打折。另外还要注意气管要在快速接头中插紧，不能有漏气现象。

学习笔记

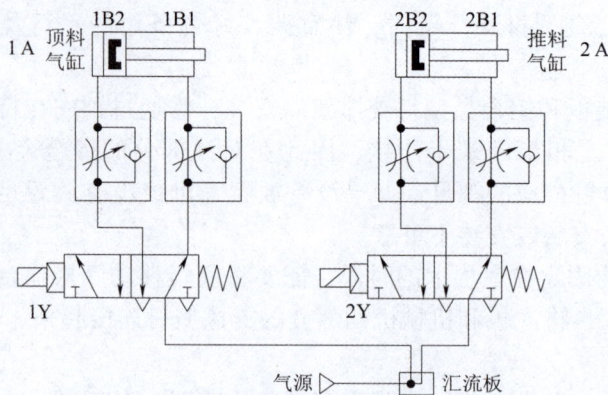

图 2-1-5　供料单元气动控制回路原理图

气路调试包括：①用电磁阀上的手动换向加锁按钮验证顶料气缸和推料气缸的初始位置和动作位置是否正确；②调整气缸节流阀以控制活塞杆的往复运动速度，伸出速度以不能推倒工件为准。

（二）供料单元 PLC 侧安装接线

PLC 侧的接线包括电源接线、PLC 的 I/O 点和 PLC 侧接线端口之间的连线、PLC 的 I/O 点与按钮/指示灯模块的端子之间的连线。

根据供料单元装置侧的信号端子分配表 2-1-11 和工作任务的要求，供料单元 PLC 选用的是西门子 S7-1200 CPU 1214C AC/DC/RLY 主单元，共 14 点 24 V PC 数字输入和 10 点继电器数字输出。供料单元 PLC 的 I/O 信号分配见表 2-1-12，供料单元接线原理图如图 2-1-6 所示。

表 2-1-12　供料单元 PLC 的 I/O 信号分配表

输入信号				输出信号			
序号	PLC 输入点	信号名称	信号来源	序号	PLC 输出点	信号名称	信号来源
1	I0.0	顶料气缸伸出到位	装置侧	1	Q0.0	顶料电磁阀	装置侧
2	I0.1	顶料气缸缩回到位		2	Q0.1	推料电磁阀	
3	I0.2	推料气缸伸出到位		3	Q0.2		
4	I0.3	推料气缸缩回到位		4	Q0.3		
5	I0.4	出料台物料检测		5	Q0.4		
6	I0.5	供料不足检测		6	Q0.5		
7	I0.6	缺料检测		7	Q0.6		
8	I0.7	金属工件检测		8	Q0.7	正常工作指示	按钮/指示灯模块
9	I1.0			9	Q1.0	运行指示	
10	I1.1			10	Q1.1	报警指示	

输入信号				输出信号			
序号	PLC输入点	信号名称	信号来源	序号	PLC输出点	信号名称	信号来源
11	I1.2	停止按钮	按钮/指示灯模块				
12	I1.3	启动按钮					
13	I1.4	急停按钮					
14	I1.5	单机/全线工作方式选择					

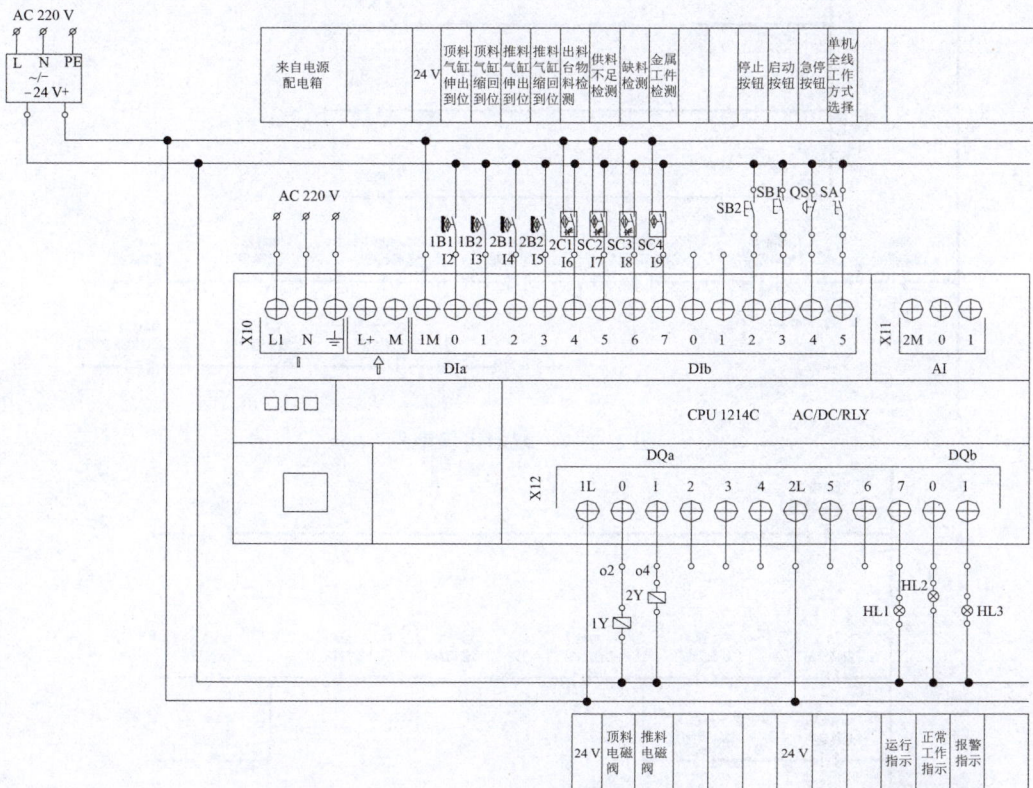

图 2-1-6　供料单元接线原理图

（三）供料单元编程思路

（1）程序结构：有两个子程序，一个是系统状态显示，另一个是供料控制。主程序在每一扫描周期都调用系统状态显示子程序，仅在运行状态已经建立后才可能调用供料控制子程序。

供料单元 PLC 程序设计

（2）PLC 上电后应首先进入初始状态检查阶段，确认系统已经准备就绪后，才允许投入运行，这样可及时发现存在的问题，避免出现事故。例如，若两个气缸在上电和气源接入时不在初始位置，这是气路连接错误的缘故，显然在这种情况下不允许系统投入运行。通常的 PLC 控制系统往往有这种常规的要求。

（3）供料单元运行的主要过程是控制供料，它是一个步进顺序控制过程。

（4）如果没有停止要求，顺控过程将周而复始地不断循环。常见的顺序控制系统在接收到停止指令后，完成本工作周期任务，然后返回到初始步后才停止下来。

（5）当料仓中最后一个工件被推出后，将发生缺料报警。推料气缸复位到位，亦即完成本工作周期任务，返回到初始状态后，也应停止下来。

按照上述分析，可写出系统主程序，包括图 2-1-7 所示的初始化程序段、图 2-1-8 所示的供料控制程序段和图 2-1-9 所示的状态指示程序段。

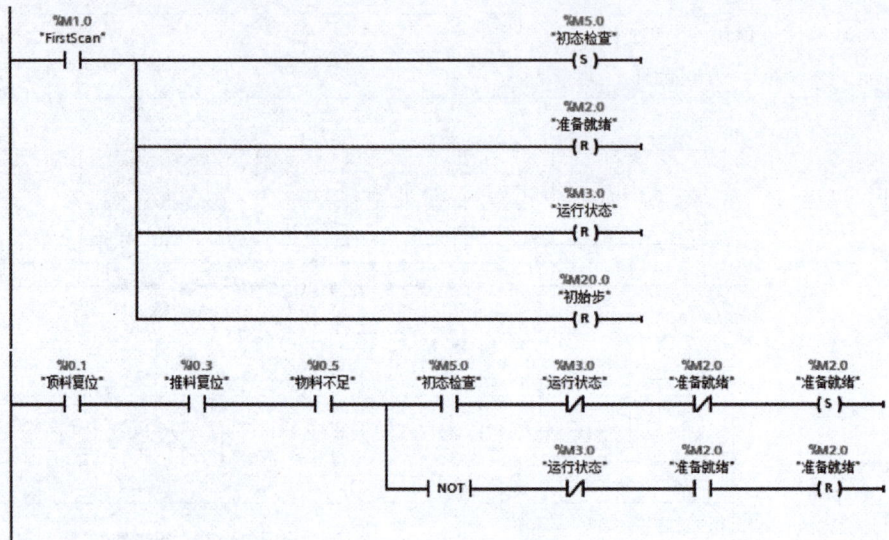

图 2-1-7　初始化程序段

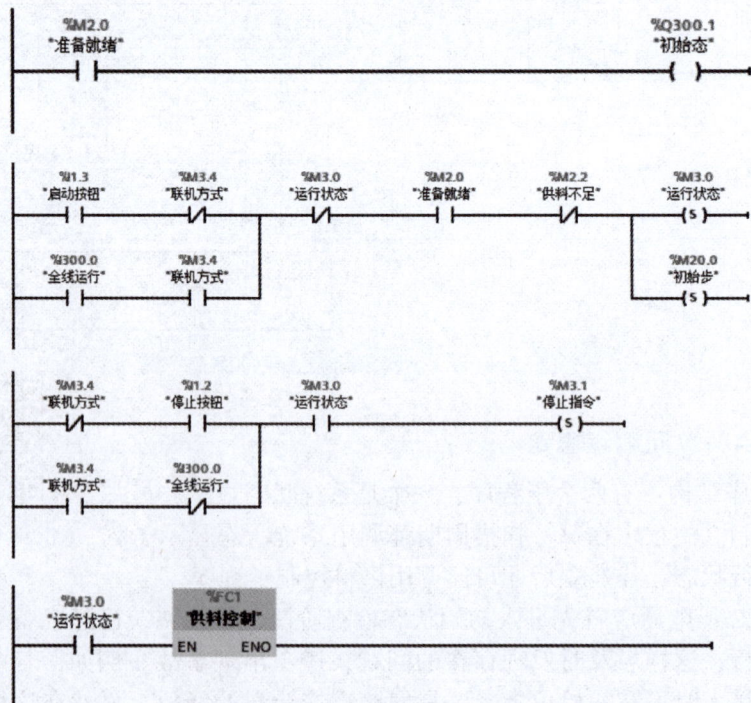

图 2-1-8　供料控制程序段

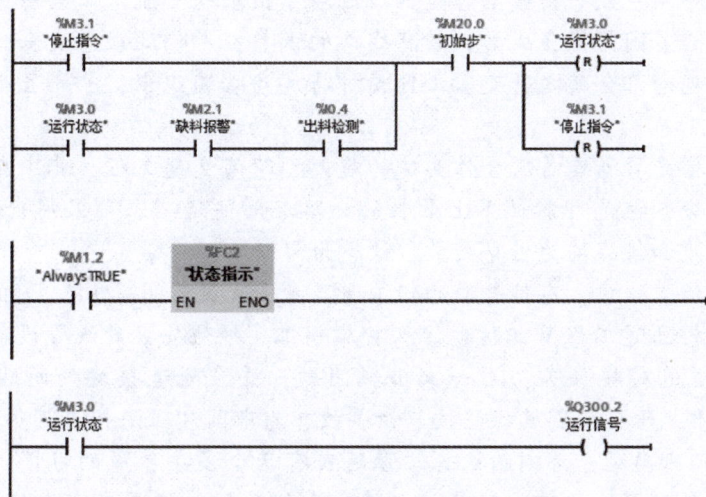

图 2-1-9　状态指示程序段

供料控制子程序的步进顺序流程如图 2-1-10 所示。初始步 M20.0 在主程序中，当系统准备就绪且接收到启动脉冲时被置位。

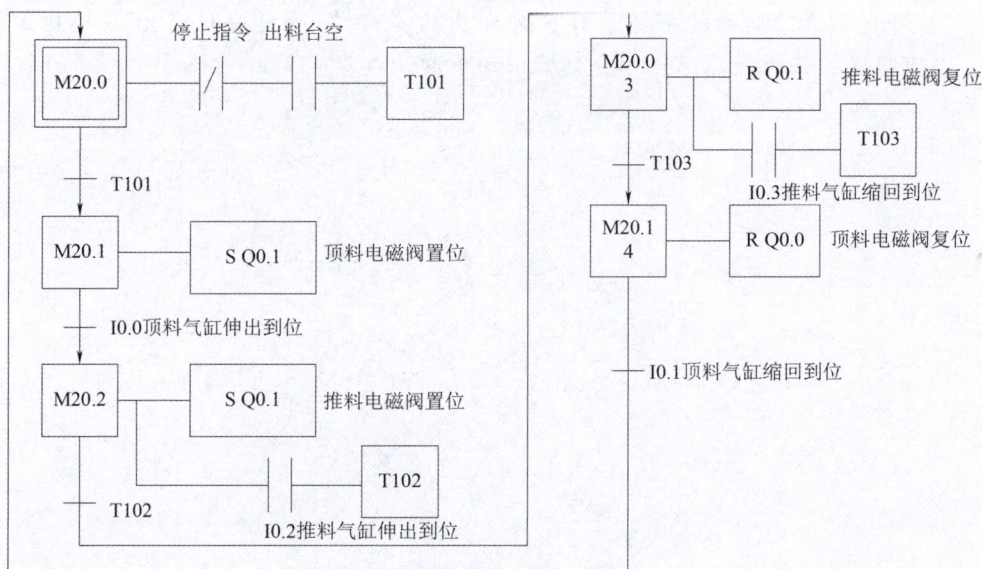

图 2-1-10　供料控制子程序的步进顺序流程

工匠精神

认真做到极致的管延安

工匠精神是一种职业精神，它是职业道德、职业能力、职业品质的体现，是从业者的一种职业价值取向和行为表现。工匠精神的基本内涵包括敬业、精益、专注、创新等方面的内容。

　　工匠精神一词，最早由聂圣哲提出，他培养出来的一流木工匠士，正是具备这种精神。相信随着国家产业战略和教育战略的调整，人们的求学观念、就业观念以及单位的用人观念都会随之转变，工匠精神将成为普遍追求，除了匠士，还会有更多的"士"脱颖而出。

　　港珠澳大桥是粤港澳首次合作共建的超大型跨海交通工程，其中岛隧工程是大桥的控制性部分，也是目前世界上最长的公路沉管隧道。工程采用世界最高标准，设计、施工难度和挑战均为世界之最，被誉为超级工程。

　　在这个超级工程中，有位普通的钳工大显身手，成为明星工人，他就是管延安，中交港珠澳大桥岛隧工程 V 工区航修队首席钳工。经他安装的沉管设备，已成功完成 18 次海底隧道对接任务，无一次出现问题，并且隧道接缝处间隙误差做到了"零误差"标准。管延安因其操作技艺精湛被誉为中国"深海钳工"第一人。

　　"零误差"来自近乎苛刻的认真。管延安有两个多年养成的习惯，一是给每台修过的机器、每个修过的零件做笔记，将每个细节详细记录在个人的修理日志上，遇到什么情况、怎样处理都记录在案。从入行到现在，他已记录了厚厚的四大本，闲暇时他都会拿出来温故知新。二是维修后的机器在送走前，他都会检查至少三遍。正是这种追求极致的态度，不厌其烦地重复检查、练习，练就了管延安精湛的操作技艺。

　　"我平时最喜欢听的就是锤子敲击时发出的声音。"管延安说。20 多年钳工生涯，虽有艰苦，但他也深深地体会到其中的乐趣。

任务二　加工单元装配与设计调试

一、学习目标

学习完本任务后，能够根据图纸独立完成加工单元机械安装，按照电气接线图完成设备电气接线与调试，按照要求完成人机界面组态，通过编程调试最终达到设备工艺控制要求。

知识目标

（1）熟悉加工单元的机械结构与功能。

（2）掌握加工单元机械安装的步骤、调整方法、技巧与注意事项。

（3）掌握加工单元的编程与调试方法。

（4）熟练掌握人机界面的组态方法。

认识加工单元

技能目标

（1）能够正确识别加工单元的零部件，熟悉其工作原理。

（2）能够正确规范使用安装工具，完成加工单元的机械安装。

（3）能够读懂加工单元电气接线图，正确规范进行电气接线与调试。

（4）能够根据任务要求设计加工单元的控制程序。

（5）具有一定的故障排查能力。

素质目标

（1）树立安全意识、规范意识、标准意识、团队意识，做到认真负责、严谨细致。

（2）提升自学能力、沟通交流能力、团队协作能力。

二、任务描述

加工单元是对工件进行处理的单元之一，在整个生产线中起着对输送单元送来的工件进行模拟冲孔处理或工件冲压等作用。

加工单元的功能是把加工台上的待加工工件（工件由输送单元的抓取机械手装置送来）移送到加工区域冲压气缸的正下方，完成一次冲压加工动作（将小工件压入大工件），然后把加工好的工件重新送回加工台，等待输送单元的抓取机械手装置取出。

以小组为单位，需要在规定时间内完成加工单元的机械安装、气路连接、电气接线、线路检测与调试、人机界面组态、编程调试等工作，最终达到加工单元的工艺控制要求。通过本任务的学习，学生能够锻炼安装、识图、布线、编程和装配调试的综合能力。

三、任务要求

(一) 工艺流程

加工单元的工作过程如下。输送单元将工件送到加工单元加工台上，物料检测传感器检测到工件后，按照气动手指夹紧工件→加工台缩回至加工区域冲压气缸正下方→冲压气缸活塞杆向下伸出并冲压工件→完成冲压动作后冲压气缸活塞杆向上缩回→加工台重新伸出→到位后气动手指松开的顺序完成工件加工，并向系统发出加工完成信号，然后输送单元抓取机械手抓取该工件，将其送往下一单元。

加工单元装置侧主要结构组成包括加工台及滑动机构、加工（冲压）机构、电磁阀组、接线端口、底板等。加工单元机械结构组成如图 2-2-1 所示。

图 2-2-1 加工单元机械结构组成

(a) 前视图；(b) 右视图

1. 加工台及滑动机构

加工台及滑动机构如图 2-2-2 所示。加工台用于固定被加工工件，并把工件移到加工（冲压）机构正下方进行冲压加工。它主要由气动手指、加工台伸缩气缸、线性导轨及滑块、磁感应接近开关、漫射式光电传感器组成。

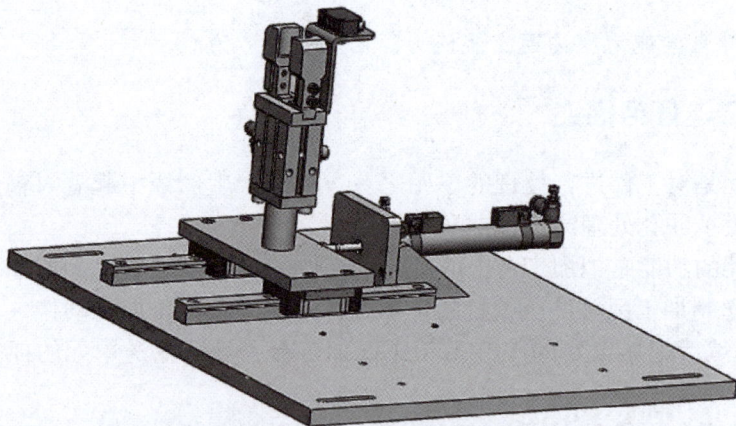

图 2-2-2 加工台及滑动机构

滑动加工台的工作原理如下。滑动加工台在系统正常工作后的初始状态为加工台伸缩气缸伸出，气动手指张开。当输送单元把物料送到加工台上，物料检测传感器检测到工件后，PLC 控制程序驱动气动手指按照工件夹紧→加工台回到加工区域冲压气缸下方→冲压气缸活塞杆向下伸出并冲压工件→完成冲压动作后冲压气缸活塞杆向上缩回→加工台重新伸出→到位后气动手指松开的顺序完成工件加工，并向系统发出加工完成信号，为下一次工件加工做准备。

在加工台上安装一个漫射式光电开关。若加工台上没有工件，则漫射式光电开关处于常态；若加工台上有工件，则光电接近开关动作，表明加工台上已有工件。

该光电传感器的输出信号送到加工单元 PLC 的输入端，用以判别加工台上是否有工件需进行加工。加工过程结束后，加工台伸出到初始位置。同时，PLC 通过通信网络，将加工完成信号回馈给系统，用来协调控制。

加工台伸出和返回到位的位置通过调整伸缩气缸上的两个磁性开关位置来定位。要求缩回位置位于加工冲头正下方；伸出位置应与输送单元的抓取机械手装置配合动作，确保输送单元的抓取机械手能顺利地把待加工工件放到加工台上。

2. 加工（冲压）机构

加工（冲压）机构如图 2-2-3 所示。加工机构用于对工件进行冲压加工。它主要由冲压气缸、冲压头、安装板等组成。

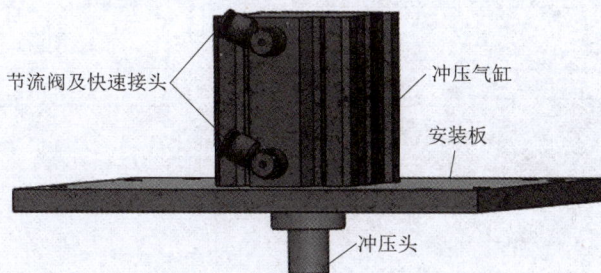

图 2-2-3　加工（冲压）机构

冲压的工作原理是：当工件到达冲压位置时，即加工台伸缩气缸活塞杆缩回到位，冲压气缸活塞杆伸出对工件进行加工，完成加工动作后冲压气缸活塞杆缩回，为下一次冲压做准备。

冲压头根据工艺要求对工件进行冲压加工，冲压头安装在冲压气缸头部。安装板用于安装冲压气缸，对冲压气缸进行固定。

（二）加工单元单站运行工作要求

只考虑加工单元作为独立设备运行时，本单元的按钮/指示灯模块上的工作方式选择开关应置于"单站方式"位置。具体的控制要求如下：

（1）初始状态是设备通电和气源接通后，滑动加工台伸缩气缸活塞杆处于伸出位置，加工台气动手指是松开的状态，冲压气缸活塞杆处于缩回位置，急停按钮没有按下。

若设备在上述初始状态，则正常工作指示灯 HL1 常亮，表示设备准备好；否则，该指示灯以 1 Hz 频率闪烁。

（2）若设备准备好，则按下启动按钮后，加工单元启动，设备运行指示灯 HL2

常亮。当待加工工件送到加工台上并被检出后，气动手指将工件夹紧，送往加工区域冲压，完成冲压动作后返回待料位置的工件加工工序。如果没有停止信号输入，当加工台上再次出现等待加工工件时，加工单元又开始下一周期工作。

（3）在工作过程中，若按下停止按钮，加工单元在完成本周期的动作后停止工作，HL2 指示灯熄灭。

（4）当待加工工件被检出而加工过程开始时，如果按下急停按钮，则本单元所有机构应立即停止运行，HL2 指示灯以 1 Hz 频率闪烁。急停按钮复位后，设备从急停前的断点开始继续运行。

（5）工作过程中各传感器状态要在触摸屏显示，如图 2-2-4 所示。按钮/指示灯模块转换开关切换到自动状态时，触摸屏实现控制与显示，按钮/指示灯模块上的按钮不能控制设备。

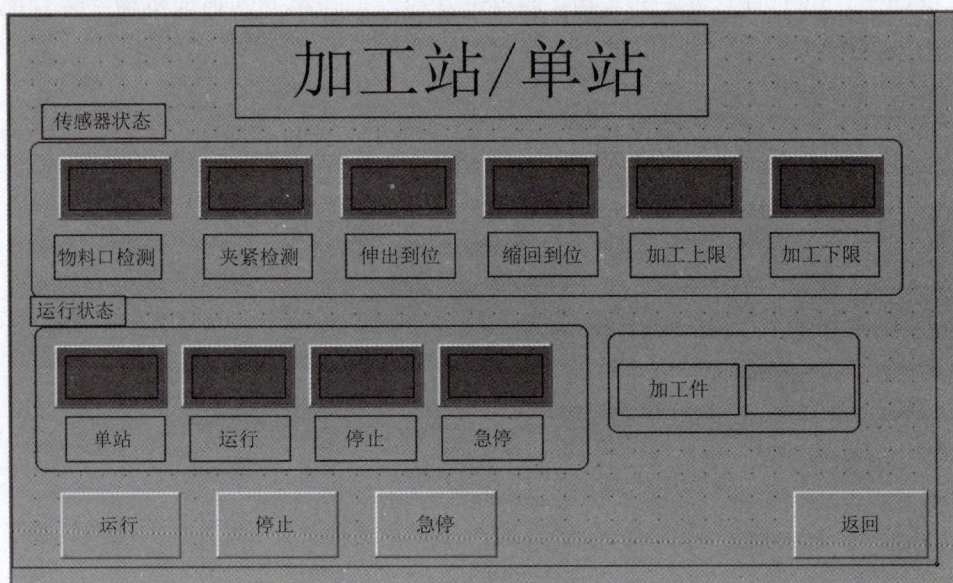

图 2-2-4　加工单元组态界面

（三）需要完成的任务

（1）熟悉加工单元的机械结构及安装流程，完成加工单元的机械安装。

（2）熟悉薄型气缸、气动手指的特点及功能，读懂加工单元气动控制回路工作原理图，完成气路连接。

（3）根据加工单元工作运行要求，进行电路设计，完成电气接线与调试。

（4）根据工作运行要求，完成 PLC 编程调试，实现控制功能。

（5）根据人机界面控制要求，完成触摸屏组态及网络联调。

（6）做好全过程记录。

引导问题 1：加工单元主要由哪几部分组成？

💡 引导问题 2：加工单元各部分的作用是什么？

_____

💡 引导问题 3：加工单元机械安装的流程是什么？

_____

_____

💡 引导问题 4：加工单元用到哪几种类型的气缸？

_____

_____

💡 引导问题 5：加工单元工作运行的初始状态是什么？

_____

_____

💡 引导问题 6：加工单元用到的 PLC 的 CPU 型号及其含义是什么？

_____

_____

💡 引导问题 7：加工单元的动作流程是什么？

_____

_____

💡 引导问题 8：供料单元与加工单元在任务实施过程中，有哪些相同点与不同点？

_____

_____

📷 四、过程记录

（一）任务分工及计划

班级学生分组，3~5 人为一组。明确每组的人员和任务分工。学生任务分组表见表 2-2-1。

表 2-2-1　学生任务分组表

任务			班级		
指导教师			组号		
成员	角色		任务分工		备注
	组长		整个任务的统筹安排、编程调试		

成员	角色	任务分工	备注
	机械安装员	加工单元机械结构、传感器、气路的安装及调试	
	电气接线员	加工单元电气接线（装置侧、PLC 侧）及调试	
	安全调试员	安全检查、设备电气检查、设备调试	
	程序设计员	加工单元 PLC 编程及调试	
	画面设计员	工业组态画面设计及编程	
	资料整理员	资料汇总及记录	

（二）任务实施

按照任务要求和获取的信息，确定最终达到的功能与工艺要求，商定任务完成的内容与形式，制定任务实施步骤、检查调试等工作内容和步骤，完成加工单元实施工作方案。加工单元实施工作方案见表 2-2-2，材料、工具、器件清单见表 2-2-3。

表 2-2-2　加工单元实施工作方案

步骤	工作内容	负责人

表 2-2-3　材料、工具、器件清单

序号	名称	型号和规格	单位	数量	备注

按照以下步骤实施加工单元工作过程，并完成相关工作清单（表2-2-4～表2-2-7）。

（1）认真学习加工单元知识内容，熟悉加工单元的机械结构、主要元器件的功能和原理、动作过程、工艺要求。

（2）熟悉加工单元机械安装的步骤、注意事项，按照装配图纸完成装置侧机械结构安装，保证安装正确、牢固、符合规范。

（3）读懂加工单元气动控制回路工作原理图，完成气路连接。

（4）根据加工单元工作运行要求，进行电路设计，按照电气接线图完成加工单元电气接线。

（5）按照电气接线图完成线路检查与打点调试，确保电路连接正确、规范。

（6）根据工艺流程编写PLC运行程序。

（7）根据人机界面控制要求，完成触摸屏显示与控制。

（8）做好机械安装、电气接线、编程调试、故障处理等全过程记录。

表2-2-4　加工单元机械安装任务工作清单

班级		小组		时间		地点	
小组成员							
工具及耗材							
知识准备							
项目		知识学习					
加工单元的基本结构							
加工台物料检测传感器		（1）类型：＿＿＿＿＿＿＿＿＿＿＿＿＿＿＿＿＿＿＿＿。 （2）作用：＿＿＿＿＿＿＿＿＿＿＿＿＿＿＿＿＿＿＿＿。 （3）接线方法：＿＿＿＿＿＿＿＿＿＿＿＿＿＿＿＿＿＿。 （4）注意事项：＿＿＿＿＿＿＿＿＿＿＿＿＿＿＿＿＿＿。					
直线导轨		（1）分类：＿＿＿＿＿＿＿＿＿＿＿＿＿＿＿＿＿＿＿＿。 （2）特点：＿＿＿＿＿＿＿＿＿＿＿＿＿＿＿＿＿＿＿＿。 （3）应用：＿＿＿＿＿＿＿＿＿＿＿＿＿＿＿＿＿＿＿＿。					
薄型气缸		（1）作用：＿＿＿＿＿＿＿＿＿＿＿＿＿＿＿＿＿＿＿＿。 （2）特点：＿＿＿＿＿＿＿＿＿＿＿＿＿＿＿＿＿＿＿＿。 （3）优点：＿＿＿＿＿＿＿＿＿＿＿＿＿＿＿＿＿＿＿＿。					
气动手指		（1）作用：＿＿＿＿＿＿＿＿＿＿＿＿＿＿＿＿＿＿＿＿。 （2）常见工作方式：＿＿＿＿＿＿＿＿＿＿＿＿＿＿＿＿。					

其他			

安装过程及记录

安装步骤	用时	返工次数	返工原因及解决方法
支撑架			
加工机构			
滑动加工台			
整体组装			
传感器			
电磁阀			

安装过程中的注意事项

调试过程

调试内容	是/否	原因及解决方法
直线导轨是否平行		
加工组件部分的冲压头和加工台上的工件的中心是否对正		
直线导轨的运行是否顺畅		
调试过程中遇到的其他问题		

总　　结				
（要求：含知识收获、实践收获、心得体会）				

考核评价				
项目	分值	评分标准		得分
知识准备	20 分	（1）记录工整。 （2）内容正确，表述简明，条理清楚。 （3）小组成员协商完成		
职业素养	20 分	（1）穿着工装，佩戴安全帽，穿戴整齐。 （2）整个实践操作过程，时刻注意安全检查，严格遵守安全操作规程。 （3）态度端正，认真负责，小组成员合作默契。 （4）工具使用正确合理，操作规范。 （5）机械安装过程中设备、工具、耗材无乱放，无脚踩线等现象。 （6）任务完成，按照规定位置归还摆放工具，进行工作台及周围环境整理清扫		
安装过程	40 分	（1）安装过程中返工 1 次扣 3 分。 （2）安装完成不出现螺钉剩余或缺失，每次发现多或少 1 个螺钉扣 1 分。 （3）安装牢固，手摇无晃动现象。 （4）加工机构的铝合金型材支撑架的各条边安装平行，垂直度好，酌情扣分，最多扣 5 分。 （5）滑动加工台直线导轨无法移动，扣 5 分；运行不顺畅酌情扣分。 （6）传感器位置安装合理，位置安装不正确，每处扣 2 分，扣完为止		
注意事项	5 分	（1）内容正确，记录工整。 （2）思路清晰，表述简明，条理清楚。 （3）小组成员协商完成		

项目	分值	评分标准	得分
调试过程	10 分	（1）记录工整。 （2）内容正确，表述简明，条理清楚。 （3）小组成员协商完成	
总结	5 分	（1）内容完整，思路清晰，表述简明，条理清楚。 （2）小组成员协商完成	
合　计			

表 2-2-5　加工单元气路连接任务工作清单

班级		小组		时间		地点	
小组成员							
工具及耗材							

<table>
<tr><td colspan="2" align="center">知识准备</td></tr>
<tr><td>项目</td><td>知识学习</td></tr>
<tr><td>单电控电磁阀</td><td>（1）单电控电磁阀工作原理：_____。
（2）单电控电磁阀作用：_____。
（3）缩回限位对应_____。
（4）伸出限位对应_____。
（5）加工单元中使用的是二位五通的单电控电磁阀，二位五通是指_____。</td></tr>
<tr><td>气动控制回路</td><td>下图是加工单元的气动控制回路，请描述其工作过程。 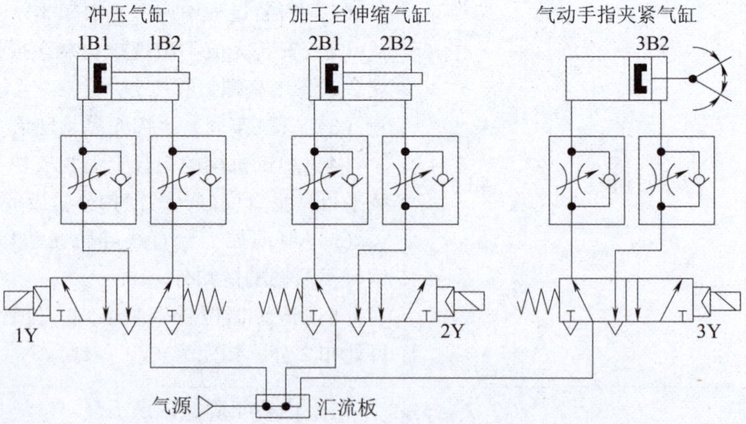
</td></tr>
</table>

调试步骤			
序号	调试内容	是/否	原因及解决方法
1	气泵是否上电		
2	气压表显示压力值是否正确		
3	气管是否漏气		
4	气缸动作是否符合控制要求		
5	调试过程中遇到的其他问题		

表 2-2-6　加工单元电气接线任务工作清单

班级		小组		时间	
小组成员					
工具及耗材					
前期准备					
(1) 是否绘制 I/O 分配表？（　　） (2) 是否绘制 I/O 接线图？（　　）					
接线过程					
装置侧电气接线	(1) 装置侧三层接线端子排具体分布安排。 (2) 电源接线正确。 (3) 磁性开关和漫射式光电传感器接线正确。 (4) 电磁阀连接正确。 (5) 按照 I/O 分配表正确连接加工单元的输入与输出				
PLC 侧电气接线	(1) PLC 侧两层接线端子排具体分布安排。 (2) 电源接线正确。 (3) PLC 输入/输出端子接线正确。 (4) PLC 与按钮/指示灯模块接线正确。 (5) 按照 I/O 分配表正确连接加工单元的输入与输出				
上电检查					
(1) 安全检查（供电电源、PLC 电源是否正确）。 (2) 传感器信号检测。 物料检测传感器（　　）　　　气动手指夹紧（　　） 加工台伸出到位（　　）　　　加工台缩回到位（　　） 加工压头上限（　　）　　　加工压头下限右限位（　　）					

学习笔记

出现的问题及解决方法				

考核评价				
项目	分值	评分标准		得分
职业素养	25 分	（1）符合安全操作规程，工具使用正确，操作规范，工具摆放符合职业岗位要求。 （2）小组成员配合紧密		
装置侧电气接线	25 分	（1）电源接线正确。 （2）磁性开关和漫射式光电传感器接线正确。 （3）电磁阀连接正确。 （电源与信号接反，每处扣 2 分，其他每错一处扣 1 分）		
PLC 侧电气接线	35 分	（1）电源接线正确。 （2）PLC 输入/输出端子接线正确。 （3）PLC 与按钮/指示灯模块接线正确。 （4）按照 I/O 分配表正确连接加工单元的输入与输出。 （电源与信号接反，每处扣 2 分，其他每错一处扣 1 分）		
接线、布线规范平整	15 分	线头处理干净，无导线外露，接线端子上最多压入两个线头，导线绑扎利落，线槽走线平整。 （若有违规操作，每处扣 1 分）		

表 2-2-7　加工单元编程任务工作清单

班级		小组		时间	
小组成员					
工具及耗材					
前期准备					
（1）是否熟悉控制要求？（　　）					
（2）是否熟悉动作过程？（　　）					
（3）是否绘制流程图？（　　）					
（4）是否绘制 I/O 分配表？（　　）					

理论知识

（1）滑动加工台伸出和返回到位是通过＿＿＿＿＿＿＿＿＿＿来定位的。

（2）冲压气缸活塞杆向下伸出到位、向上缩回到位是通过＿＿＿＿＿＿＿＿＿＿来定位的。

（3）气动手指是否夹紧是通过＿＿＿＿＿＿＿＿＿来确定的

任务实施

安全检查					
编程调试	步骤	运行情况	发现问题	产生原因	解决方法
	初始状态				
	物料检测				
	气动手指动作				
	加工台动作				
	冲压气缸动作				
	加工过程				
	指示灯状态				
	停止				

总结

考核评价			
项目	分值	评分标准	得分
前期准备	20 分	（1）熟悉控制要求、动作过程。 （2）流程图绘制完成，且清晰工整。 （3）I/O 分配表完成	
理论知识	6 分	理论知识完成情况，每空 2 分	
安全检查	20 分	（1）供电电源正确。 （2）PLC 电源正确。 （3）符合上电要求	

项目	分值	评分标准	得分
编程调试	44 分	（1）步骤合理。 （2）功能实现（根据任务要求）。 （3）记录完整、详细。 （4）内容正确，表述简明，条理清楚。 （5）小组成员协商完成	
总结	10 分	（1）内容完整，思路清晰，表述简明，条理清楚。 （2）小组成员协商完成	
合计			

💡 引导问题 1：加工单元机械结构安装过程中，有哪些注意事项？

———————————————————————————

———————————————————————————

💡 引导问题 2：为了满足工艺要求，需要采集的信号包括夹紧到位信号、夹紧复位信号、伸出到位信号、伸出复位信号、冲压到位信号、冲压复位信号，你认为还有哪些信号可以采集以提高工艺水平？

———————————————————————————

———————————————————————————

💡 引导问题 3：电气安装过程中，传感器安装正确，但是冲压到位信号检测不到，该如何调整？

———————————————————————————

———————————————————————————

💡 引导问题 4：PLC 电气控制的伸缩电磁阀信号有输出，但电磁阀不动作，需要检查什么，写出检查内容。

———————————————————————————

———————————————————————————

💡 引导问题 5：对照电气接线图，如何检查接线是否正确？遇到了哪些计划中没有考虑到的问题，是如何解决的？

———————————————————————————

———————————————————————————

💡 引导问题 6：若 PLC 程序无法下载，该如何解决？

———————————————————————————

💡 引导问题 7：冲压气缸活塞杆伸出或缩回时，对应位置检测磁性开关指示灯不亮，可能是什么原因导致的？

💡 引导问题 8：编程调试过程中，冲压气缸一直重复进行冲压动作，可能是什么原因导致的？

（三）检查验收

对加工单元任务完成情况按照验收标准进行检查验收和评价，包括机械设备安装、电气电路连接、电气线路检查、画面制作协调美观性检查、下载调试等，并记录验收问题及整改措施、完成时间。验收标准及评分表见表 2-2-8，验收过程问题记录表见表 2-2-9。

表 2-2-8　验收标准及评分表

序号	验收项目	验收标准	分值	教师评分	备注
1	机械结构安装到位	机械设备安装规范	20分		
2	电气接线规范	《电气装置安装工程接地装置施工及验收规范》（GB 50169—2016）	30分		
3	安全检查	电气设备安全操作规程	10分		
4	PLC 编程	通信正常，下载成功	5分		
5	下载调试	功能正常	35分		
	合计		100分		

表 2-2-9　验收过程问题记录表

序号	验收问题	整改措施	完成时间	备注

（四）评价反馈

各组展示任务完成情况，介绍任务的完成过程并提交阐述材料，进行学生自评、学生组内互评、教师评价，完成考核评价表。考核评价表见表2-2-10。

表 2-2-10　考核评价表

评价项目	评价内容	分值	自评 20%	互评 20%	师评 60%	合计
职业素养 (40分)	安全意识、责任意识、服从意识	10 分				
	积极参加任务活动，按时完成工作清单	10 分				
	团队合作、交流沟通能力	10 分				
	劳动纪律	5 分				
	现场 6S 标准	5 分				
专业能力 (60分)	专业资料检索能力	10 分				
	制订计划能力	10 分				
	操作符合规范	15 分				
	工作效率	10 分				
	任务验收质量	15 分				
合计		100 分				
创新能力 (加分20分)	创新性思维和行动	20 分				
合计		120 分				
教师签名：	学生签名：					

💡 引导问题 1：在完成本次任务过程中，给你印象最深的是哪件事？

_____

_____

💡 引导问题 2：你对自动化小型项目了解多少？还想继续学习哪些内容？

_____

_____

五、知识链接

（一）加工单元机械安装

加工单元的机械部分安装过程包括两部分，一是加工机构组件装配，二是滑动加工台组件装配，然后把这两部分进行总装。图 2-2-5 是加工机构组件装配图，图 2-2-6 是滑动加工台组件装配图，图 2-2-7 是整个加工单元的组装。

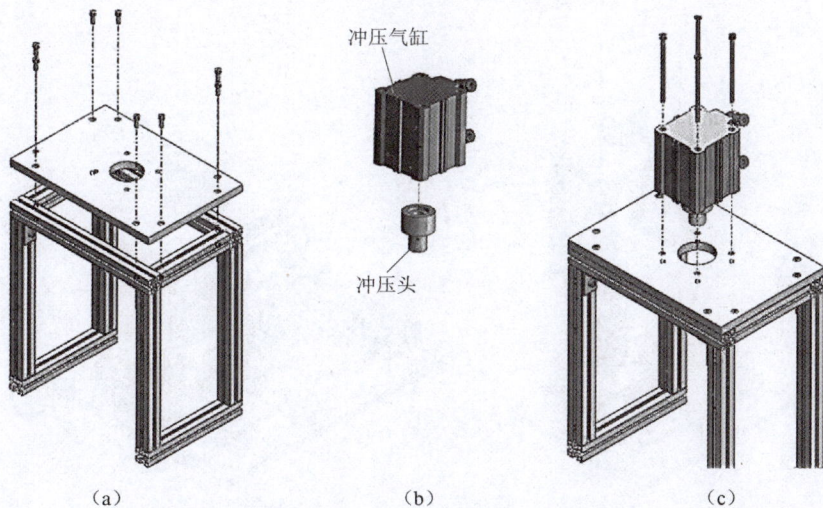

（a）　　　　　　　（b）　　　　　　　（c）

图 2-2-5　加工机构组件装配图

（a）加工机构支撑架装配；（b）冲压气缸及冲压头装配；（c）冲压气缸安装到支撑架上

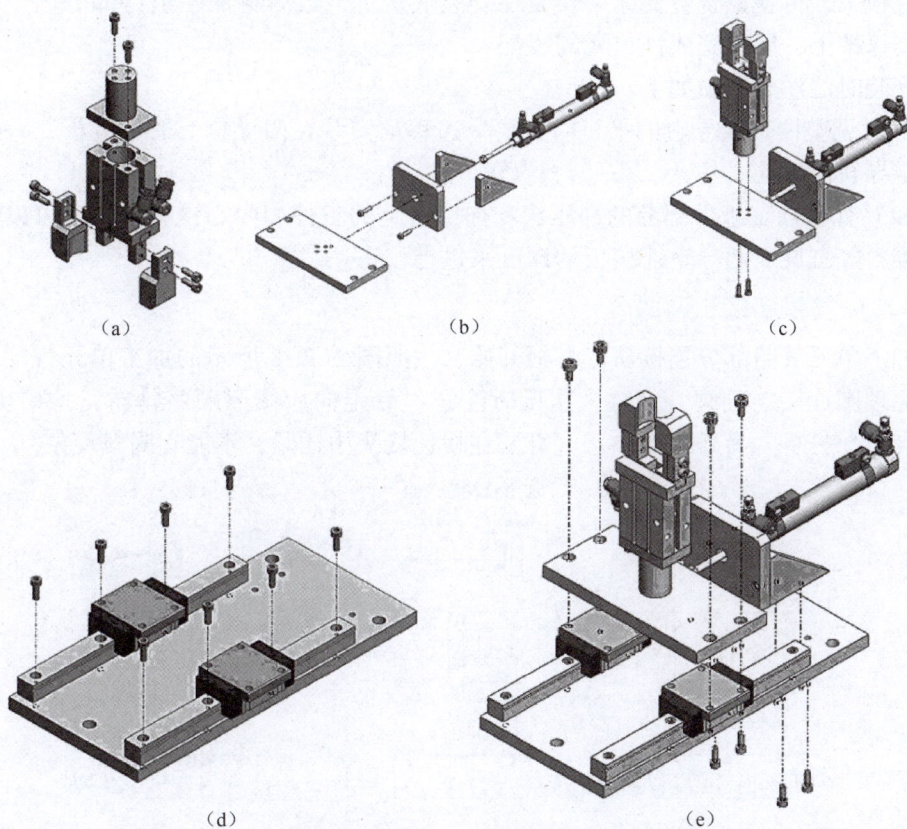

（a）　　　　　　　（b）　　　　　　　（c）

（d）　　　　　　　　　　　　（e）

图 2-2-6　滑动加工台组件装配图

（a）夹紧机构组装；（b）伸缩台组装；（c）夹紧机构安装到伸缩台上；

（d）直线导轨组装；（e）加工机构安装到直线导轨上

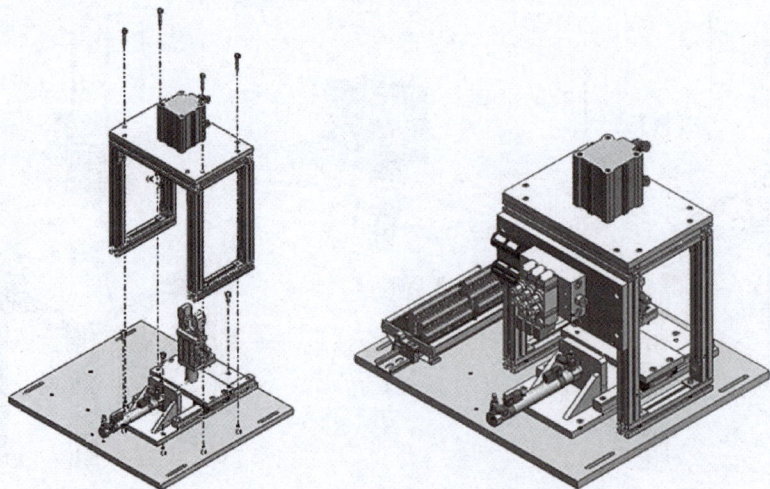

图 2-2-7 整个加工单元的组装

在完成以上各组件的装配后，首先将物料夹紧机构及运动送料部分连接固定在安装底板上，再将铝合金支撑架安装在安装底板上，最后将加工组件部分固定在铝合金支撑架上，即可完成该单元的装配。

安装时的注意事项如下：

（1）调整两直线导轨的平行时，要一边移动安装在两导轨上的安装板，一边拧紧固定导轨的螺栓。

（2）如果加工组件部分的冲压头和加工台上的工件的中心没有对正，可以通过调整推料气缸旋入两导轨连接板的深度来进行校正。

（二）气路连接和调试

加工单元气路部分连接从汇流板开始，按照图 2-2-8 所示的加工单元气动控制回路原理图连接电磁阀、气缸。连接时注意气管走向应按照顺序排布，均匀美观，不能交叉、打折。另外还要注意气管要在快速接头中插紧，不能有漏气现象。

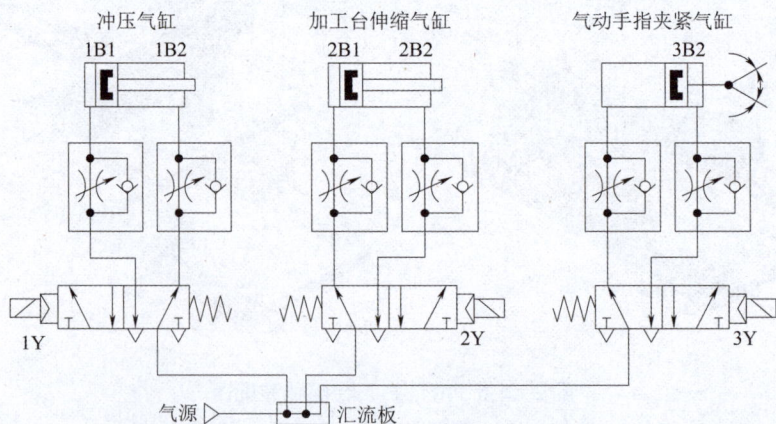

图 2-2-8 加工单元气动控制回路工作原理图

加工单元的气动控制元件均采用二位五通单电控电磁阀，各电磁阀均带有手动换向和加锁按钮。它们集中安装成电磁阀组固定在冲压支撑架后面。

1B1 和 1B2 为安装在冲压气缸两个极限工作位置的磁感应接近开关，2B1 和 2B2 为安装在加工台伸缩气缸两个极限工作位置的磁感应接近开关，3B 为安装在气动手指夹紧气缸工作位置的磁感应接近开关。1Y、2Y 和 3Y 分别为控制冲压气缸、加工台伸缩气缸和气动手指夹紧气缸的电磁阀的电磁控制端。

（三）电气接线

电气接线包括：在加工单元装置侧完成各传感器、电磁阀、电源端子等引线到装置侧接线端口之间的接线；在 PLC 侧进行电源连接、I/O 点接线等。

加工单元装置侧的接线端口上各电磁阀和传感器的信号端子的分配见表 2-2-11。

表 2-2-11　加工单元装置侧的接线端口信号端子的分配

输入端口中间层			输出端口中间层		
端子号	设备符号	信号线	端子号	设备符号	信号线
2	SC1	加工台物料检测	2	3Y	气动手指夹紧气缸电磁阀
3	3B2	工件夹紧检测	3		
4	2B2	加工台伸出到位	4	2Y	加工台伸缩气缸电磁阀
5	2B1	加工台缩回到位	5	1Y	冲压气缸电磁阀
6	1B1	加工压头上限	6~14		没有连接
7	1B2	加工压头下限			
8~17		没有连接			

PLC 侧的接线包括电源接线，PLC 的 I/O 点和 PLC 侧接线端口之间的连线，PLC 的 I/O 点与按钮/指示灯模块的端子之间的连线。

根据表 2-2-11 和工作任务的要求，加工单元的 PLC 选用的是西门子 S7-1200 CPU 1214C AC/DC/RLY 主单元，共 14 点 24 V DC 数字输入和 10 点继电器数字输出。PLC 的 I/O 信号分配见表 2-2-12，图 2-2-9 是整个加工单元的接线原理图。

表 2-2-12　加工单元 PLC 的 I/O 信号分配表

序号	PLC 输入点	信号名称	信号来源	序号	PLC 输出点	信号名称	信号来源
1	I0.0	加工台物料检测		1	Q0.0	气动手指夹紧气缸电磁阀	
2	I0.1	工件夹紧检测		2	Q0.1		
3	I0.2	加工台伸出到位		3	Q0.2	加工台伸缩气缸电磁阀	装置侧
4	I0.3	加工台缩回到位					
5	I0.4	加工压头上限	装置侧	4	Q0.3	冲压气缸电磁阀	
6	I0.5	加工压头下限		5	Q0.4		
7	I0.6			6	Q0.5		
8	I0.7			7	Q0.6		
9	I1.0			8	Q0.7	正常工作指示	
10	I1.1			9	Q1.0	运行指示	按钮/指示灯模块
11	I1.2	停止按钮		10	Q1.1	报警指示	
12	I1.3	启动按钮	按钮/指示灯模块				
13	I1.4	急停按钮					
14	I1.5	单机/全线工作方式选择					

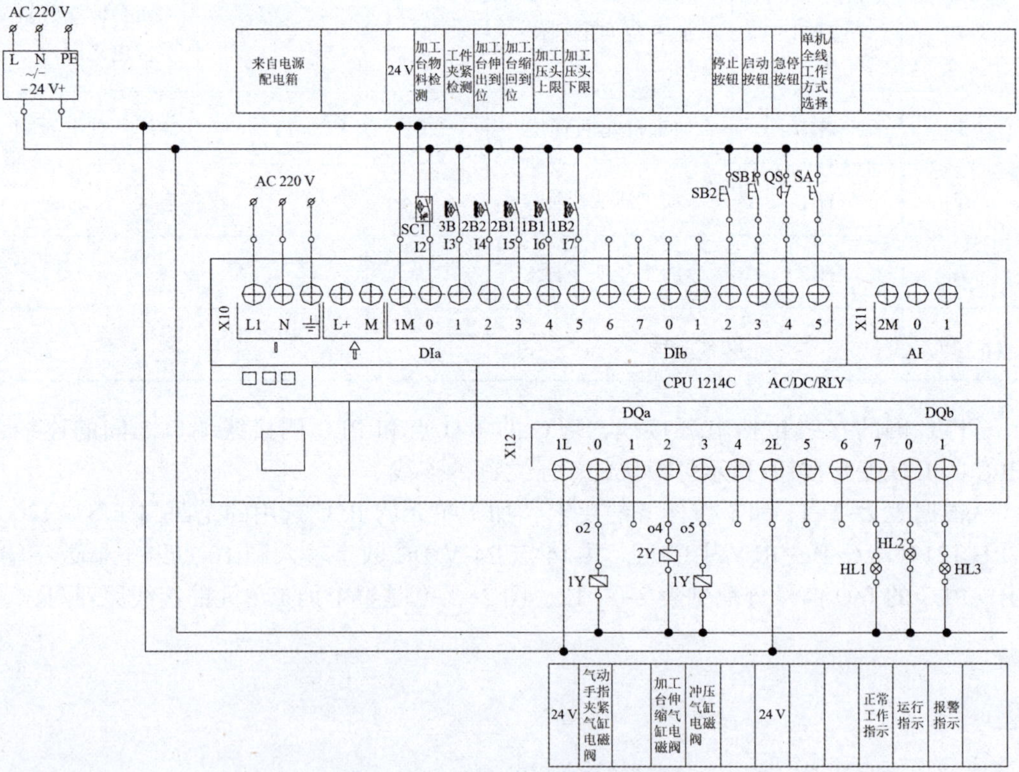

图 2-2-9　加工单元接线原理图

（四）加工单元的气动元件

加工单元所使用的气动执行元件包括标准直线气缸（前面已介绍）、薄型气缸和气动手指。

1. 薄型气缸

薄型气缸属于节省空间类气缸，即气缸的轴向尺寸或径向尺寸比标准气缸有较大减小的气缸。薄型气缸具有结构紧凑、重量轻、占用空间小等优点。图 2-2-10 是薄型气缸的一些实例图。

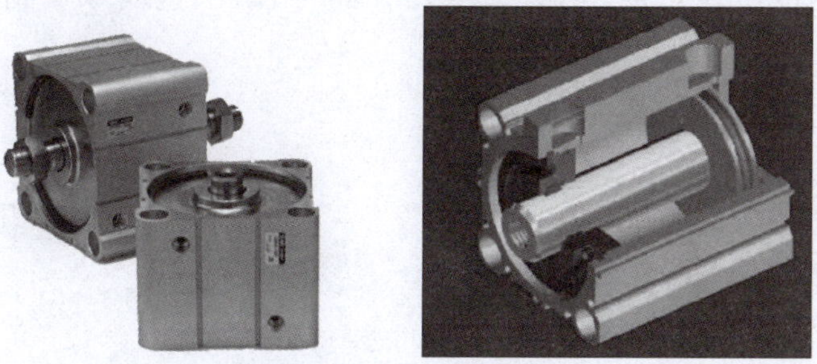

（a）　　　　　　　　　　　（b）

图 2-2-10　薄型气缸的实例图

（a）薄型气缸实例；（b）工作原理剖视图

薄型气缸的特点是缸筒与杆侧端盖压铸成一体，杆盖用弹性挡圈固定，缸体为方形。这种气缸通常用于固定夹具和搬运中固定工件等。

2. 气动手指（气爪）

气动手指用于抓取、夹紧工件。气动手指通常有滑动导轨型、支点开闭型和回转驱动型等工作方式。加工单元所使用的是滑动导轨型气动手指，如图 2-2-11（a）所示。其工作原理可从其剖面图 2-2-11（b）和图 2-2-11（c）看出。

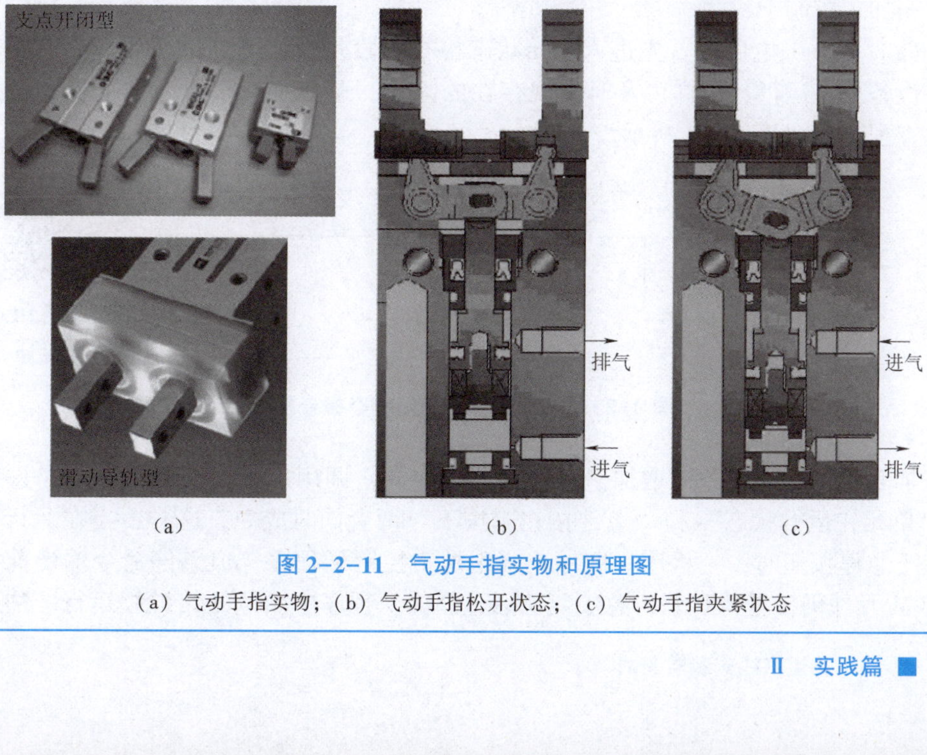

（a）　　　　　　　　　　（b）　　　　　　　　　　（c）

图 2-2-11　气动手指实物和原理图

（a）气动手指实物；（b）气动手指松开状态；（c）气动手指夹紧状态

（五）直线导轨

直线导轨是一种滚动导引，它由钢珠在滑块与导轨之间无限滚动循环，使得负载平台能沿着导轨以高精度做线性运动，其摩擦系数可降至传统滑动导引的1/50，使其能达到很高的定位精度。在直线传动领域中，直线导轨副一直是关键性的产品，目前已成为各种机床、数控加工中心、精密电子机械中不可缺少的重要功能部件。

直线导轨副通常按照滚珠在导轨和滑块之间的接触牙型进行分类，主要有两列式和四列式两种。这里选用普通级精度的两列式直线导轨副，其接触角在运动中能保持不变，刚性也比较稳定。图2-2-12（a）给出了直线导轨副的截面示意图，图2-2-12（b）是装配好的直线导轨副。

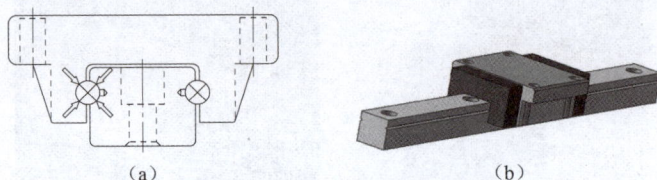

（a）   （b）

图2-2-12　两列式直线导轨副
（a）直线导轨副的截面示意图；（b）装配好的直线导轨副

安装直线导轨副时应注意：①要小心轻拿轻放，以免磕碰影响导轨副的直线精度；②不要将滑块从导轨上脱落。

加工单元加工台滑动机构由两个直线导轨副和导轨安装构成，安装滑动机构时要注意调整两直线导轨的平行。

（六）加工单元单站控制的编程思路

（1）程序结构：有两个子程序，一个是系统状态显示，另一个是加工控制。主程序在每一扫描周期都调用系统状态显示子程序，而仅在运行状态已经建立后才可能调用加工控制子程序。

（2）PLC上电后应首先进入初始状态检查阶段，确认系统已经准备就绪后，才允许设备投入运行，这样可及时发现存在的问题，避免出现事故。加工单元初始状态检查程序如图2-2-13所示。

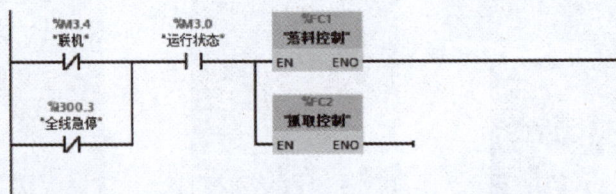

加工单元 PLC
程序设计

图2-2-13　加工单元初始状态检查程序

加工单元工作任务中增加了急停功能，因此，调用加工控制子程序的条件应该是"单元在运行状态"和"急停按钮未按下"两者同时成立。这样，当在运行过程中按下急停按钮时，主程序立即停止调用加工控制子程序，但急停命令输出前当前步的 M 元件仍在置位状态，急停复位后，就能从程序中断点开始继续运行。加工控制子程序的调用如图 2-2-14 所示。

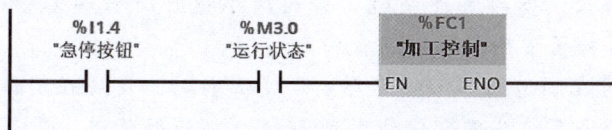

图 2-2-14　加工控制子程序的调用

（3）加工单元运行的主要过程是加工控制，它是一个步进顺序控制过程，加工过程流程图如图 2-2-15 所示。

图 2-2-15　加工过程流程图

如果整个生产线没有收到停止要求，加工过程将周而复始地不断循环。接收到停止指令后，系统在完成本工作周期任务即返回到初始步后就停止下来。从流程图可以看到，当一个加工周期结束，只有加工好的工件被取走后，程序才能返回M20.0 步，这就避免了重复加工的可能。

工匠精神

精益求精　一线钻研诠释工匠精神——保变电气李勇

"工匠精神，其实就是精益求精，把每一件事都能够做到极致。"李勇这样说。工匠精神就是把自己的本职工作做到尽善尽美，也许这并不是特别的高大上，但每个人都把自己的工作完成好，就会形成强大合力。

李勇从 1990 年参加工作起，就开始从事变压器装配工作。从一名普普通通的技术工人到如今的保变电气首届技能带头人，并荣膺兵器装备集团"集团公司级党员先锋岗"称号，李勇用坚实的脚步和进取的人生诠释着工匠精神的内涵。

（1）匠心独运，用创新突破技术难关。

"干一行爱一行，要做就做到最好。"在保变电气工作的 32 年里，这句话已经深深印刻在李勇的骨子里。

从参加工作以来，李勇就一直从事变压器器身套焊工作。30多年来，他作为公司重点工序的带班长，参与生产制造了公司所承揽的所有国家级高、精、尖、重、特大项目产品，填补了多项国际国内空白。

2002年，李勇在制造长江三峡左岸电厂变压器时，发现在引线压接试验中，六边压接模具产出的冷压接头内部铜线的变形超标，几经改进，结果均不合格。面对这一情况，李勇与技术人员积极研究探讨，提出磷铜焊接法，即在线圈出线端采用冷压焊接，将冷压接头改为一种新型结构。经过反复试验，改善效果明显，得到西门子公司方面认可，并通过了试验检测。

后来，李勇将磷铜焊接法应用到4台三峡变压器生产中，并改进了三峡变压器引线连接方式，为三峡变压器的一次试验成功奠定了坚实的基础。

凭借勇于钻研、大胆探索的工匠精神，近年来，李勇在技术创新、工艺攻关、质量提升等多方面提出28条岗位创新建议，累计产生经济效益100余万元。围绕套焊工序加工难点、重点、瓶颈点和关键点，他主持完成30余项工艺攻关项目，为公司创造了可观的经济效益。

(2) 责任担当，用奋斗诠释工匠精神。

"干工作踏踏实实、认认真真、一丝不苟，这是最基本的工作态度。要勇于创新，引领自身不断进步，达到精益求精。"这是李勇对工匠精神的诠释。

2010年，李勇作为现场指导人员，被派往秦变公司负责保变电气首台云广±800 kV、±600 kV换流变压器的整体套装工序及器身套焊工序生产制造工作。

在实现网侧引线异形出头的国产化过程中，李勇面临很多难点，如使用的绝缘材料与以往有些不同，引线形状复杂，结构紧凑，安装空间狭小，对绝缘包扎要求较高等。

在当时只有一张照片作为参照物的情况下，李勇通过长时间反复的实践研究，终于掌握了该引线的绝缘包扎要领，其负责的产品全部一次试验合格。

后来，经过西门子公司技术指导的确认、检查和试验，该产品完全符合技术要求，实现了该引线的国产化，为公司节约了生产制造成本和操作时间。其中，特高压±800 kV 直流输电工程获得了2018年度"国家科学技术进步奖"特等奖。

近30年来，李勇参加了数台变压器和电抗器的套焊指导检修任务，由于贡献突出，他荣获了保变电气质量标兵、职工技能大赛技术标兵、优秀共产党员、保定市人民政府国资委优秀共产党员、国务院三峡工程建设委员会三峡三期工程重大设备国产化立功竞赛先进个人荣誉称号等30多项荣誉称号。

李勇不喜欢"终点"这个词，他认为，无论是各种获奖还是目前所获得的成就都是过往，人生的奋斗永无止境。"我认为只有热爱一份工作，才会让你在这条路上越走越远。"而李勇也会怀着最初的梦想和热爱，秉承工匠精神，一路走下去。

任务三　装配单元装配与设计调试

一、学习目标

学习完本任务后，能够根据图纸独立完成装配单元机械安装，按照电气接线图完成设备电气接线与调试，按要求完成人机界面组态，通过编程调试最终达到设备工艺控制要求。

认识装配单元

知识目标

(1) 熟悉装配单元的机械结构与功能。
(2) 掌握装配单元机械安装的步骤、调整方法、技巧与注意事项。
(3) 掌握摆动气缸、导杆气缸基本气动元件的工作原理。
(4) 掌握装配单元的编程与调试方法。
(5) 熟练掌握人机界面的组态方法。

技能目标

(1) 能够正确识别装配单元的零部件，熟悉其工作原理。
(2) 能够正确规范使用安装工具，完成装配单元的机械安装。
(3) 能够完成基本气动回路的连接与调试。
(4) 能够读懂装配单元电气接线图，并能够正确规范进行电气接线与调试。
(5) 能够根据任务要求设计装配单元的控制程序。
(6) 能够解决安装与运行过程中出现的常见问题。

素质目标

(1) 增强安全意识、规范意识、标准意识、团队意识，做到认真负责、严谨细致。
(2) 提升自学能力、沟通交流能力、团队协作能力。

二、任务描述

装配单元是对工件进行组装的单元，在整条自动化生产线中起着对输送单元送来的待装配工件进行装配的作用。

装配单元的功能是将该单元料仓内的黑色或白色小圆柱工件嵌入放置在装配料斗的待装配工件中（工件由输送单元的抓取机械手装置送来），待小圆柱工件准确放置在装配工件中后，再由输送单元的抓取机械手装置取走。

以小组为单位，需要完成装配单元的机械安装、气路连接、电气接线、线路检测与调试、人机界面组态、编程调试等工作，最终达到装配单元的工艺控制要求。通过本任务的学习，学生能够锻炼安装、识图、布线、编程和装调的综合能力。

三、任务要求

（一）工艺流程

装配单元的结构组成包括管形料仓、落料机构、回转物料台、装配机械手、待装配工件的定位机构、气动系统及其阀组、信号采集及其自动控制系统，以及用于电器连接的端子排组件，用于整条生产线状态指示的警示灯和用于其他机构安装的铝合金型材支撑架、底板和传感器安装支架等其他附件。其机械装配组成如图 2-3-1 所示。

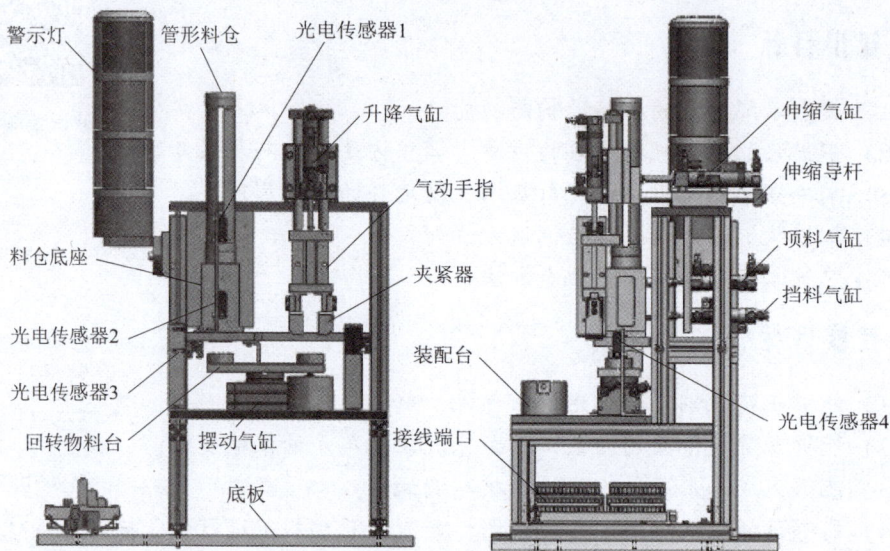

图 2-3-1　装配单元机械装配组成

1. 管形料仓

管形料仓用来存储装配用的金属、黑色和白色小圆柱零件。它由塑料圆管和中空底座构成。

塑料圆管顶端放置加强金属环以防止破损。工件竖直放入管形料仓的空心圆管内时，二者之间有一定的间隙，使其能在重力作用下自由下落。

为了能在管形料仓供料不足和缺料时报警，在塑料圆管底部和底座处分别安装了 2 个漫反射光电传感器（E3Z-L 型），并在管形料仓塑料圆柱上纵向铣槽，以使光电传感器的红外光斑能准确地照射到被检测的物料上。光电传感器的灵敏度调整应以能检测到黑色物料为准则。

2. 落料机构

图 2-3-2 给出了落料机构剖视图。料仓底座的背面安装了两个直线气缸。上面的气缸称为顶料气缸，下面的气缸称为挡料气缸。系统气源接通后，顶料气缸的活塞杆初始位置处于缩回状态，挡料气缸的活塞杆初始位置处于伸出状态。这样，当从管形料仓上面放下工件时，工件将被挡料气缸活塞杆终端的挡块阻挡而不能落下。

需要进行落料操作时，首先使顶料气缸活塞杆伸出，把次下层的工件夹紧，然后使挡料气缸活塞杆缩回，工件就掉入回转物料台的料盘中。之后使挡料气缸活塞杆复位伸出，顶料气缸活塞杆缩回，次下层工件就落到挡料气缸终端挡块上，为再一次供料做准备。

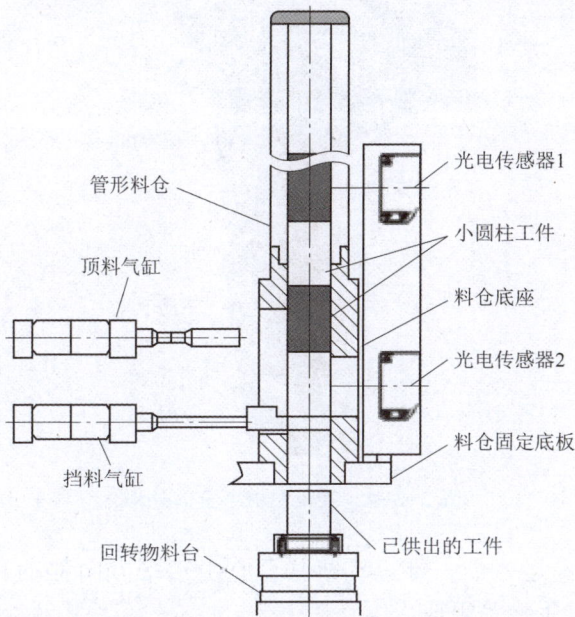

图 2-3-2　落料机构剖视图

3. 回转物料台

回转物料台（图 2-3-3）由摆动气缸和两个料盘组成，摆动气缸能驱动料盘旋转 180°，从而实现把从落料机构落到料盘的工件移动到装配机械手正下方的功能。图 2-3-3 中的光电传感器 1 和光电传感器 2 分别用来检测左面和右面料盘中是否有零件。两个光电传感器均选用 CX-441 型。

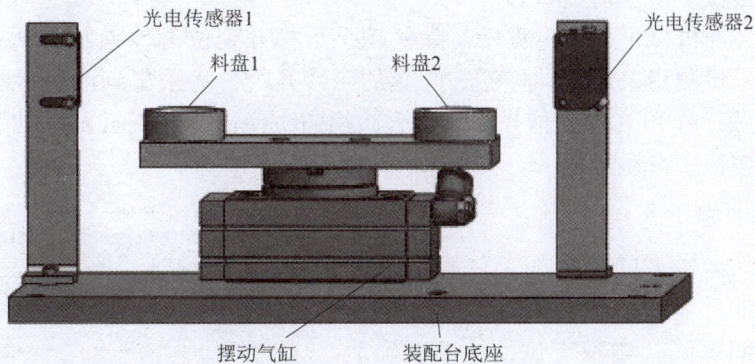

图 2-3-3　回转物料台的结构

4. 装配机械手

装配机械手是整个装配单元的核心。当装配机械手正下方的回转物料台料盘上有小圆柱零件，且装配台侧面的光纤传感器检测到装配台上有待装配工件时，装配机械手从初始状态开始执行装配操作过程。装配机械手整体外形如图 2-3-4 所示。

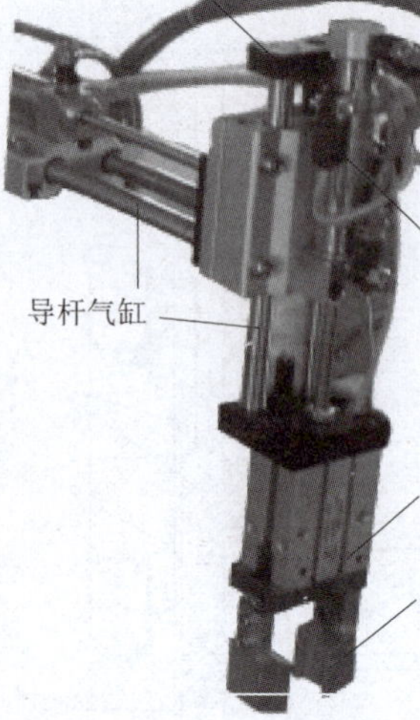

行程调整板

磁性开关

导杆气缸

气动手指

手爪

图 2-3-4　装配机械手整体外形

装配机械手装置是一个三维运动机构，它由水平方向移动和竖直方向移动的 2 个导杆气缸和气动手指等组成。

装配机械手的运行过程如下：PLC 驱动与竖直移动的导杆气缸相连的电磁换向阀动作，由竖直移动的导杆气缸驱动气动手指向下移动，到位后，气动手指驱动手爪夹紧物料，并将夹紧信号通过磁性开关传递给 PLC；在 PLC 控制下，竖直移动的导杆气缸复位，被夹紧的物料随气动手指一并提起，离开回转物料台的料盘，提升到最高位；水平移动的导杆气缸在与之对应的电磁换向阀的驱动下，伸出活塞杆，移动到导杆气缸前端位置；竖直移动的导杆气缸再次被驱动下移到最下端位置，气动手指松开；经短暂延时，竖直移动的导杆气缸和水平移动的导杆气缸的活塞杆均缩回，装配机械手恢复初始状态。

在整个装配机械手运行过程中，除气动手指松开到位无传感器检测外，其余动作的到位信号检测均采用与导杆气缸配套的磁性开关，将采集到的信号反馈给 PLC 作为输入信号，由 PLC 输出信号驱动电磁阀换向，使由导杆气缸及气动手指组成的装配机械手按程序自动运行。

5. 装配台料斗

输送单元运送来的待装配工件直接放置在装配台料斗的定位孔中，由定位孔与工件之间较小的间隙配合实现定位，从而准确地完成装配动作和保证定位精度。

如图 2-3-5 所示，为了确定装配台料斗内是否放置了待装配工件，使用光纤传感器进行检测。料斗的侧面开了一个 M6 的螺孔，

料斗　　光纤传感器

料斗固定板

图 2-3-5　待装配工件板

光纤传感器的光纤探头就固定在螺孔内。

6. 警示灯

本工作单元上安装有红、橙、绿三色警示灯，用于整个系统的警示。警示灯有5根引出线，其中，黄绿双色线为接地线；红色线为红色灯控制线；黄色线为橙色灯控制线；绿色线为绿色灯控制线；黑色线为信号灯公共控制线。警示灯及其接线如图 2-3-6 所示。

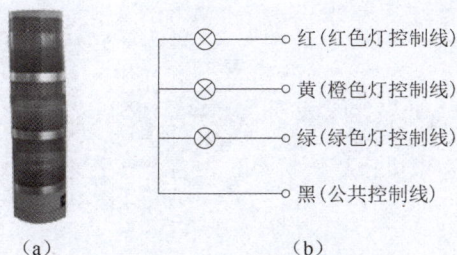

（a）　　　　　　　　　（b）

图 2-3-6　警示灯及其接线

（a）警示灯外形；（b）警示灯接线原理

（二）装配单元单站运行的工作要求

（1）装配单元各气缸推杆的初始位置为：挡料气缸推杆处于伸出状态，顶料气缸推杆处于缩回状态，管形料仓上已经有足够的小圆柱零件；装配机械手的升降气缸推杆处于提升状态，伸缩气缸推杆处于缩回状态，气爪处于松开状态。

设备上电源和气源接通后，若各气缸满足初始位置要求且管形料仓上已经有足够的小圆柱零件，工件装配台上没有待装配的工件，则正常工作指示灯 HL1 常亮，表示设备已准备好。否则，该指示灯以 1 Hz 的频率闪烁。

（2）若设备已准备好，则按下"启动"按钮，装配单元启动，设备运行指示灯 HL2 常亮。如果回转物料台上的左料盘内没有小圆柱零件，则执行下料操作；如果左料盘内有零件，而右料盘内没有零件，则执行回转物料台回转操作。

（3）如果回转物料台上的右料盘内有小圆柱零件且装配台上有待装配工件，则执行装配机械手抓取小圆柱零件，放入待装配工件中的操作。

（4）完成装配任务后，装配机械手应返回初始位置，等待下一次装配。

（5）若在运行过程中按下"停止"按钮，则落料机构应立即停止落料，在装配条件满足的情况下，装配单元在完成本次装配后停止工作。

（6）在运行过程中发生"零件不足"报警时，指示灯 HL3 以 1 Hz 的频率闪烁，HL1 和 HL2 灯常亮；在运行过程中发生"零件有无"报警时，指示灯 HL3 以"亮 1 s，灭 0.5 s"的方式闪烁，HL2 熄灭，HL1 常亮。

（7）运行过程中各传感器状态要在触摸屏上显示，如图 2-3-7 所示。按钮/指示灯模块转换开关切换到自动状态时，触摸屏实现控制与显示，按钮/指示灯模块按钮不能控制。

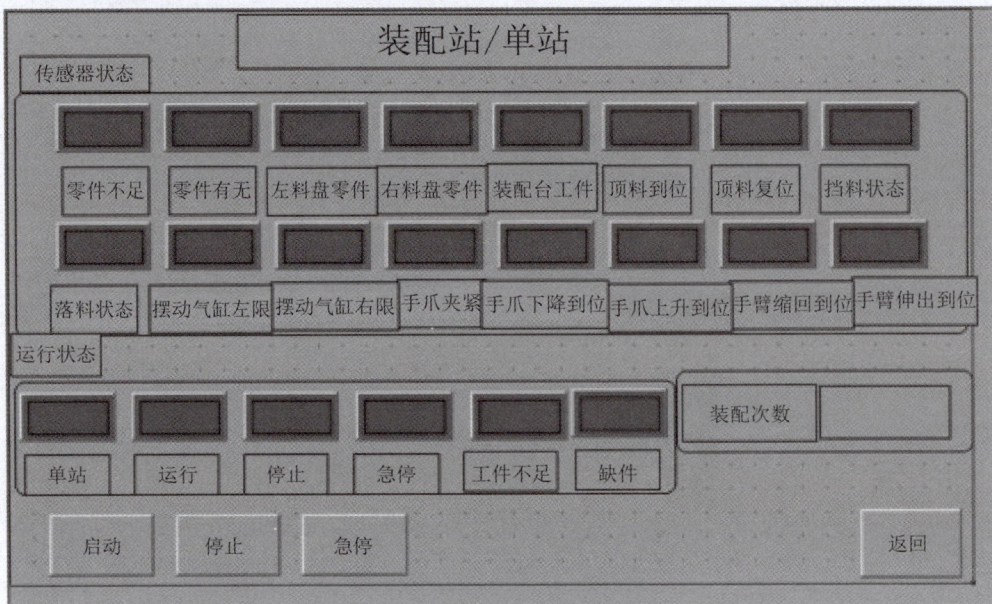

图 2-3-7 装配单元组态界面

（三）需要完成的任务

（1）完成装配单元各部分机械结构安装。

（2）根据端子分配，参考电气接线原理图，检查确认后完成接线。

（3）PLC、各种传感器已完成选型，需要根据要求正确完成接线。

（4）完成 PLC 软件编程，实现项目功能。

（5）完成触摸屏画面及网络联调。

💡 引导问题 1：装配单元主要由哪几部分组成？

_____

_____

💡 引导问题 2：装配单元各部分的作用是什么？

_____

_____

💡 引导问题 3：装配单元在任务实施过程中，增加了哪些变化？

_____

_____

四、过程记录

（一）任务分组及计划

班级学生分组，3~5 人为一组，明确每组的人员和任务分工。学生任务分组表

132 ■ 自动化生产线安装与调试

见表 2-3-1。

表 2-3-1　学生任务分组表

任务			班级		
指导老师			组号		
成员	角色	任务分工			备注
		装配单元机械结构安装			
		装配单元电气接线（装置侧、PLC 侧）			
		设备电气检查			
		装配单元 PLC 编程及调试			
		工业组态编程			
		资料汇总及记录			

（二）任务实施

按照任务要求和获取的信息，确定最终达到的功能与工艺要求，商定任务完成的内容与形式，制定任务实施步骤、检查调试等工作内容和步骤，完成装配单元实施工作方案。装配单元实施工作方案见表 2-3-2，材料、工具、器件计划清单见表 2-3-3。

表 2-3-2　装配单元实施工作方案

步骤	工作内容	负责人

表 2-3-3　材料、工具、器件计划清单

序号	名称	型号和规格	单位	数量	备注

按以下步骤实施装配单元工作过程，并完成相关工作清单（表 2-3-4~表 2-3-7）。

（1）认真学习装配单元知识内容，熟悉装配单元的机械结构、主要元器件的功

能和原理、动作过程、工艺要求。

（2）熟悉装配单元机械安装的步骤、注意事项，按照装配图纸完成装置侧机械结构安装，保证安装正确、牢固、符合规范。

（3）读懂装配单元气动控制回路工作原理图，完成气路连接。

（4）根据装配单元工作运行要求，进行电路设计，按照电气接线图完成装配单元电气接线。

（5）按照电气接线图完成线路检查与打点调试，确保电路连接正确规范，无短路。

（6）根据工艺流程编写 PLC 运行程序。

（7）根据人机界面控制要求，完成触摸屏显示与控制。

（8）做好机械安装、电气接线、编程调试、故障处理等全过程记录。

表 2-3-4　装配单元机械安装任务工作清单

班级		小组		时间		地点	
小组成员							
工具及耗材							
知识准备							
项目	知识学习						
装配单元的基本结构							
装配单元的装配顺序							
装配单元落料机构	（1）组成：＿＿＿＿＿＿＿＿＿＿＿＿＿＿＿＿＿＿＿＿＿。 （2）顶料气缸和挡料气缸动作顺序：＿＿＿＿＿＿＿＿＿。 （3）装配注意事项：＿＿＿＿＿＿＿＿＿＿＿＿＿＿＿						
装配单元回转物料台	（1）组成：＿＿＿＿＿＿＿＿＿＿＿＿＿＿＿＿＿＿＿＿＿。 （2）摆动气缸动作要求：＿＿＿＿＿＿＿＿＿＿＿＿＿＿。 （3）装配注意事项：＿＿＿＿＿＿＿＿＿＿＿＿＿＿＿						
装配单元装配机械手	（1）组成：＿＿＿＿＿＿＿＿＿＿＿＿＿＿＿＿＿＿＿＿＿。 （2）动作过程：＿＿＿＿＿＿＿＿＿＿＿＿＿＿＿＿＿＿。 （3）装配注意事项：＿＿＿＿＿＿＿＿＿＿＿＿＿＿＿						
其他							

安装过程及记录			
安装步骤	用时	返工次数	返工原因及解决方法
装配型材（左、右）支撑架			
回转物料台组件			
小工件料仓组件			
小工件供料组件			
装配机械手组件			
装配台料斗			
整体组装			
传感器			
电磁阀			
警示灯			

安装过程中的注意事项

调试过程		
调试内容	是/否	原因及解决方法
顶料气缸和挡料气缸是否安装正确		
摆动气缸初始位置是否正确		
预留螺栓的放置位置是否足够		
装配机械手运行是否顺畅		
调试过程中遇到的其他问题		

总 结
（要求：含知识收获、实践收获、心得体会）

考核评价				
项目	分值	评分标准		得分
知识准备	20分	（1）记录工整。 （2）内容正确，表述简明，条理清楚。 （3）小组成员协商完成		
职业素养	20分	（1）穿着工装，佩戴安全帽，穿戴整齐。 （2）整个实践操作过程，时刻注意安全检查，严格遵守安全操作规程。 （3）态度端正，认真负责，小组成员合作默契。 （4）工具使用正确合理，操作规范。 （5）机械安装过程中设备、工具、耗材无乱放，无脚踩线等现象。 （6）任务完成，按规定位置归还摆放工具，进行工作台及周围环境整理清扫		
安装过程	40分	（1）安装过程中返工1次扣3分。 （2）安装完成不出现螺钉剩余或缺失，每次发现多或少1个螺钉扣1分。 （3）安装牢固，手摇无晃动现象。 （4）装配机构的铝合金型材支撑架各条边安装平行，垂直度好，酌情扣分，最多扣5分。 （5）滑动装配台直线导轨无法移动，扣5分；运行不顺畅酌情扣分。 （6）传感器位置安装合理，位置安装不正确，每处扣2分，扣完为止		
注意事项	5分	（1）内容正确，记录工整。 （2）思路清晰，表述简明，条理清楚。 （3）小组成员协商完成		

项目	分值	评分标准	得分
调试过程	10 分	（1）记录完整。 （2）内容正确，表述简明，条理清楚。 （3）小组成员协商完成	
总结	5 分	（1）内容完整，思路清晰，表述简明，条理清楚。 （2）小组成员协商完成	
合　计			

表 2-3-5　装配单元气路连接任务工作清单

班级		小组		时间		地点	
小组 成员							
工具 及 耗材							

知识准备	
项目	知识学习
摆动 气缸	（1）摆动气缸的作用：＿＿＿＿＿＿＿＿＿＿＿＿＿＿＿＿＿＿。 （2）直线气缸的工作原理：＿＿＿＿＿＿＿＿＿＿＿＿＿。 （3）调节摆动气缸回转角度或调整摆动位置精度的方法：＿＿＿＿。 （4）回转到位信号靠＿＿＿＿＿＿＿＿＿＿＿＿＿＿检测
导杆 气缸	（1）导杆气缸的作用：＿＿＿＿＿＿＿＿＿＿＿＿＿＿＿＿＿。 （2）导杆气缸的组成：＿＿＿＿＿＿＿＿＿＿＿＿＿＿＿＿。 （3）调整导杆气缸伸出行程的方法：＿＿＿＿＿＿＿＿＿＿。 （4）导杆气缸伸出信号到位靠＿＿＿＿＿＿＿＿＿＿检测
电磁 阀组	（1）装配单元由多少个二位五通单电控电磁阀组成，分别对什么进行控制？ （2）装配单元有多少个气缸，分别叫什么，并说出初始位置。

学习笔记

下图是装配单元的气动控制回路，请描述其工作过程。

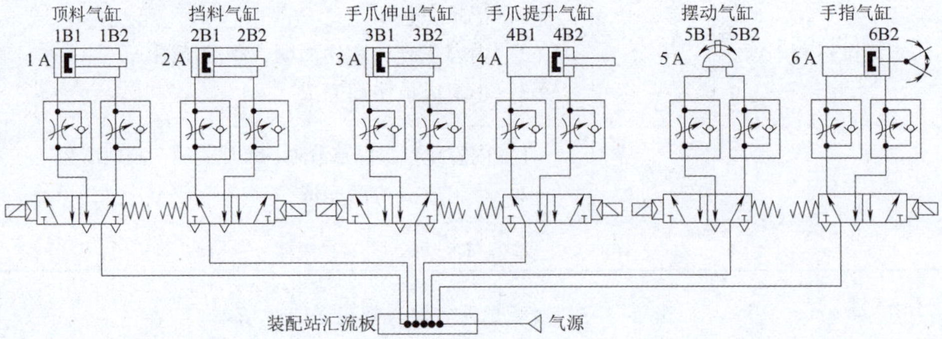

顶料气缸 1B1 1B2　挡料气缸 2B1 2B2　手爪伸出气缸 3B1 3B2　手爪提升气缸 4B1 4B2　摆动气缸 5B1 5B2　手指气缸 6B2

装配站汇流板　◁气源

气动控制回路

调试步骤

序号	调试内容	是/否	原因及解决方法
1	气泵是否上电		
2	气压表显示压力值是否正确		
3	摆动气缸摆动位置精度是否符合要求		
4	气缸初始位置是否准确		
5	调试过程中遇到的其他问题		

表 2-3-6　装配单元电气接线任务工作清单

班级		小组		时间	
小组成员					
工具及耗材					
前期准备					

(1) 是否绘制 I/O 分配表？（　　）
(2) 是否绘制 I/O 接线图？（　　）

接线过程

装置侧电气接线	(1) 装置侧三层接线端子排具体分布。 (2) 电源接线正确。 (3) 磁性开关和漫射式光电传感器接线正确。 (4) 电磁阀连接正确。 (5) 按照 I/O 分配表正确连接装配单元的输入与输出
PLC 侧电气接线	(1) PLC 侧两层接线端子排具体分布。 (2) 电源接线正确。 (3) PLC 输入/输出端子接线正确。 (4) PLC 与按钮/指示灯模块接线正确。 (5) 按照 I/O 分配表正确连接装配单元的输入与输出

上电检查

（1）安全检查（供电电源、PLC 电源是否正确）。
（2）传感器信号检测。

零件不足检测（　　）	零件有无检测（　　）	左料盘零件检测（　　）
右料盘零件检测（　　）	装配台工件检测（　　）	顶料到位检测（　　）
顶料复位检测（　　）	挡料状态检测（　　）	落料状态检测（　　）
摆动气缸左限检测（　　）	摆动气缸右限检测（　　）	手爪夹紧检测（　　）
手爪下降到位检测（　　）	手爪上升到位检测（　　）	手臂缩回到位检测（　　）
手臂伸出到位检测（　　）		

出现的问题及解决方法

考核评价				
项目	分值	评分标准		得分
职业素养	25 分	（1）符合安全操作规程，工具使用正确，操作规范，工具摆放符合职业岗位要求。 （2）小组成员配合紧密		
装置侧电气接线	25 分	（1）电源接线正确。 （2）磁性开关和漫射式光电传感器接线正确。 （3）电磁阀连接正确。 （电源与信号接反，每处扣 2 分，其他每错一处扣 1 分）		
PLC 侧电气接线	35 分	（1）电源接线正确。 （2）PLC 输入/输出端子接线正确。 （3）PLC 与按钮/指示灯模块接线正确。 （4）按照 I/O 分配表正确连接装配单元的输入与输出。 （电源与信号接反，每处扣 2 分，其他每错一处扣 1 分）		
接线、布线规范平整	15 分	线头处理干净，无导线外露，接线端子上最多压入两个线头，导线绑扎利落，线槽走线平整。 （若有违规操作，每处扣 1 分）		

学习笔记

学习笔记

表 2-3-7　装配单元编程任务工作清单

班级		小组		时间	
小组成员					
工具及耗材					

前期准备

（1）是否熟悉控制要求？（　　　）

（2）是否熟悉动作过程？（　　　）

（3）是否绘制流程图？（　　　）

（4）是否绘制 I/O 分配表？（　　　）

理论知识

（1）装配单元输入_____个，输出_____个。

（2）装配单元选用 S7－1200 CPU 1214C AC/DC/RLY 主单元，输入_____个，输出_____个。

（3）装配单元扩展模块型号是_____，输入_____个，输出_____个。

（4）请描述装配单元单站控制的编程思路。

任务实施

	安全检查					
编程调试		步骤	运行情况	发现问题	产生原因	解决方法
	落料部分					
	装配部分					

140　■　自动化生产线安装与调试

总结				

考核评价				
项目	分值	评分标准		得分
前期准备	20 分	（1）熟悉控制要求、动作过程。 （2）流程图绘制完成，且清晰工整。 （3）完成 I/O 分配表		
理论知识	12 分	理论知识完成情况，每题 3 分		
安全检查	20 分	（1）供电电源正确。 （2）PLC 电源正确。 （3）符合上电要求		
编程调试	40 分	（1）步骤合理。 （2）功能实现（根据任务要求）。 （3）记录完整详细。 （4）内容正确，表述简明，条理清楚。 （5）小组成员协商完成		
总结	8 分	（1）内容完整，思路清晰，表述简明，条理清楚。 （2）小组成员协商完成		
合计				

💡 引导问题 1：装配单元应用了几种检测传感器，作用是什么？

_____

_____

💡 引导问题 2：电气安装过程中，如何调整摆动气缸完成 0°~180° 旋转？

_____

_____

💡 引导问题 3：编程过程中顶料气缸与挡料气缸如何协调，有哪些注意事项？

_____

_____

💡 引导问题4：对照电路图，如何检查接线是否正确，在此过程中遇到了哪些计划中没有考虑到的问题，是如何解决的？

_____

_____

💡 引导问题5：检查电路无短路，送电后，打点输入信号指示灯是否显示正确？

_____

_____

（三）检查验收

对装配单元任务完成情况按照验收标准进行检查验收和评价，包括机械设备安装、电气电路连接、电气线路检查、画面制作协调美观性检查、下载调试等，并记录验收问题及整改措施、完成时间。验收标准及评分表见表2-3-8，验收过程问题记录表见表2-3-9。

表 2-3-8　验收标准及评分表

序号	验收项目	验收标准	分值	教师评分	备注
1	机械结构安装到位	机械设备安装规范	20 分		
2	电气接线规范	《电气装置安装工程接地装置施工及验收规范》（GB 50169—2016）	30 分		
3	安全检查	电气设备安全操作规程	10 分		
4	PLC 编程	通信正常，下载成功	5 分		
5	下载调试	功能正常	35 分		
	合计		100 分		

表 2-3-9　验收过程问题记录表

序号	验收问题	整改措施	完成时间	备注

（四）评价反馈

各组展示任务完成情况，介绍任务的完成过程并提交阐述材料，进行学生自评、学生组内互评、教师评价，完成考核评价表。考核评价表见表2-3-10。

表 2-3-10　考核评价表

评价项目	评价内容	分值	自评 20%	互评 20%	师评 60%	合计
职业素养 (40 分)	安全意识、责任意识、服从意识	10 分				
	积极参加任务活动，按时完成工作清单	10 分				
	团队合作、交流沟通能力	10 分				
	劳动纪律	5 分				
	现场 6S 标准	5 分				
专业能力 (60 分)	专业资料检索能力	10 分				
	制订计划能力	10 分				
	操作符合规范	15 分				
	工作效率	10 分				
	任务验收质量	15 分				
合计		100 分				
创新能力 (加分 20 分)	创新性思维和行动	20 分				
合计		120 分				

教师签名：　　　　　　　　学生签名：

💡 引导问题 1：在完成本次任务的过程中，印象最深的是哪件事？

_____

_____

💡 引导问题 2：在调试的过程中，传感器部分遇到了哪些问题，怎样排除故障？

_____

_____

五、知识链接

（一）装配单元电磁阀组和气动控制回路

装配单元的电磁阀组由 6 个二位五通单电控电磁阀组成，如图 2-3-8 所示。这些电磁阀分别对供料、位置变换和装配动作气路进行控制，以改变各自的动作状态。装配单元气动控制回路如图 2-3-9 所示。

图 2-3-8　电磁阀组

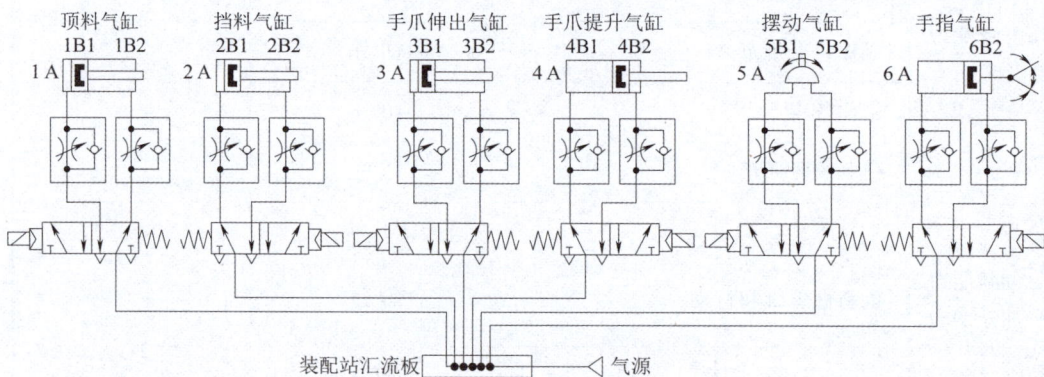

图 2-3-9　装配单元气动控制回路

在进行气路连接时，请注意各气缸的初始位置，其中，挡料气缸处于伸出位置，手爪提升气缸处于提起位置。

（二）装配单元的安装

1. 安装步骤和方法

装配单元是整个 YL-1633B 型自动化生产线中包含气动元器件较多、结构较为复杂的单元，为了减小安装难度和提高安装效率，在装配前应当分析该结构组成，认真思考，做好记录。在装配时遵循先成组件，再进行总装的思路。首先装配各组件，如图 2-3-10 所示。

在完成以上组件的装配后，将与底板接触的型材支撑架放置在底板的连接螺纹上，使用 L 形的连接件和连接螺栓，将装配单元的型材支撑架固定在底板上，如图 2-3-11 所示。

然后把图 2-3-10 中的组件逐个安装上去，顺序为回转物料台组件→小工件管形料仓组件→小工件供料组件→装配机械手组件。

最后，安装警示灯及各部分传感器。

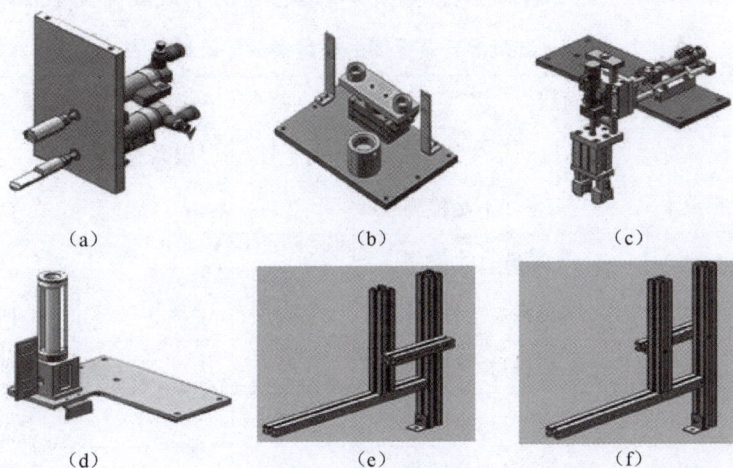

图 2-3-10　装配单元装配过程的组件

（a）小工件供料组件；（b）装配回转物料台组件；（c）装配机械手组件；
（d）小工件管形料仓组件；（e）左支撑架组件；（f）右支撑架组件

图 2-3-11　型材支撑架在底板上的安装

装配时的注意事项如下：

（1）注意摆动气缸的初始位置，以免装配完毕摆动角度不到位。

（2）预留足够的螺栓放置位置，以免组件之间不能完成安装。

（3）建议先进行装配，但不要一次性拧紧各固定螺栓，待相互位置基本确定后，再依次进行调整、固定。

2. 电气接线

电气接线包括：在工作单元装置侧完成各传感器、电磁阀、电源端子等引线到装置侧接线端口之间的接线；在 PLC 侧进行电源连接、I/O 点连接的接线等。

装配单元装置侧的接线端口上各电磁阀和传感器的引线安排见表2-3-11。

表2-3-11　装配单元装置侧的接线端口信号端子的分配

输入端口中间层			输出端口中间层		
端子号	设备符号	信号线	端子号	设备符号	信号线
2	SC1	零件不足检测	2	1Y	挡料电磁阀
3	SC2	零件有无检测	3	2Y	顶料电磁阀
4	SC3	左料盘零件检测	4	3Y	回转电磁阀
5	SC4	右料盘零件检测	5	4Y	手爪夹紧电磁阀
6	SC5	装配台工件检测	6	5Y	手爪下降电磁阀
7	1B1	顶料到位检测	7	6Y	手臂伸出电磁阀
8	1B2	顶料复位检测	8	AHL1	红色警示灯
9	2B1	挡料状态检测	9	AHL2	橙色警示灯
10	2B2	落料状态检测	10	AHL3	绿色警示灯
11	5B1	摆动气缸左限检测			
12	5B2	摆动气缸右限检测			
13	6B2	手爪夹紧检测			
14	4B2	手爪下降到位检测			
15	4B1	手爪上升到位检测			
16	3B1	手臂缩回到位检测			
17	3B2	手臂伸出到位检测			

3. 装配单元PLC侧的安装接线

装配单元PLC侧的安装接线包括电源接线、PLC的I/O点和PLC侧接线端口之间的接线、PLC的I/O点与按钮/指示灯模块的端子之间的接线。

装配单元的I/O点数较多，根据工作单元装置的I/O信号分配表和工作任务的要求，选用S7-1200 CPU 1214C AC/DC/RLY主单元加SM1223DC/RLY扩展模块，共22点24 V直流输入和18点继电器输出。PLC的I/O信号分配见表2-3-12，装配单元PLC的I/O接线原理图如图2-3-12所示。

表 2-3-12　装配单元 PLC 的 I/O 信号分配

输入信号				输出信号			
序号	PLC 输入点	信号名称	信号来源	序号	PLC 输出点	信号名称	信号来源
1	I0.0	零件不足检测	装置侧	1	Q0.0	挡料电磁阀	装置侧
2	I0.1	零件有无检测		2	Q0.1	顶料电磁阀	
3	I0.2	左料盘零件检测		3	Q0.2	回转电磁阀	
4	I0.3	右料盘零件检测		4	Q0.3	手爪夹紧电磁阀	
5	I0.4	装配台工件检测		5	Q0.4	手爪下降电磁阀	
6	I0.5	顶料到位检测		6	Q0.5	手臂伸出电磁阀	
7	I0.6	顶料复位检测		7	Q0.6	红色警示灯	
8	I0.7	挡料状态检测		8	Q0.7	橙色警示灯	
9	I1.0	落料状态检测		9	Q1.0	绿色警示灯	
10	I1.1	摆动气缸左限检测		10	Q2.5	HL1	按钮/指示灯模块
11	I1.2	摆动气缸右限检测		11	Q2.6	HL2	
12	I1.3	手爪夹紧检测		12	Q2.7	HL3	
13	I1.4	手爪下降到位检测					
14	I1.5	手爪上升到位检测					
15	I2.0	手臂缩回到位检测					
16	I2.1	手臂伸出到位检测					
17	I2.2						
18	I2.3						
19	I2.4	停止按钮	按钮/指示灯模块				
20	I2.5	启动按钮					
21	I2.6	急停按钮					
22	I2.7	单机/联机					

　　注：警示灯用来指示设备整体运行时的工作状态，当工作任务是装配单元单独运行时，没有要求使用警示灯，可以不连接到 PLC 上。

（三）装配单元单站控制的编程思路

　　（1）进入运行状态后，装配单元的工作过程包括 2 个相互独立的子过程，一个是供料过程，另一个是装配过程。

　　供料过程是通过供料机构的操作，使管形料仓中的小圆柱零

装配单元 PLC
程序设计

件落到摆动气缸左边的料盘上；然后摆动气缸转动，使装有零件的料盘转移到右边，以便装配机械手抓取零件。

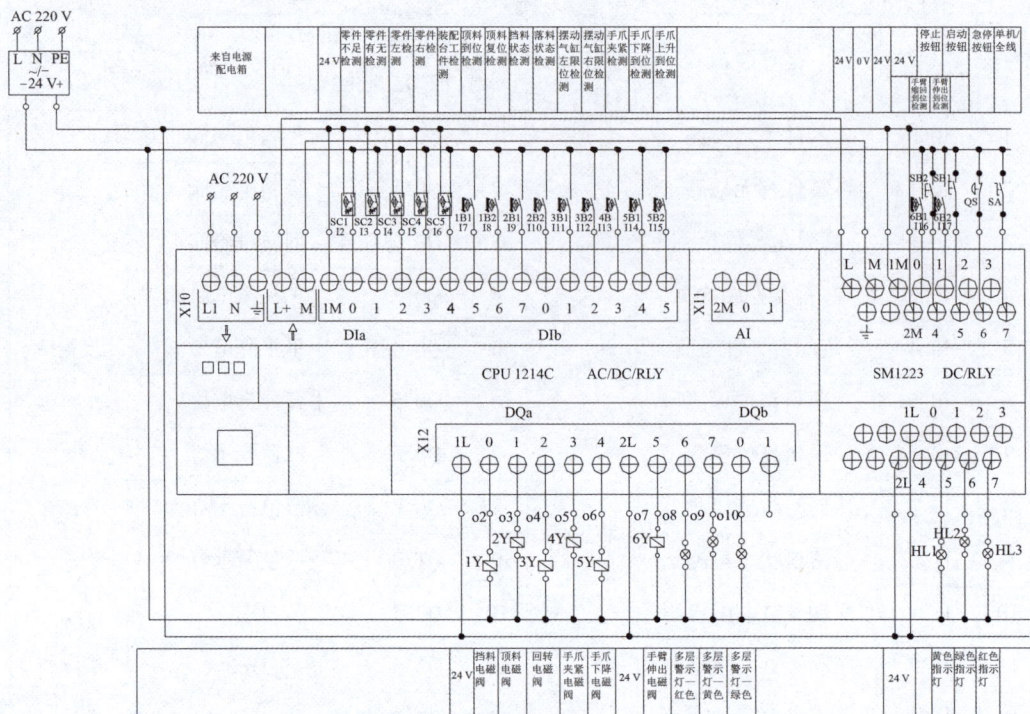

图 2-3-12　装配单元 PLC 的 I/O 接线原理图

装配过程是当装配台上有待装配工件，且装配机械手下方有小圆柱零件时，进行装配操作。

在主程序中，当初始状态检查结束，确认单元准备就绪，按下启动按钮进入运行状态后，应同时调用落料控制和抓取控制两个子程序，如图 2-3-13 所示。

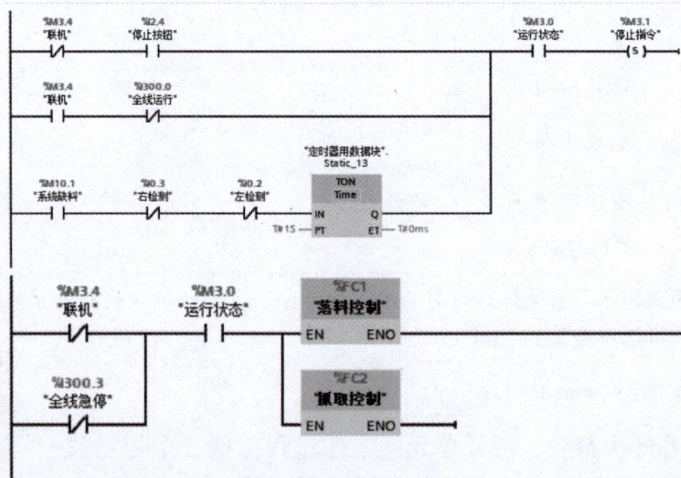

图 2-3-13　调用子程序程序段

（2）落料控制过程包含两个互相联锁的过程，即落料过程和摆动气缸转动、料盘转移的过程。在小圆柱零件从管形料仓下落到左料盘的过程中，禁止摆动气缸转动；反之，在摆动气缸转动过程中，禁止打开管形料仓（挡料气缸推杆缩回）落料。

实现联锁的方法如下：

①当摆动气缸的左限位或右限位磁性开关动作并且左料盘没有物料，经定时确认后，开始落料过程。

②当挡料气缸推杆伸出到位使管形料仓关闭、左料盘有物料而右料盘为空，经定时确认后，摆动气缸开始转动，直到达到限位位置。

对于停止运行有两种情况。一种情况是在运行中按下停止按钮，停止指令被置位；另一种情况是当管形料仓中最后一个零件落下时，检测物料有无的传感器动作（I0.1 OFF）发出缺料报警。

对于落料控制，上述两种情况均应在管形料仓关闭，顶料气缸推杆复位到位（即回到初始步）后停止下次落料，并复位落料初始步。但对于摆动气缸转动控制，一旦发出停止指令，则应立即停止摆动气缸转动。

仅当落料机构和装配机械手均回到初始位置后，才能复位运行状态标志和发出停止指令。停止运行的操作应在主程序中编制。图 2-3-14 给出了落料控制的梯形图。

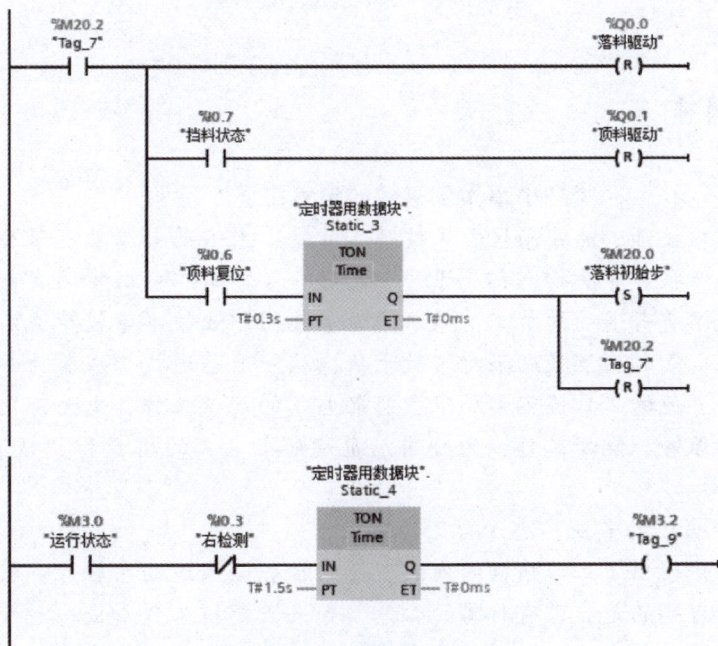

图 2-3-14　落料控制梯形图

（3）装配控制过程是单序列步进顺序控制，流程如图 2-3-15 所示。具体程序请根据流程图自行编写。注意，按下停止按钮，装配控制应在一次装配完成，装配机械手回到初始位置后停止。

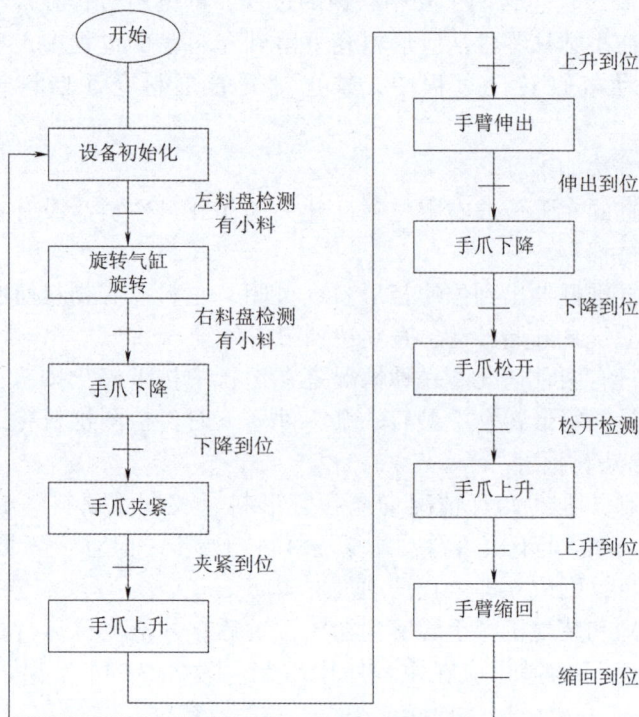

图 2-3-15　装配控制过程流程

工匠精神

"把小事做到极致的电气工匠"徐骏

上海市首席技师、浦东新区首席技师工作室、上海船舶工业有限公司创新工作室、上海市高级技师等头衔，都属于一个人——"外高桥"机装调试部的徐骏。

徐骏是一名普普通通的员工，从江南造船集团职业技术学校毕业后一直扎根于生产一线。在电气领域里摸爬滚打了数十年，从一名普通技工成长为一名电气高级技师。现如今，他的工作已不再局限于船舶电气的调试工作，更为部门承担起了生产配套设备的维修、翻新工作，为公司肩负起船舶电工的培养和"技术比武人才"的选拔工作。

（1）痴迷自己的专业，忠于自己的岗位。

徐骏身上体现出了工匠精神的内涵，他经常告诫周边的年轻人：打工的状态其实并不可悲，可悲的是自己有打工的心态。如果只是把工作看成一种交易、一种赚钱的手段，就等于放弃了自己的提升空间，也等于放弃了赚更多钱的机会。这就是对自己工作的执着，对自己专业的执着。机装调试部有 3 台升降式水负载已经运行了 14 年，由于前期工期紧张，设备始终处于饱和状态，艰难地支撑着生产任务。长时间超负荷地运行，设备处于带"病"状态，徐骏见此主动承担起了设备维修的工作。水负载的维修不仅考验电气维修的技能，同时也考验机械传动和钳工装配的技能。他说，"工欲善其事，必先利其器"，在工作过程中，他也是这样实践的。

这 3 个水负载的翻新改造为公司节约了成本，创造直接经济效益达到 250 万 ~ 300 万元，且有效地提高了工作效率，降低了间接人工成本和生产成本。尤其是底部的铲脚设计，免去了平地搬运时吊车的等待时间。

（2）严谨的工作态度，把小事做到极致。

朋友劝他："有些事你不必做得那么细致，耽误你自己的时间。"他总是笑笑，但始终坚持自己的工作方式。把每个当下都做到极致的人，虽然在一些人看来，他们有些傻，但他们仍然去做自己。这就是匠人！在船上，他的坚持换来的是设备的安全运行与顺利交验；在课堂上，他的坚持换来的是学员对制造工艺的敬畏；在维修工作上，他的坚持换来的是领导的信任与重托。他说："把小事做到极致，就不再是小事。不要急于追求远大的理想，先把眼前的小事做好，循序渐进，慢慢地就走向了成功。现在不是提倡工匠精神嘛，我们匠人做的是手中的活，遵从本心做事，遵从本性做事。成功是靠不断地坚持获得的，真正卓越的技术并非高深莫测，而是朴素中的坚持。"他的这番话朴素而有力，真正体现了一名匠人的心声。

（3）做好每一个细节，在精益求精中实现匠人价值。

过去已成为过去，作为一名电气调试工程师，在他自己看来只是做好了自己该做的事，是作为一名匠人应有的职业素养。那让我们走进他最近的工作中，体会一下匠人的职业素养。

大家不难看出新的控制箱外观的提升，可大家注意到那些多出来的指示灯、按钮、开关是做什么的呢？原来徐骏在维修水负载前已经了解到，在实际码头接线中，工人有时因为接错三相线造成电机反转，所以每次都要到远处的岸电箱处切断电源重新接线。为了提高生产效率，减少安全隐患，他重新制作了控制箱，所用的元器件都是标准配置，也为今后的维护带来了便利。他利用自己的专业知识，实现了不用拆线即可翻转三相相序，解决了先前接错三相线造成电机反转的问题。这个问题得到解决了，那是不是就可以了？"倾尽心力，只为做一件事，并且将它做好，做出名堂来。"这是他对自己提出的要求。这就是匠人精神，源自对生活的极致追求。过载、电源指示、码头平地搬运，一个个问题都逐渐显露出来。他坚持着自己的职业素养，不嫌麻烦，不急于求成，不断完善自己产品的每一个细节。

"刚开始布置清扫任务的时候确实遇到了困难，有些人认为不是自己分内的工作，"徐骏如是说，"我没有设法更正他们的想法，我也没有权力去命令他们。我和他们一样都是一名普通的员工。可后来他们都参与了进来，没有任何强制的指令，每个人都快乐地工作着。"是什么改变了大家？徐骏接着说："因为大家知道我是来搞技术支持的，换言之，只是动嘴。先改变我自己，我第一个跃入那狭窄的空间一个人清扫。我不能改变世界，但我可以通过自己去影响周围的人。"这是匠人精神：精进，把每个当下做到极致。当没有遇到适合自己的工作，可以先愉快地接受当前的工作，把这个工作做得出色。

徐骏，他对工匠精神的诠释：摆脱急功近利的心态，对待工作不懈不怠、严谨和认真，收获自己的劳动成果；使自己从工作的细节中，体会工作的价值和人生的意义。许多人在生活和工作中，之所以感到无聊、疲惫，就是因为他们只将工作当成了一种赚钱的方式，而没有将其当成一件有趣的事情来做。这就是匠人与打工者的区别。

　　国内第一艘豪华邮轮的建造是一次机遇，每一次机遇又是新的起点。徐骏和机装调试部全体同事在部门领导的带领下携手共进，夯实业务技能，学习工匠精神，与各部门紧密配合，以高品质再次打造了一个新的中国第一！

学习笔记

任务四 分拣单元装配与设计调试

一、学习目标

学习完本任务后，能够根据图纸完成分拣单元机械安装，按照电气接线图完成设备电气接线与调试，按要求正确设置变频器参数，按要求完成人机界面组态，通过编程调试最终达到设备工艺控制要求。

认识分拣单元

知识目标

（1）掌握旋转编码器的接线方法与工作原理。

（2）熟练掌握西门子 G120C 变频器的接线方法、参数设置方法。

（3）熟悉分拣单元的机械结构与功能。

（4）熟悉分拣单元机械安装的步骤、调整方法、技巧与注意事项。

（5）掌握分拣单元的编程与调试方法。

技能目标

（1）具有一定的通过查阅变频器使用手册等技术资料解决问题的能力。

（2）能够正确识别分拣单元的零部件，正确规范使用安装工具，完成分拣单元的机械安装。

（3）能够读懂分拣单元电气接线图，并能够正确规范进行电气接线与调试。

（4）能够正确使用高速计数器编程。

（5）能够根据任务要求设计分拣不同种类组合工件的控制程序。

（6）能够完成变频器的安装与接线，通过模拟量控制变频器运行，并能够正确进行变频器参数设置。

素质目标

（1）增强责任心、自信心。

（2）提升独立工作能力、沟通交流能力、团队协作能力、动手能力。

二、任务描述

自动分拣系统能够连续、大批量地将物品快速、准确地分拣到指定的位置，分拣效率高、误差率低，目前是物流人必须了解的技术。其主要由传送带、检测装置、分拣器、控制系统等组成。本任务中的分拣单元涵盖了 PLC 技术、气动技术、传感器技术、位置控制技术、变频器技术等内容，是实际工业现场生产分拣单元的微缩模型。

分拣单元的功能是对输送单元送来的已加工装配的工件进行分拣，使不同颜色的工件从不同的料槽分流。当输送单元送来的工件被放到传送带上并被入料口光电传感器检测到时，启动变频器，工件开始进入分拣区进行分拣。

以小组为单位，根据任务要求完成分拣单元的机械安装、气路连接、电气接线、线路检测与调试、变频器参数设置、编码器脉冲测试、人机界面组态、编程调试等工作，最终达到分拣单元的工艺控制要求。本任务旨在锻炼学生安装、识图、布线、变频参数设置、编程和装调的综合能力。

三、任务要求

（一）工艺流程

分拣单元主要结构组成为传送和分拣机构、传动带驱动机构、变频器模块、电磁阀组、接线端口、PLC 模块、按钮/指示灯模块及底板等。其中，分拣单元机械部分的装配组成如图 2-4-1 所示。

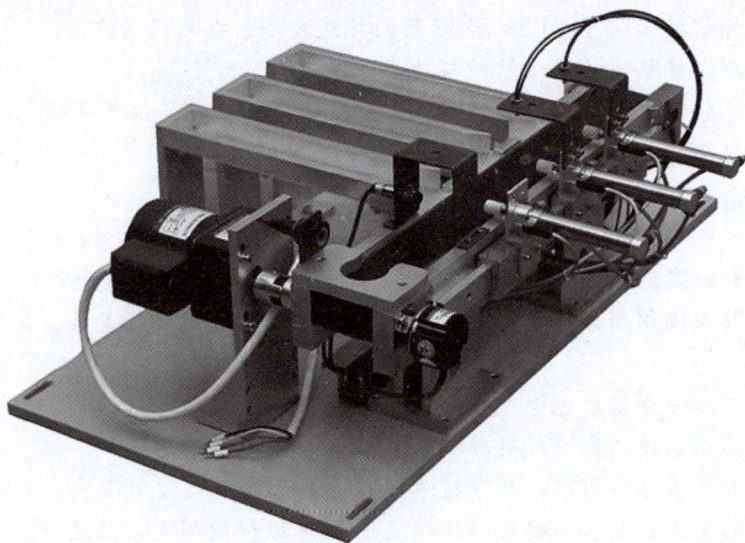

图 2-4-1　分拣单元机械部分的装配组成

1. 传送和分拣机构

传送和分拣机构主要由传送带、导向器、出料槽、推料（分拣）气缸、漫射式光电传感器、光纤传感器、磁感应接近式传感器组成。其用于传送已经加工装配好的工件，在工件被光纤传感器检测到时进行分拣。

传送带的作用是把装配机械手送来的加工完成的工件输送至分拣区。导向器用来纠偏装配机械手送来的工件。三条出料槽分别用于存放加工完成的黑色、白色或金属工件。

传送和分拣的工作原理：当输送单元送来的工件被放到传送带上并被入料口漫射式光电传感器检测到时，信号传输给 PLC，通过 PLC 的程序启动变频器，电动机运转驱动传送带工作，把工件带进分拣区，如果进入分拣区的工件为白色，则检测白色物料的光纤传感器动作，作为 1 号出料槽推料气缸启动，将白色物料推到 1 号出料槽里；如果进入分拣区的工件为黑色，则检测黑色物料的光纤传感器动作，作为 2 号出料槽推料气缸启动, 将黑色物料推到 2 号出料槽里; 如果是金属工件, 则被金属传感器检测到, 将其推到 3 号出料槽里。

2. 传动带驱动机构

传动带驱动机构如图 2-4-2 所示。采用三相异步电动机, 用于拖动传送带从而输送物料。它主要由电动机安装支架、电动机、联轴器等组成。

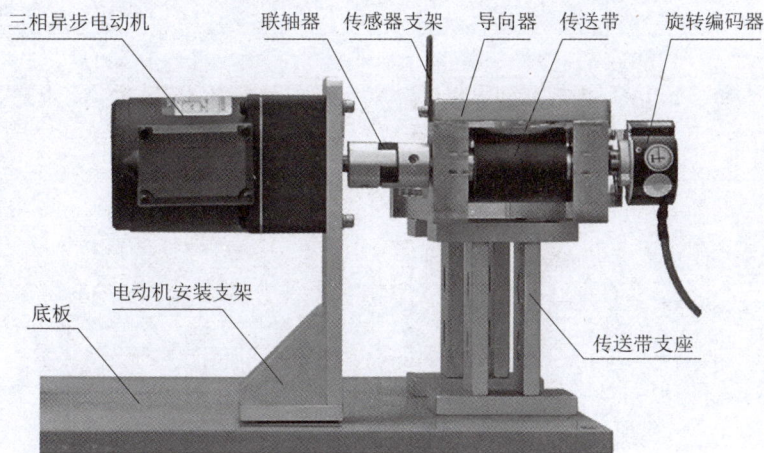

图 2-4-2　传动带驱动机构

三相异步电动机是传动机构的主要部分, 电动机转速的快慢由变频器来控制。电动机安装支架用于固定电动机。联轴器用于把电动机的轴和传送带主动轮的轴连接起来, 从而组成一个传动机构。

(二) 分拣单元单站运行工作要求

分拣单元设备的工作目标是完成对白色芯金属工件、白色芯塑料工件和黑色芯的金属或塑料工件进行分拣。为了在分拣时准确推出工件, 要求使用旋转编码器实现定位检测, 并且工件材料和芯体颜色属性应在推料气缸前的适当位置被检测出来。

设备上电和气源接通后, 若工作单元的三个气缸均处于缩回位置, 则正常工作指示灯 HL1 常亮, 表示设备已准备好; 否则, 该指示灯以 1 Hz 的频率闪烁。

若设备已准备好, 按下启动按钮, 系统启动, 设备运行指示灯 HL2 常亮。当传送带入料口人工放下已装配的工件时, 变频器立即启动, 驱动传动电动机以固定频率 30 Hz 的速度, 把工件带往分拣区。

如果工件为白色芯金属件, 则该工件到达 1 号出料槽中间, 传送带停止, 工件被推到 1 号出料槽中; 如果工件为白色芯塑料工件, 则该工件到达 2 号出料槽中间, 传送带停止, 工件被推到 2 号出料槽中; 如果工件为黑色芯工件, 则该工件到达 3 号出料槽中间, 传送带停止, 工件被推到 3 号出料槽中。工件被推到出料槽后, 该工作单元的一个工作周期结束。仅当工件被推到出料槽后, 才能再次向传送带下料。

如果在运行期间按下停止按钮, 该工作单元在本工作周期结束后停止运行。

工作过程中各传感器状态要在触摸屏上显示。按钮/指示灯模块转换开关切换到自动状态时，触摸屏实现控制与显示。按钮/指示灯模块按钮不能控制。分拣单元触摸屏显示界面如图 2-4-3 所示。

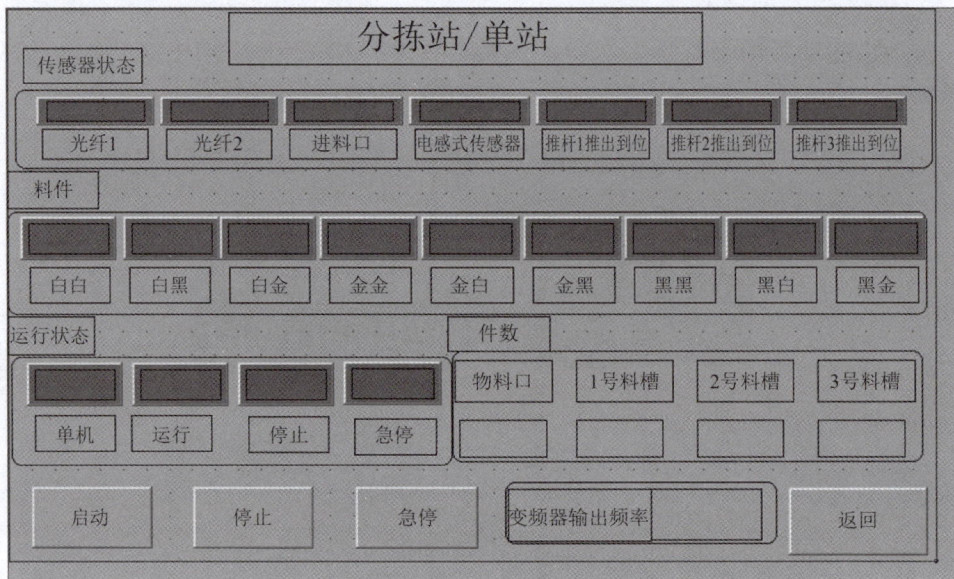

图 2-4-3　分拣单元触摸屏显示界面

(三) 需要完成的任务

(1) 熟悉分拣单元的机械结构及安装流程，完成分拣单元的机械安装。

(2) 读懂分拣单元气动控制回路工作原理图，完成气路连接。

(3) 熟悉编码器、变频器等的功能及接线方法，根据要求正确完成电气接线与调试。

(4) 根据分拣单元工作运行要求，完成 PLC 编程及调试，实现控制功能。

(5) 根据人机界面控制要求，完成触摸屏组态及网络联调。

(6) 做好全过程记录。

💡 引导问题 1：分拣单元主要由哪几部分组成？

_____

_____

💡 引导问题 2：分拣单元各部分的作用是什么？

_____

_____

💡 引导问题 3：完成分拣单元任务，需要用到哪些学过的课程内容，还有哪些需要补充的知识？

_____

_____

💡 引导问题4：传动带驱动机构主要由哪几部分组成？

_____

_____

💡 引导问题5：什么是脉冲当量？

_____

_____

💡 引导问题6：在分拣单元中，旋转编码器的作用是什么？

_____

_____

_____

四、过程记录

（一）任务分工及计划

班级学生分组，3~5人为一组，明确每组的人员和任务分工。学生任务分组表见表2-4-1。

表 2-4-1　学生任务分组表

任务			班级		
指导教师			组号		
成员	角色	任务分工			备注
	组长	整个任务的统筹安排、编程及调试			
	机械安装员	分拣单元机械结构、传感器、气路的安装及调试			
	电气接线员	分拣单元电气接线（装置侧、PLC侧）及调试			
	安全调试员	安全检查、设备电气检查、设备调试			
	程序设计员	分拣单元PLC编程及调试			
	画面设计员	工业组态画面设计及编程			
	资料整理员	资料汇总及记录			

（二）任务实施

按照任务要求和获取的信息，确定最终达到的功能与工艺要求，商定任务完成的内容与形式，制定任务实施步骤、检查调试等工作内容和步骤，完成分拣单元实施工作方案。分拣单元实施工作方案见表2-4-2，材料、工具、器件计划清单见表2-4-3。

表 2-4-2　分拣单元实施工作方案

步骤	工作内容	负责人

表 2-4-3　材料、工具、器件计划清单

序号	名称	型号和规格	单位	数量	备注

按以下步骤实施分拣单元工作过程，并完成相关工作清单（表 2-4-4～表 2-4-7）。

（1）认真学习分拣单元知识内容，熟悉分拣单元的机械结构、主要元器件的功能和原理、动作过程、工艺要求。

（2）熟悉分拣单元机械安装的步骤、注意事项，按照装配图纸完成装置侧机械结构安装，保证安装正确、牢固、符合规范。

变频器参数设置

（3）读懂分拣单元气动控制回路工作原理图，完成气路连接。

（4）根据分拣单元工作运行要求进行电路设计，按照电气接线图完成分拣单元电气接线。

（5）按照电气接线图完成线路检查与打点调试，确保电路连接正确规范，无短路。

（6）根据工艺流程编写 PLC 运行程序。

（7）根据人机界面控制要求，完成触摸屏显示与控制。

（8）做好机械安装、电气接线、编程调试、故障处理等全过程记录。

表 2-4-4　分拣单元机械安装任务工作清单

班级		小组		时间		地点	
小组成员							
工具及耗材							
知识准备							
项目	知识学习						
分拣单元的基本结构							
旋转编码器	（1）类型：＿＿＿＿＿＿＿＿＿＿＿＿＿＿＿＿＿＿＿＿＿＿＿。 （2）作用：＿＿＿＿＿＿＿＿＿＿＿＿＿＿＿＿＿＿＿＿＿＿＿。 （3）接线方法：＿＿＿＿＿＿＿＿＿＿＿＿＿＿＿＿＿＿＿＿＿						
三相异步电动机	（1）作用：＿＿＿＿＿＿＿＿＿＿＿＿＿＿＿＿＿＿＿＿＿＿＿。 （2）电动机转速的快慢由＿＿＿＿＿＿＿＿＿＿＿＿＿＿＿＿来控制						
联轴器的装配步骤							
其他							
安装过程及记录							
安装步骤	用时	返工次数	返工原因及解决方法				
传送和分拣机构							
传动带驱动机构							
出料槽							
气缸、传感器支架							
传感器							
电磁阀							
安装过程中的注意事项							

变频器的快速调试

学习笔记

调试过程		
调试内容	是/否	原因及解决方法
传送带托板与传送带两侧板的固定位置是否调整合适		
传送带的张紧度是否适中		
主动轴与从动轴是否平行		
调试过程中遇到的其他问题		

总　结

（要求：含知识收获、实践收获、心得体会）

考核评价

项目	分值	评分标准	得分
知识准备	20分	（1）记录工整。 （2）内容正确，表述简明，条理清楚。 （3）小组成员协商完成	
职业素养	20分	（1）穿着工装，佩戴安全帽，穿戴整齐。 （2）整个实践操作过程，时刻注意安全检查，严格遵守安全操作规程。 （3）态度端正，认真负责，小组成员合作默契。 （4）工具使用正确合理，操作规范。 （5）机械安装过程中设备、工具、耗材无乱放，无脚踩线等现象。 （6）任务完成，按规定位置归还摆放工具，进行工作台及周围环境整理清扫	

项目	分值	评分标准	得分
安装过程	40分	(1) 安装过程中返工1次扣3分。 (2) 安装完成不出现螺钉剩余或缺失，每次发现多或少1个螺钉扣1分。 (3) 安装牢固，手摇无晃动现象。 (4) 出料槽各条边安装平行，垂直度好，酌情扣分，最多扣2分。 (5) 主动轴和从动轴的安装位置正确且平行。位置互换扣5分，不平行扣3分。 (6) 传送带张紧度适中，过紧或过松扣1分。 (7) 传感器位置安装合理，位置安装不正确，每处扣2分，扣完为止	
注意事项	5分	(1) 内容正确，记录工整。 (2) 思路清晰，表述简明，条理清楚。 (3) 小组成员协商完成	
调试过程	10分	(1) 记录完整。 (2) 内容正确，表述简明，条理清楚。 (3) 小组成员协商完成	
总结	5分	(1) 内容完整，思路清晰，表述简明，条理清楚。 (2) 小组成员协商完成	
合　计			

表 2-4-5　分拣单元气路连接任务工作清单

班级		小组		时间		地点	
小组成员							
工具及耗材							
知识准备							
项目	知识学习						
单电控电磁阀	(1) 单电控电磁阀的工作原理：_____。 (2) 单电控电磁阀的作用：_____。 (3) 缩回限位对应_____。 (4) 伸出限位对应_____。 (5) 分拣单元中使用了几个二位五通的电磁阀，它们是单电控电磁阀还是双电控电磁阀?_____						

项目	知识学习
气动控制回路	下图是分拣单元的气动控制回路，请描述其工作过程。 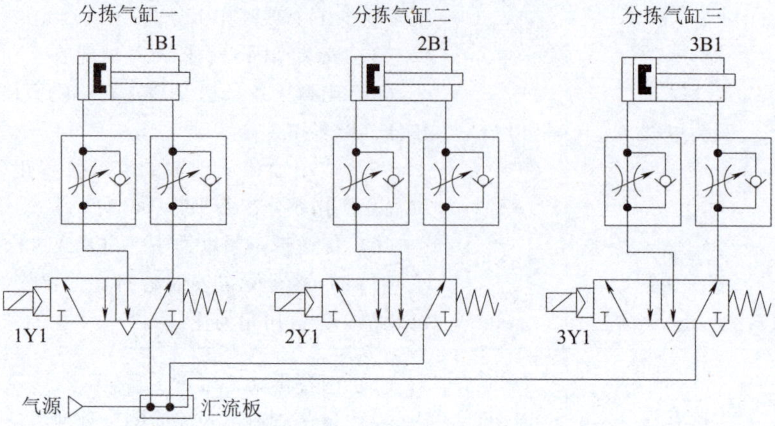 分拣气缸一 1B1　　　分拣气缸二 2B1　　　分拣气缸三 3B1 1Y1　　　2Y1　　　3Y1 气源　汇流板

	调试步骤		
序号	调试内容	是/否	原因及解决方法
1	气泵是否上电		
2	气压表显示压力值是否正确		
3	气管是否漏气		
4	气缸运行是否符合控制要求		
5	调试过程中遇到的其他问题		

表 2-4-6　分拣单元电气接线任务工作清单

班级		小组		时间	
小组成员					
工具及耗材					
前期准备					
(1) 是否绘制 I/O 分配表？（　　） (2) 是否绘制 I/O 接线图？（　　）					
接线过程					
装置侧电气接线	(1) 装置侧三层接线端子排具体分布。 (2) 电源接线正确。 (3) 磁性开关、金属传感器、光纤传感器、编码器接线正确。 (4) 电磁阀连接正确。 (5) 按照 I/O 分配表正确连接分拣单元的输入与输出				

学习笔记

PLC 侧电气接线	（1）PLC 侧两层接线端子排具体分布。 （2）电源接线正确。 （3）PLC 输入/输出端子接线正确。 （4）PLC 与按钮/指示灯模块接线正确。 （5）变频器接线正确。 （6）按照 I/O 分配表正确连接分拣单元的输入与输出

上电检查

（1）安全检查（供电电源、PLC 电源、变频器电源是否正确）。
（2）传感器信号检测。

入料口物料检测传感器（　　）	金属传感器（　　）	光纤传感器（　　）
1 号出料槽推料气缸前限（　　）	1 号出料槽推料气缸后限（　　）	
2 号出料槽推料气缸前限（　　）	2 号出料槽推料气缸后限（　　）	
3 号出料槽推料气缸前限（　　）	3 号出料槽推料气缸后限（　　）	

出现的问题及解决方法

考核评价

项目	分值	评分标准	得分
职业素养	25 分	（1）符合安全操作规程，工具使用正确，操作规范，工具摆放符合职业岗位要求。 （2）小组成员配合紧密	
装置侧电气接线	25 分	（1）电源接线正确。 （2）磁性开关、金属传感器、光纤传感器、编码器接线正确。 （3）电磁阀连接正确。 （电源与信号线接反，每处扣 2 分，其他每错一处扣 1 分）	
PLC 侧电气接线	35 分	（1）电源接线正确。 （2）PLC 输入/输出端子接线正确。 （3）PLC 与按钮/指示灯模块接线正确。 （4）变频器接线正确。 （5）按照 I/O 分配表正确连接分拣单元的输入与输出。 （电源与信号线接反，每处扣 2 分，其他每错一处扣 1 分）	

项目	分值	评分标准	得分
接线、布线规范平整	15 分	线头处理干净，无导线外露，接线端子上最多压入两个线头，导线绑扎利落，线槽走线平整。（若有违规操作，每处扣 1 分）	

表 2-4-7　分拣单元编程任务工作清单

班级		小组		时间	
小组成员					
工具及耗材					

前期准备

（1）是否熟悉控制要求？（　　　）
（2）是否熟悉动作过程？（　　　）
（3）是否绘制流程图？（　　　）
（4）是否绘制 I/O 分配表？（　　　）

理论知识

（1）西门子 1200 系列 PLC 提供_____路高速计数器，测量的最高频率是_____。
（2）西门子高速计数指令是_____。
（3）西门子高速计数器 HSC1 的地址是_____，数据类型是_____。
（4）PLC 的模拟量输出模块 SB1232 的地址是_____

任务实施

安全检查					
编程调试	步骤	运行情况	发现问题	产生原因	解决方法
	初始状态				
	传送带运行				
	工件识别				
	工件分拣				
	指示灯状态				
	停止				

总结

考核评价				
项目	分值	评分标准		得分
前期准备	20 分	(1) 熟悉控制要求、动作过程。 (2) 流程图绘制完成，且清晰工整。 (3) 完成 I/O 分配表		
理论知识	12 分	理论知识完成情况，每空 2 分		
安全检查	20 分	(1) 供电电源正确。 (2) PLC 电源正确。 (3) 变频器电源正确。 (4) 符合上电要求		
编程调试	40 分	(1) 步骤合理。 (2) 功能实现（根据任务要求）。 (3) 记录完整详细。 (4) 内容正确，表述简明，条理清楚。 (5) 小组成员协商完成		
总结	8 分	(1) 内容完整，思路清晰，表述简明，条理清楚。 (2) 小组成员协商完成		
合计				

引导问题 1：编码器的 5 根线如何接线，通过网络查阅资料了解到的编码器规格型号有哪些？

_____

_____

引导问题 2：机械结构安装过程中，如何利用传感器组合实现不同组合的分辨，有哪些注意事项？

_____

_____

引导问题 3：光纤传感器的灵敏度调节过程中，如何区分黑白物料？

_____

_____

引导问题 4：电气装置安装过程中，高速输入信号接线注意事项有哪些？

_____

_____

引导问题 5：如何利用编码器实现位置控制，该过程中注意事项有哪些？

_____

_____

引导问题 6：变频器安装过程中有哪些安全注意事项？

_____

_____

引导问题 7：变频器频率给定信号有几种设定方式，本次任务采用哪种方式？

_____

_____

引导问题 8：使用变频器运行命令给定如何接线时，是否考虑电源接线？

_____

_____

（三）检查验收

对分拣单元任务完成情况按照验收标准进行检查验收和评价，包括机械设备安装、电气电路连接、电气线路检查、画面制作协调美观性检查、下载调试等，并记录验收问题及整改措施、完成时间。验收标准及评分表见表 2-4-8，验收过程问题记录表见表 2-4-9。

表 2-4-8　验收标准及评分表

序号	验收项目	验收标准	分值	教师评分	备注
1	机械结构安装到位	机械设备安装规范	20 分		
2	变频器接线规范	《电气装置安装工程接地装置施工及验收规范》（GB 50169—2016）	5 分		
3	电气接线规范	《电气装置安装工程接地装置施工及验收规范》（GB 50169—2016）	15 分		
4	安全检查	电气设备安全操作规程	5 分		
5	高速计数器距离测量	监控数值一致	15 分		
6	PLC 编程	通信正常，下载成功	20 分		
7	下载调试	功能正常	20 分		
合计			100 分		

表 2-4-9　验收过程问题记录表

序号	验收问题	整改措施	完成时间	备注

（四）评价反馈

各组展示任务完成情况，介绍任务的完成过程并提交阐述材料，进行学生自评、学生组内互评、教师评价，完成考核评价表。考核评价表见表 2-4-10。

表 2-4-10　考核评价表

评价项目	评价内容	分值	自评 20%	互评 20%	师评 60%	合计
职业素养（40 分）	安全意识、责任意识、服从意识	10 分				
	积极参加任务活动，按时完成工作清单	10 分				
	团队合作、交流沟通能力	10 分				
	劳动纪律	5 分				
	现场 6S 标准	5 分				
专业能力（60 分）	专业资料检索能力	10 分				
	制订计划能力	10 分				
	操作符合规范	15 分				
	工作效率	10 分				
	任务验收质量	15 分				
合计		100 分				
创新能力（加分 20 分）	创新性思维和行动	20 分				
合计		120 分				
教师签名：　　　　　　　学生签名：						

引导问题 1：在完成本次任务的过程中，印象最深的是哪件事？

_____

_____

引导问题2：在程序设计的过程中遇到了哪些问题？

_____

_____

五、知识链接

（一）分拣单元机械安装

分拣单元机械装配步骤如下：

（1）完成传送和分拣机构的组件装配，装配传送带装置及其支座，安装到底板上，如图2-4-4所示。

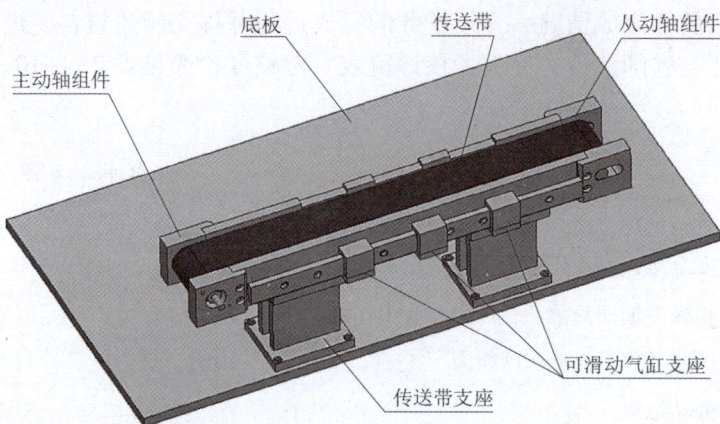

图2-4-4　传送和分拣机构组件装配

（2）完成传动带驱动机构的组件装配，进一步装配联轴器，把传动带驱动机构组件与传送和分拣机构相连接并固定在底板上，如图2-4-5所示。

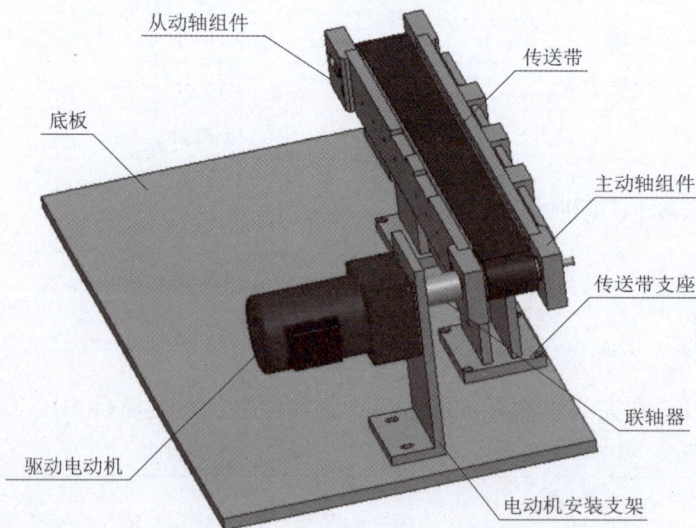

图2-4-5　传动带驱动机构组件装配

（3）继续完成推料气缸支架、推料气缸、传感器支架、出料槽及支撑板等的装配，如图 2-4-6 所示。

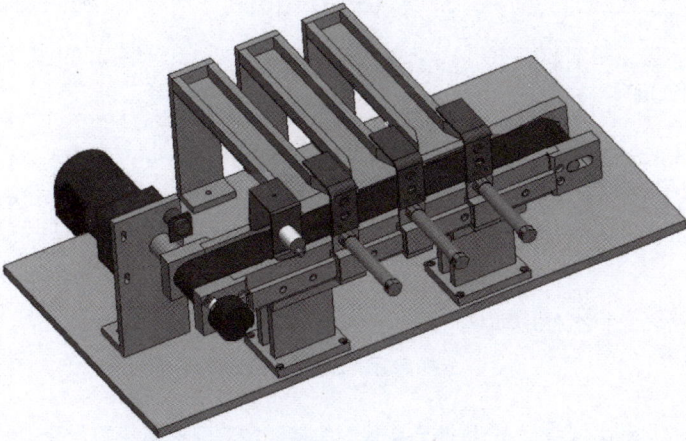

图 2-4-6　机械部件安装完成时的效果

（4）最后完成各传感器、电磁阀组件、装置侧接线端口等的装配。

（5）安装时的注意事项如下：

①传送带托板与传送带两侧板的固定位置应调整好，以免传送带安装后凹入侧板表面，造成推料被卡住的现象。

②主动轴和从动轴的安装位置不能出错，主动轴和从动轴安装板的位置不能相互调换。

③传送带的张紧度应调整适中。

④要保证主动轴和从动轴的平行。

⑤为了使传动部分平稳可靠，噪声小，使用滚动轴承作为动力回转件。滚动轴承及其安装配合零件均为精密结构件，对其拆装需要一定的技能和专用的工具，建议不要自行拆卸。

（二）气路连接

分拣单元的电磁阀组使用了 3 个二位五通带手控开关的单电控电磁阀，它们安装在汇流板上。这 3 个电磁阀分别对金属、白料和黑料推动气缸的气路进行控制，以改变各自的动作状态。

本工作单元气动控制回路的工作原理图如图 2-4-7 所示。其中 1A、2A 和 3A 分别为分拣气缸一、分拣气缸二和分拣气缸三，1B1、2B1 和 3B1 分别为安装在各分拣气缸的前极限工作位置的磁感应接近开关，1Y1、2Y1 和 3Y1 分别为控制 3 个分拣气缸电磁阀的电磁控制端。

（三）电气接线

分拣单元装置侧的接线端口信号端子的分配见表 2-4-11。

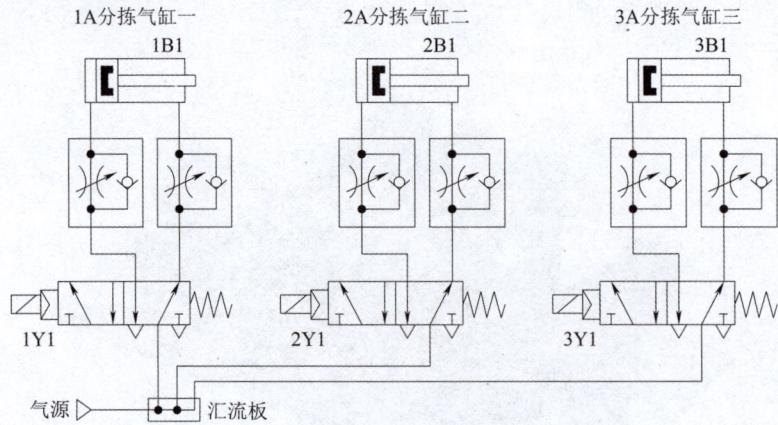

图 2-4-7 分拣单元气动控制回路工作原理图

表 2-4-11 分拣单元装置侧的接线端口信号端子的分配

输入端口中间层			输出端口中间层		
端子号	设备符号	信号线	端子号	设备符号	信号线
2		旋转编码器 B 相	2	1Y1	推杆 1 电磁阀
3	DECODE	旋转编码器 A 相	3	2Y1	推杆 2 电磁阀
4		旋转编码器 Z 相	4	3Y1	推杆 3 电磁阀
5	SC1	进料口工件检测	5~14		没有连接
6	SC2	电感式传感器			
7	SC3	光纤传感器 1			
8					
9	1B1	推杆 1 推出到位			
10	2B1	推杆 2 推出到位			
11	3B1	推杆 3 推出到位			
12~17		没有连接			

　　分拣单元 PLC 选用 S7-1200 CPU 1214C AC/DC/RLY 主单元。本工作任务要求以 30 Hz 的固定频率驱动电动机运转，因此只需用固定频率方式控制变频器即可。用 G120C 的端子 5（DIN0）进行电动机启动和频率控制。分拣单元 PLC 的 I/O 信号表见表 2-4-12，分拣单元 PLC 的 I/O 接线原理图如图 2-4-8 所示。

表 2-4-12　分拣单元 PLC 的 I/O 信号表

输入信号				输出信号			
序号	PLC 输入点	信号名称	信号来源	序号	PLC 输出点	信号名称	信号输出目标
1	I0.0	旋转编码器 A 相	装置侧	1	Q0.0	电机启动	变频器
2	I0.1	旋转编码器 B 相		2	Q0.1		
3	I0.2	旋转编码器 Z 相		3	Q0.2	推杆 1 电磁阀	
4	I0.3	入料口工件检测		4	Q0.3	推杆 2 电磁阀	
5	I0.4	金属检测传感器		5	Q0.4	推杆 3 电磁阀	
6	I0.5	光纤传感器		6	Q0.5		
7	I0.6			7	Q0.6		
8	I0.7	推杆 1 推出到位		8	Q0.7	HL1	按钮/指示灯模块
9	I1.0	推杆 2 推出到位		9	Q1.0	HL2	
10	I1.1	推杆 3 推出到位		10	Q1.1	HL2	
11	I1.2	停止按钮	按钮/指示灯模块				
12	I1.3	启动按钮					
13	I1.4	急停按钮					
14	I1.5	单站/全线					

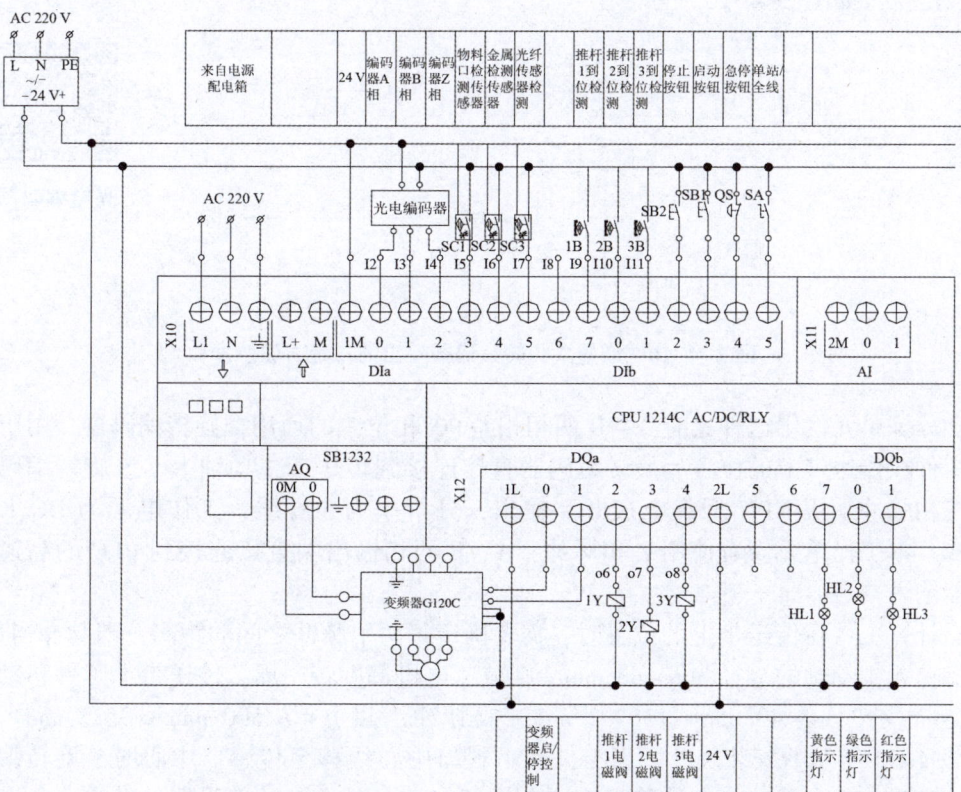

图 2-4-8　分拣单元 PLC 的 I/O 接线原理图

（四）旋转编码器

旋转编码器是通过光电转换将输出轴上的机械、几何位移量转换成脉冲或数字信号的传感器，主要用于速度或位置（角度）的检测。典型的旋转编码器由光栅盘和光电检测装置组成。光栅盘是在一定直径的圆板上等分地开通若干长方形狭缝。由于光电码盘与电动机同轴，电动机旋转时，光栅盘与电动机同速旋转，经发光二极管等电子元件组成的检测装置检测输出若干脉冲信号，其原理示意如图 2-4-9 所示。通过计算每秒旋转编码器输出脉冲的个数可以反映当前电动机的转速。

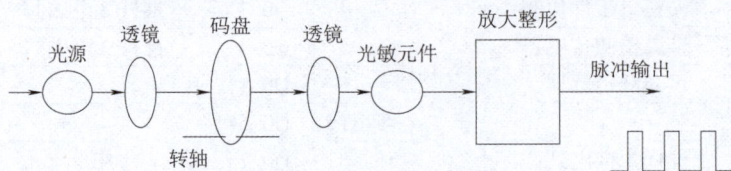

图 2-4-9　旋转编码器原理示意

一般来说，根据旋转编码器产生脉冲的方式不同，可以将旋转编码器分为增量式、绝对式及复合式三大类。自动生产线上常采用的是增量式旋转编码器。

增量式旋转编码器直接利用光电转换原理输出三组方波脉冲 A 相、B 相和 Z 相。A 相、B 相两组脉冲相位差 90°，用于辨向：当 A 相脉冲超前 B 相时为正转方向，而当 B 相脉冲超前 A 相时则为反转方向。Z 相则是每转一个脉冲为 1 间距，用于基准点定位，如图 2-4-10 所示。

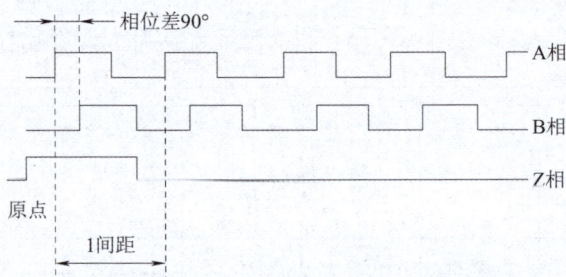

光电编码器

图 2-4-10　增量式旋转编码器输出的三组方波脉冲

分拣单元使用这种具有 A、B 两相相差 90°相位差的通用型旋转编码器，用于计算工件在传送带上的位置。旋转编码器直接连接到传送带主动轴上。该旋转编码器的三相脉冲采用 NPN 型集电极开路输出，分辨率为 500 线，工作电源为 DC 12～24 V。本工作单元没有使用 Z 相脉冲，A、B 两相输出端直接连接到 PLC 的高速计数器输入端。

计算工件在传送带上的位置时，需要确定每两个脉冲之间的距离，即脉冲当量。分拣单元主动轴的直径为 $d = 43$ mm，则减速电机每旋转一周，传送带上工件移动距离 $L = \pi d \approx 3.14 \times 43$ mm = 135.02 mm。故脉冲当量 $\mu = L/500$ mm ≈ 0.27 mm。按图 2-4-11 所示的安装尺寸，当工件从下料口中心线移至传感器中心时，旋转编码器约发出 435 个脉冲；工件移至第一个推杆中心点时，旋转编码器约发出 620 个脉冲；工件移至第二个推杆中心点时，旋转编码器约发出 974 个脉冲；工件移至第三个推杆中心点时，旋转编码器约发出 1 298 个脉冲。

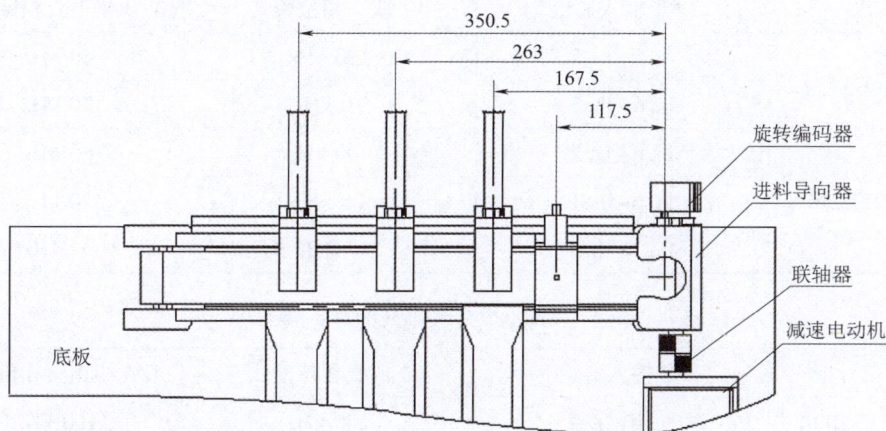

图 2-4-11　传送带位置计算用图

上述脉冲当量的计算只是理论上的推算。实际上，各种误差因素不可避免。例如，传送带主动轴直径（包括传送带厚度）的测量误差，传送带的安装偏差、张紧度，分拣单元整体在工作台面上的定位偏差等，都将影响理论计算值。因此，理论计算值只能作为估算值。脉冲当量的误差所引起的累积误差会随着工件在传送带上运动距离的增大而增大，甚至达到不可容忍的地步。因而在分拣单元安装及调试时，除了要仔细调整，尽量减小安装偏差外，还必须现场测试脉冲当量值。

（五）高速计数器应用

1. 高速计数器概述

S7-1200 V4.0 CPU 最多支持 6 个高速计数器，其独立于CPU 的扫描周期进行计数。CPU-1217C 可测量的脉冲频率最高为 1 MHz，其他型号的 S7-1200 V4.0 CPU 可测量的单相脉冲频率最高为 100 kHz，A/B 相最高为 80 kHz。使用信号板还可以测量单相脉冲频率高达 200 kHz 的信号，A/B 相最高为 160 kHz。S7-1200 V4.0 CPU 和信号板具有可组态的硬件输入地址，因此可测量的单相脉冲频率与高速计数器无关，而与所使用的CPU 和信号板的硬件输入地址有关。

CPU 集成点输入的最大频率见表 2-4-13，信号板输入的最大频率见表 2-4-14。

高速计数器在
分拣单元的应用

表 2-4-13　CPU 集成点输入的最大频率

CPU	CPU 输入通道	1 或 2 相位模式	A/B 相正交相位模式
1211C	Ia. 0 ~ Ia. 5	100 kHz	80 kHz
1212C	Ia. 0 ~ Ia. 5	100 kHz	80 kHz
	Ia. 6 ~ Ia. 7	30 kHz	20 kHz
1214C	Ia. 0 ~ Ia. 5	100 kHz	80 kHz
	Ia. 6 ~ Ib. 5	30 kHz	20 kHz

CPU	CPU 输入通道	1 或 2 相位模式	A/B 相正交相位模式
1215C	Ia. 0~Ia. 5	100 kHz	80 kHz
	Ia. 6~Ib. 5	30 kHz	20 kHz
1217C	Ia. 0~Ia. 5	100 kHz	80 kHz
	Ia. 6~Ib. 1	30 kHz	20 kHz
	Ib. 2~Ib. 5	1 MHz	1 MHz

表 2-4-14　信号板输入的最大频率

SB 信号板	SB 输入通道	1 或 2 相位模式	A/B 相正交相位模式
SB1221 200K	Ie. 0~Ie. 3	200 kHz	160 kHz
SB1223 200K	Ie. 0~Ie. 1	200 kHz	160 kHz
SB1223	Ie. 0~Ie. 1	30 kHz	20 kHz

（1）高速计数器工作模式。

S7-1200 V4. 0 CPU 高速计数器有 4 种工作模式。

① 单相计数器，外部方向控制。

② 单相计数器，内部方向控制。

③ 双相增/减计数器，双脉冲输入。

④ A/B 相正交脉冲输入。

每种高速计数器有 2 种工作状态。

① 外部复位，无启动输入。

② 内部复位，无启动输入。

（2）高速计数器寻址。

CPU 将每个高速计数器的测量值，存储在输入过程映像区内，存储的数据类型为 32 位双整型有符号数，用户可以在设备组态中修改这些存储地址，在程序中可以直接访问这些地址。但由于该过程映像区受扫描周期影响，通过该方式读取到的值并不是当前时刻的实际值。在一个扫描周期内，此数值不会发生变化，但计数器中的实际值有可能会在一个周期内变化，而用户无法读取到此变化。但是，用户可以通过读取外设地址的方式，读取到当前时刻的实际值。以默认地址 ID1000 为例，其外设地址为 ID1000：P。表 2-4-15 为高速计数器寻址列表。

表 2-4-15　高速计数器寻址列表

高速计数器号	数据类型	默认地址
HSC1	DINT	ID1000
HSC2	DINT	ID1004
HSC3	DINT	ID1008
HSC4	DINT	ID1012

高速计数器号	数据类型	默认地址
HSC5	DINT	ID1016
HSC6	DINT	ID1020

（3）高速计数器参数。

高速计数器指令块，需要用指定的背景数据块来存储参数，如图2-4-12所示。

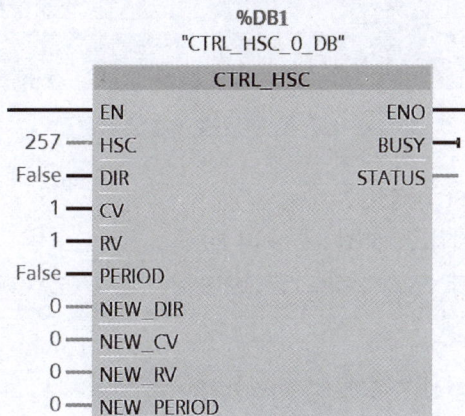

%DB1
"CTRL_HSC_0_DB"

```
              CTRL_HSC
        ──┤ EN              ENO ├──
    257 ──┤ HSC            BUSY ├──
  False ──┤ DIR          STATUS ├──
      1 ──┤ CV
      1 ──┤ RV
  False ──┤ PERIOD
      0 ──┤ NEW_DIR
      0 ──┤ NEW_CV
      0 ──┤ NEW_RV
      0 ──┤ NEW_PERIOD
```

图 2-4-12　高速计数器指令块

高速计数器参数说明见表2-4-16。

表 2-4-16　高速计数器参数说明

参数	说明
HSC（HW_HSC）	高速计数器硬件识别号
DIR（BOOL）TRUE	使能新方向
CV（BOOL）TRUE	使能新起始值
RV（BOOL）TRUE	使能新参考值
PERIOD（BOOL）TRUE	使能新频率测量周期
NEW_DIR（INT）	方向选择1表示正向；选择−1表示反向
NEW_CV（DINT）	新起始值
NEW_RV（DINT）	新参考值
NEW_PERIOD（INT）	新频率测量周期

2. 高速计数器编程

（1）数字量输入滤波器更改。

数字量输入滤波器更改，如图2-4-13所示。

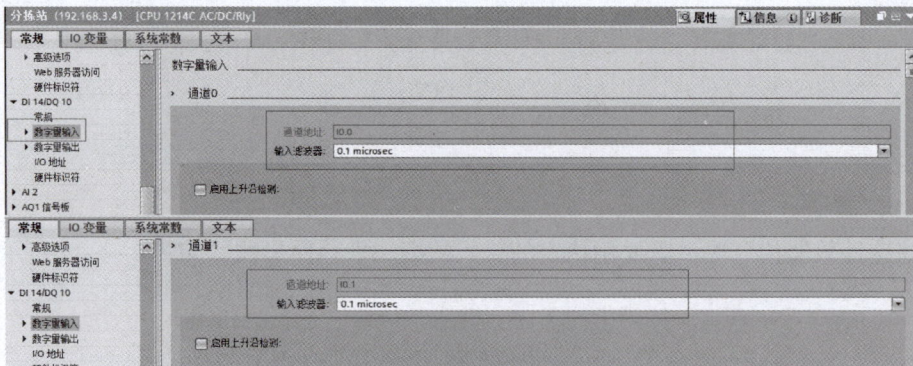

图 2-4-13　数字量输入滤波器更改

（2）高速计数器 HSC1 启用。

高速计数器 HSC1 启用，如图 2-4-14 所示。

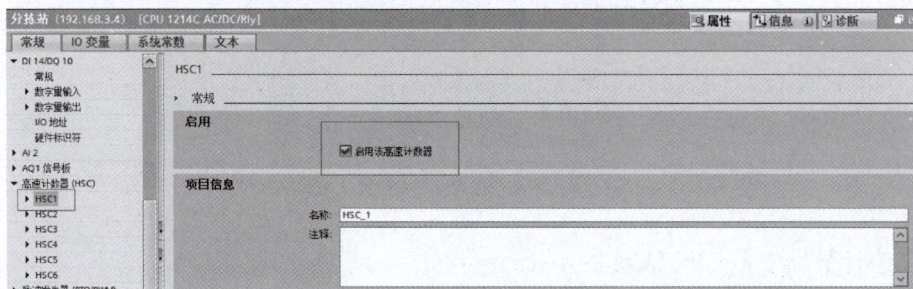

图 2-4-14　高速计数器 HSC1 启用

（3）HSC1"功能"设置。

HSC1"功能"设置，如图 2-4-15 所示。

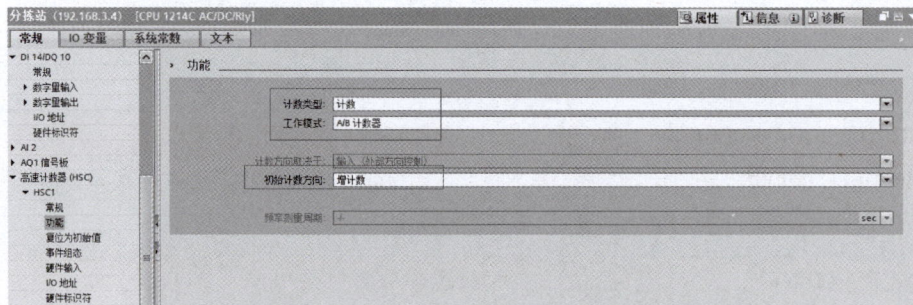

图 2-4-15　HSC1"功能"设置

（4）HSC1"复位为初始值"设置。

HSC1"复位为初始值"设置，如图 2-4-16 所示。

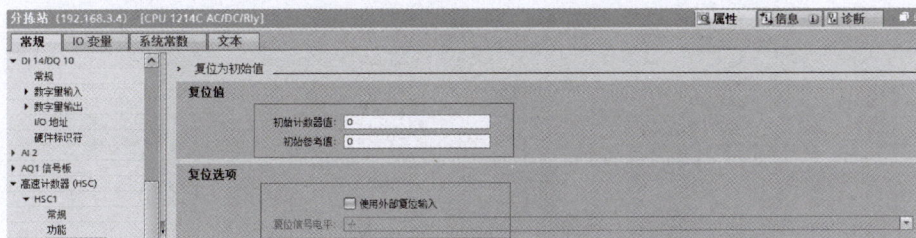

图 2-4-16　HSC1"复位为初始值"设置

（5）HSC1"硬件输入"设置。

HSC1"硬件输入"设置，如图 2-4-17 所示。

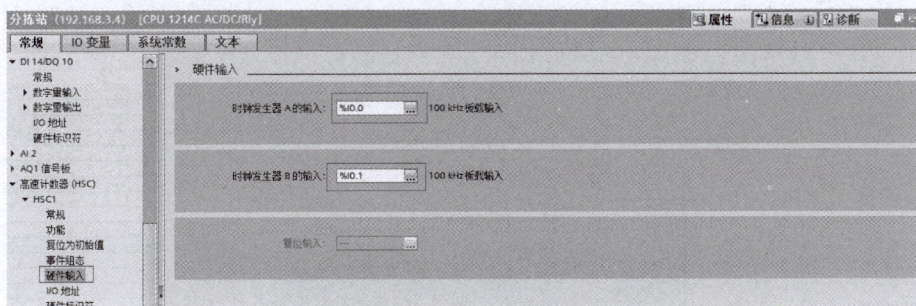

图 2-4-17　HSC1"硬件输入"设置

（6）HSC1"I/O 地址"设置。

HSC1"I/O 地址"设置，如图 2-4-18 所示。

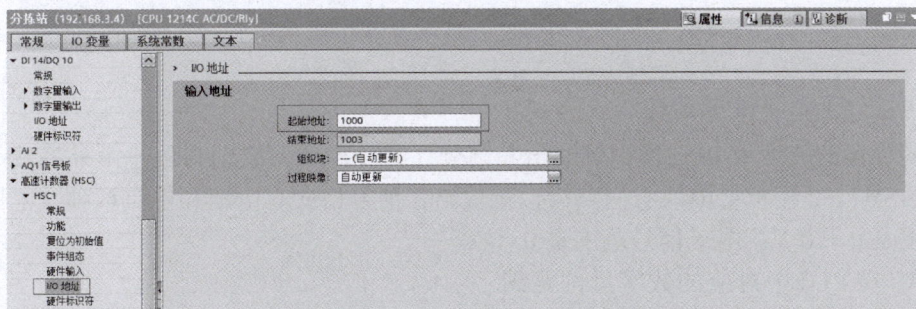

图 2-4-18　HSC1"I/O 地址"设置

（7）HSC1"硬件标识符"设置。

HSC1"硬件标识符"设置（硬件标识符为 257，应将指令输入的 HSC 值从 1 改为 257），如图 2-4-19 所示。

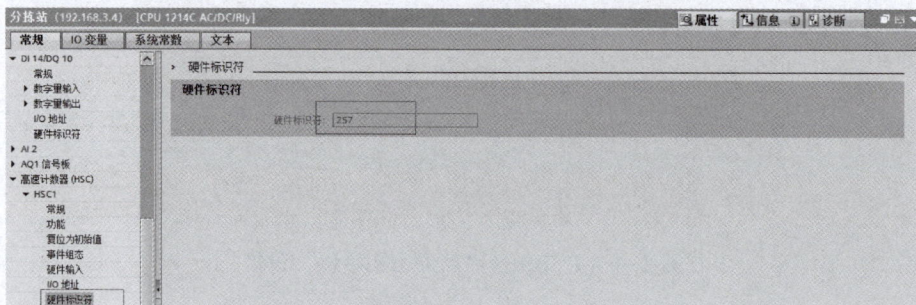

图 2-4-19 HSC1 "硬件标识符" 设置

（8）指令块参数更改。

指令块参数更改，如图 2-4-20 所示。

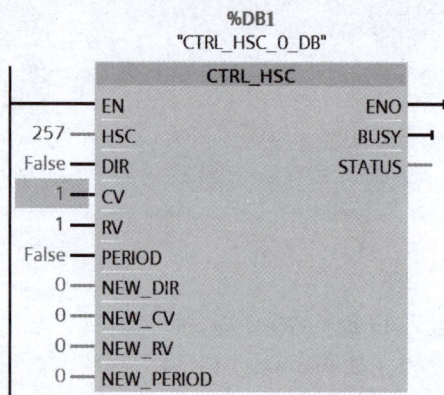

变频器模拟量控制

图 2-4-20 指令块参数更改

（六）变频器模拟量控制

变频器的速度由 PLC 模拟量输出来调节（0~10 V），启动与停止由外部端子来控制。SM1232 模拟量模块有两路模拟量输出，信号格式有电压和电流两种。电压信号范围是 0~10 V，电流信号范围是 0~20 mA，在 PLC 中对应的数字量都是满量程 0~27 648，这里采用电压信号。如何把触摸屏给定的频率转化为模拟量输出？

变频器频率和 PLC 模拟量输出电压成正比关系，模拟量输出是数字量通过 D/A 转换器转换而来的，模拟量和数字量也成正比关系，因此，频率和数字量成正比关系，如图 2-4-21 所示。只要把"触摸屏给定的频率×553"作为模拟输出即可。该部分程序如图 2-4-22 所示。

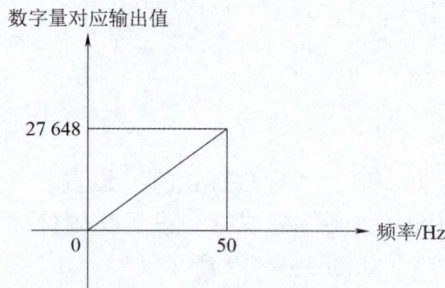

图 2-4-21 频率和数字量关系

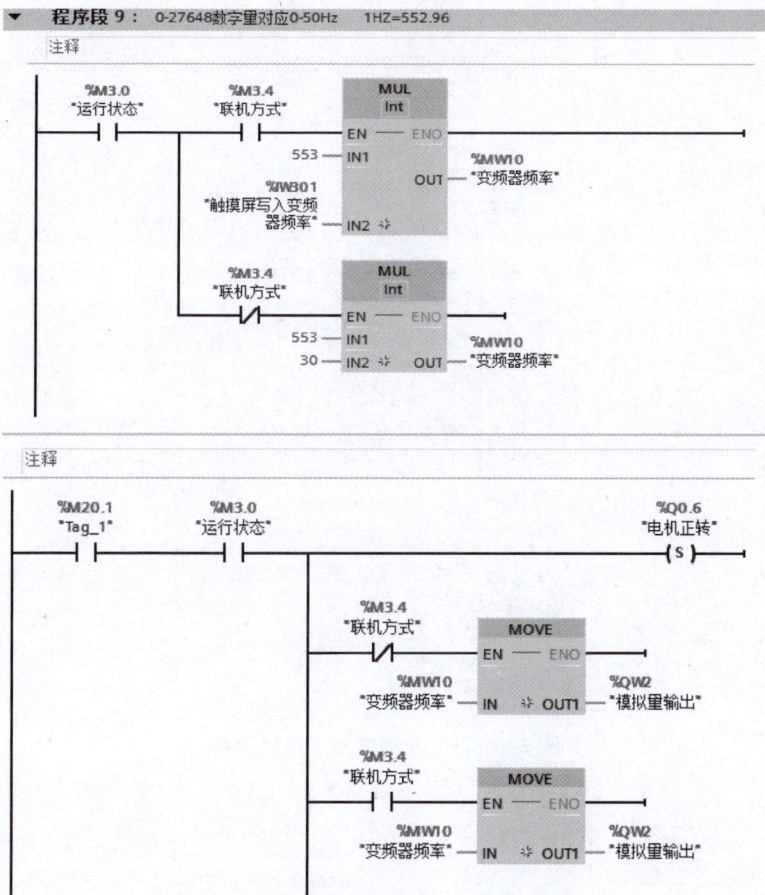

图 2-4-22 模拟量输出处理程序

注意：模拟量的地址可以在设备组态中的常规属性里进行自定义分配。

（七）分拣单元单站控制的编程思路

（1）分拣单元的主要工作过程是分拣控制，可以编写一个子程序供主程序调用，工作状态显示的要求比较简单，可以直接在主程序中编写，也可以写一个子程序供主程序调用。

分拣单元 PLC
程序设计

（2）分拣单元主程序的流程与供料单元、加工单元等单元的是类似的。分拣单元主程序流程如图 2-4-23 所示。

（3）分拣控制子程序也是一个步进顺控程序，分拣控制子程序流程如图 2-4-24 所示，编程思路如下：

①当检测到待分拣工件下料到进料口后，调用 CTRL_HSC，以固定频率启动变频器驱动电动机运转。

②当工件经过安装传感器支架上的光纤探头和电感式传感器时，根据 2 个传感器动作与否，判别工件的属性，决定程序的流向。HSC1 当前值与传感器位置值的比较可以采用触点比较指令实现。

③根据工件属性和分拣任务要求，在相应的推料气缸位置把工件推出。推料气缸返回后，步进顺序控制子程序返回初始步。

分拣控制
主程序

│ 通电

初态检查

│ 推杆1、2、3均处于复位状态

准备就绪

│ 单机状态、停止状态且启动

运行状态 ──────── 调用分拣
控制子程序

│ 停止信号且完成一个周期

停止状态

│ 1

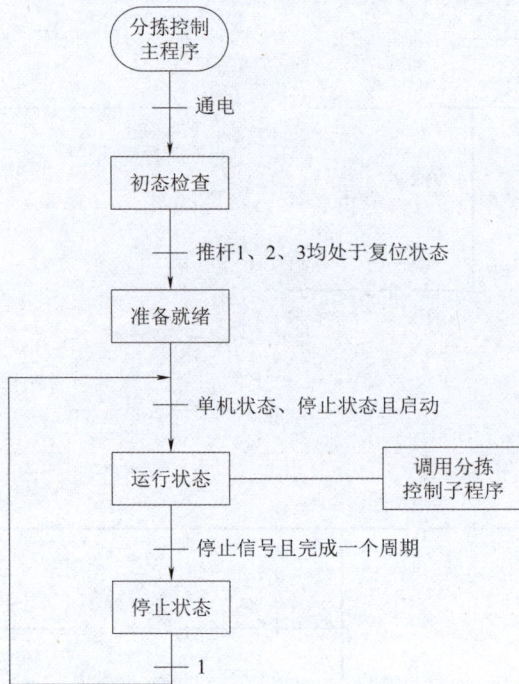

图 2-4-23　分拣单元主程序流程

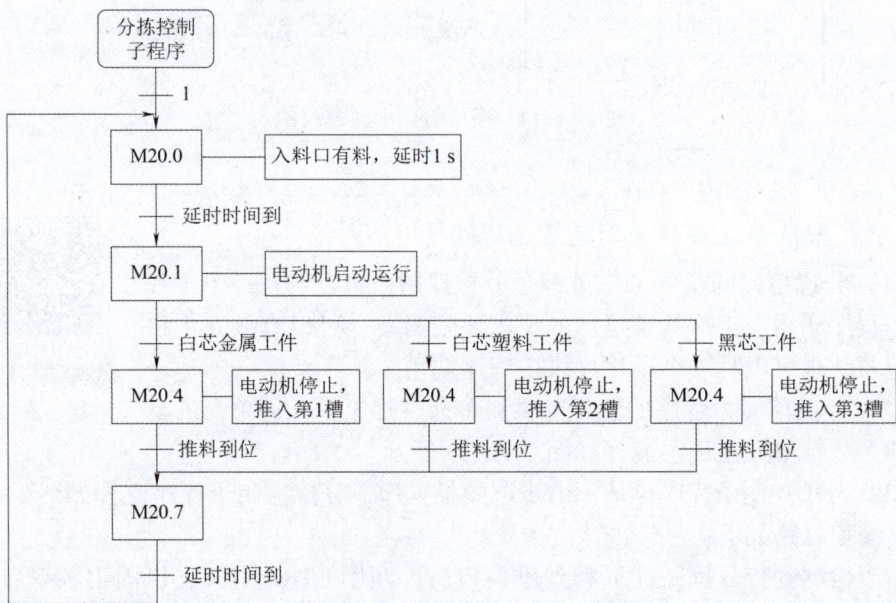

分拣控制
子程序

│ 1

M20.0 ──── 入料口有料，延时1 s

│ 延时时间到

M20.1 ──── 电动机启动运行

│ 白芯金属工件　　　│ 白芯塑料工件　　　│ 黑芯工件

M20.4 ── 电动机停止，　　M20.4 ── 电动机停止，　　M20.4 ── 电动机停止，
推入第1槽　　　　　　　推入第2槽　　　　　　　推入第3槽

│ 推料到位　　　　│ 推料到位　　　　│ 推料到位

M20.7

│ 延时时间到

图 2-4-24　分拣控制子程序流程

任务五　输送单元装配与设计调试

一、学习目标

学习完本任务后，能够根据图纸独立完成输送单元机械安装，按照电气接线图完成设备电气接线与调试，按要求完成人机界面组态，通过编程调试最终达到设备工艺控制要求。

知识目标

（1）掌握伺服驱动器的基本原理，并能够完成伺服驱动器的安装与接线，能够正确进行参数设置。

认识输送单元

（2）掌握运动控制轴组态，并能够使用相应指令控制伺服电动机动作。

（3）掌握顺序控制程序的设计和调试方法。

技能目标

（1）能够使用伺服驱动器进行伺服电动机的控制。

（2）能够设置伺服驱动器的参数。

（3）能够在规定时间内完成输送单元的安装和调整，并能够解决安装与运行过程中出现的常见问题。

（4）根据I/O分配表及端子接线表绘制输送单元电气原理图、电气接线图。

（5）能够在线调试程序并分析、解决问题。

（6）能够用程序处理传感器故障问题。

素质目标

（1）培养通过网络平台和图书馆查阅自动化生产线相关资料的能力。

（2）培养精益求精的工匠精神。

（3）培养集体意识和团队合作精神。

（4）培养专业技术规范意识、标准意识。

二、任务描述

本任务完成自动化生产线输送单元的安装与功能调试。输送单元是 YL-1633B 型自动化生产线中最为重要同时也是承担任务最为繁重的工作单元，该单元按照工艺要求完成驱动抓取机械手装置精确定位到指定单元的物料台，在物料台上抓取工件，把抓取到的工件输送到指定地点后放下的功能。

三、任务要求

（一）工艺流程

输送单元由抓取机械手装置、直线运动传动组件、拖链装置、PLC 模块、接线端口及按钮/指示灯模块等部件组成。图 2-5-1 所示为安装在工作台面上的输送单元装置侧部分。

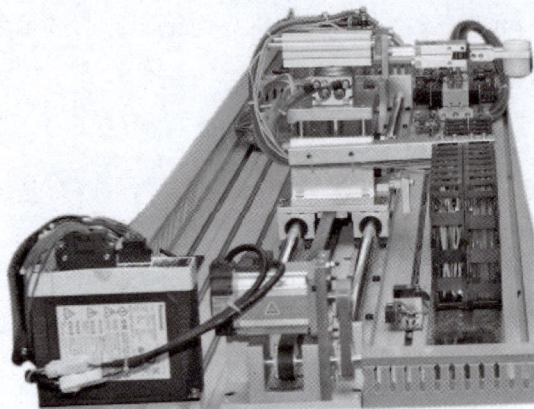

图 2-5-1　输送单元装置侧部分

1. 抓取机械手装置

抓取机械手装置是一个能实现三自由度运动（即升降，伸缩，气动手指夹紧、松开和沿垂直轴旋转的四维运动）的工作单元。该装置整体安装在直线运动传动组件的滑动溜板上，在传动组件带动下整体做直线往复运动，在定位到其他各工作单元的物料台后完成抓取和放下工件的功能。图 2-5-2 所示为抓取机械手装置。

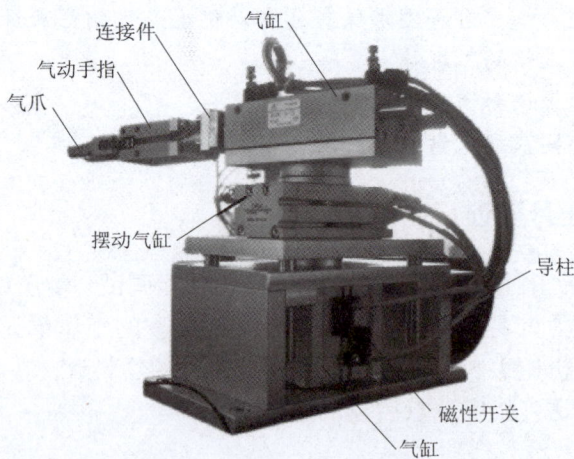

图 2-5-2　抓取机械手装置

抓取机械手装置的具体构成如下：

（1）气动手爪。

气动手爪用于在各个工作站物料台上抓取/放下工件，由一个二位五通双电控电磁阀控制。

（2）伸缩气缸。

伸缩气缸用于驱动手臂伸出与缩回，由一个二位五通单电控电磁阀控制。

（3）回转气缸。

回转气缸用于驱动手臂正反向90°旋转，由一个二位五通单电控电磁阀控制。

（4）提升气缸。

提升气缸用于驱动整个抓取机械手提升与下降，由一个二位五通单电控电磁阀控制。

2. 直线运动传动组件

直线运动传动组件用以拖动抓取机械手装置做往复直线运动，完成精确定位的功能。图2-5-3给出了该组件的俯视图。

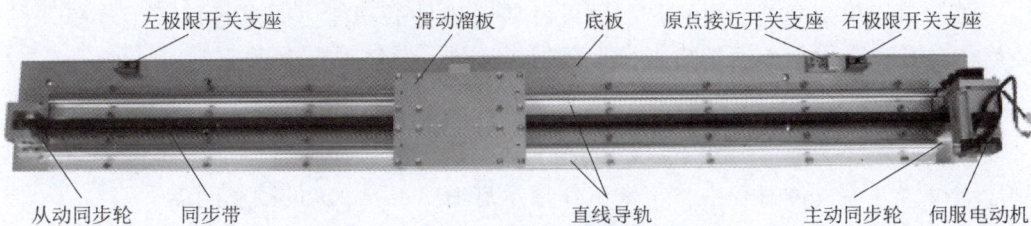

图2-5-3　直线运动传动组件俯视图

图2-5-4给出了直线运动传动组件和抓取机械手装置组合。

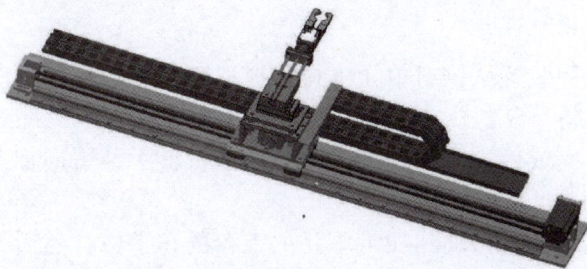

图2-5-4　直线运动传动组件和抓取机械手装置

传动组件由直线导轨底板、伺服电动机与伺服放大器、同步轮、同步带、直线导轨、滑动溜板、拖链，以及原点接近开关、左极限开关、右极限开关组成。

伺服电动机由伺服电动机放大器驱动，通过同步轮和同步带带动滑动溜板沿直线导轨做往复直线运动，从而带动固定在滑动溜板上的抓取机械手装置做往复直线运动。同步轮齿距为5 mm，共12个齿，即同步轮旋转一周，抓取机械手位移60 mm。

抓取机械手装置上所有气管和导线沿拖链敷设，进入线槽后分别连接到电磁阀组和接线端口上。

原点接近开关和左、右极限开关安装在直线导轨底板上。图2-5-5所示为原点接近开关和右极限开关。

原点接近开关
原点接近开关支座

右极限开关支座
右极限开关
直线运动传动组件底板

图 2-5-5　原点接近开关和右极限开关

原点接近开关是一个无触点的电感式接近传感器，用来提供直线运动的起始点信号。

左、右极限开关均是有触点的微动开关，用来提供越程故障时的保护信号：当滑动溜板在运动中越过左极限或右极限位置时，极限开关会动作，从而向系统发出越程故障信号。

（二）输送单元单站运行工作要求

输送单元单站运行的目标是测试设备传送工件的功能。要求其他各工作单元已经就位，并且在供料单元的出料台上放置了工件。具体测试要求如下：

1. 复位操作与设备启动

在输送单元通电后，按下复位按钮 SB1，执行复位操作，使抓取机械手装置回到原点位置。在复位过程中，正常工作指示灯 HL1 以 1 Hz 的频率闪烁。

当抓取机械手装置回到原点位置，且输送单元各个气缸满足初始位置的要求时，复位完成，正常工作指示灯 HL1 常亮。按下启动按钮 SB2，设备启动，设备运行指示灯 HL2 也常亮，开始功能测试过程。

2. 正常运行的功能测试

（1）抓取机械手装置从供料单元出料台抓取工件，抓取的顺序是手臂伸出→手爪夹紧抓取工件→提升台上升→手臂缩回。

（2）抓取动作完成后，伺服电动机驱动抓取机械手装置向加工单元移动，移动速度不小于 300 mm/s。

（3）抓取机械手装置移动到加工单元加工台的正前方，然后把工件放到加工单元加工台上。

抓取机械手装置在加工单元放下工件的顺序是手臂伸出→提升台下降→手爪松开放下工件→手臂缩回。

（4）放下工件动作完成 2 s 后，抓取机械手装置执行抓取加工单元工件的操作。抓取的顺序与供料单元抓取工件的顺序相同。

（5）抓取动作完成后，伺服电动机驱动抓取机械手装置移动到装配单元物料台的正前方，然后抓取机械手装置把工件放到装配单元物料台上。其动作顺序与加工单元放下工件的顺序相同。

（6）放下工件动作完成 2 s 后，抓取机械手装置执行抓取装配单元工件的操作。抓取的顺序与供料单元抓取工件的顺序相同。

（7）抓取机械手装置手臂缩回后，摆动气缸逆时针旋转 90°，伺服电动机驱动抓取机械手装置从装配单元向分拣站运送工件，到达分拣单元传送带上方入料口后把工件放下，动作顺序与加工单元放下工件的顺序相同。

（8）放下工件动作完成后，抓取机械手装置手臂缩回，然后执行返回原点的操作。伺服电动机驱动抓取机械手装置以 400 mm/s 的速度返回，返回 900 mm 后，摆动气缸顺时针旋转 90°，然后抓取机械手装置以 100 mm/s 的速度低速返回原点停止。

当抓取机械手装置返回原点后，一个测试周期结束。当供料单元的出料台上放置了工件时，再按一次启动按钮 SB2，开始新一轮的测试。

3. 非正常运行的功能测试

若在工作过程中按下急停按钮 QS，则系统立即停止运行。在急停复位后，应从急停前的断点开始继续运行。但是若急停按钮按下时，输送单元抓取机械手装置正在向某一目标点移动，则急停复位后输送单元抓取机械手装置应首先返回原点位置，再向原目标点运动。

在急停状态时，绿色指示灯 HL2 以 1 Hz 的频率闪烁，直到急停复位后恢复正常运行时，HL2 恢复常亮。

（三）需要完成的任务

（1）完成输送单元各部分机械结构安装。

（2）根据端子分配参考电气接线原理图进行检查，检查确认后完成接线。

（3）PLC、各种传感器已完成选型，需要根据要求正确完成接线。

（4）完成 PLC 软件编程，实现项目功能。

（5）完成触摸屏画面及网络联调。

引导问题 1：输送单元主要由哪几部分组成？

引导问题 2：输送单元各部分的作用是什么？

引导问题 3：输送单元运动控制轴组态，如何使用相应指令控制伺服电动机动作？

引导问题 4：如何进行伺服电动机及驱动器的设置与操作？

💡 引导问题 5：输送单元气动回路连接的安装步骤及注意事项有哪些？

_____

_____

💡 引导问题 6：输送单元电气元件的安装、接线步骤及注意事项有哪些？

_____

_____

💡 引导问题 7：输送单元机械结构组装的安装步骤及注意事项有哪些？

_____

_____

💡 引导问题 8：完成输送单元任务，需要用到哪些学过的课程内容？

_____

_____

四、过程记录

（一）任务分组及计划

班级学生分组，3~5 人为一组，明确每组的人员和任务分工。学生任务分组表见表 2-5-1。

表 2-5-1　学生任务分组表

任务			班级	
指导老师			组号	
成员	角色	任务分工		备注
		组织输送单元项目研讨		
		输送单元电气接线（装置侧、PLC 侧）		
		输送单元主回路和控制回路接线及参数设置		
		设备电气检查		
		输送单元 PLC 编程及运动控制指令运用		
		工业组态编程		
		资料汇总及记录		

（二）任务实施及检查验收

按照任务要求和获取的信息，确定最终达到的功能与工艺要求，商定任务完成的内容与形式，制定任务实施步骤、检查调试等工作内容和步骤，完成输送单元相关工作清单（表 2-5-2~表 2-5-5）。

表 2-5-2　输送单元机械安装任务工作清单

班级		小组		时间		地点	
小组成员							
工具及耗材							
知识准备							
项目	知识学习						
输送单元的基本结构							
直线导轨	(1) 分类：_____。 (2) 特点：_____。 (3) 应用：_____						
抓取机械手	(1) 分类：_____。 (2) 特点：_____。 (3) 应用：_____						
传感器	(1) 类型：_____。 (2) 作用：_____。 (3) 接线方法：_____。 (4) 注意事项：_____						
伺服电动机	(1) 作用：_____。 (2) 特点：_____。 (3) 优点：_____						
其他							
安装过程及记录							
安装步骤	用时	返工次数	返工原因及解决方法				
直线导轨							
抓取机械手							
伺服电动机							
整体组装							
传感器							
电磁阀							

安装过程中的注意事项		

调试过程		
调试内容	是/否	原因及解决方法
直线导轨是否平行		
传送带转动是否正常		
直线导轨的运行是否顺畅		
气缸推出是否顺利		
气路是否能正常换向		
调试过程中遇到的其他问题		

总　结

（要求：含知识收获、实践收获、心得体会）

考核评价

项目	分值	评分标准	得分
知识准备	20分	（1）记录工整。 （2）内容正确，表述简明，条理清楚。 （3）小组成员协商完成	
职业素养	20分	（1）穿着工装，佩戴安全帽，穿戴整齐。 （2）整个实践操作过程，时刻注意安全检查，严格遵守安全操作规程。 （3）态度端正，认真负责，小组成员合作默契。 （4）工具使用正确合理，操作规范。 （5）机械安装过程中设备、工具、耗材无乱放，无脚踩线等现象。 （6）任务完成，按规定位置归还摆放工具，进行工作台及周围环境整理清扫	

学习笔记

项目	分值	评分标准	得分
安装过程	40分	（1）安装过程中返工1次扣3分。 （2）安装完成不出现螺钉剩余或缺失，每次发现多或少1个螺钉扣1分。 （3）安装牢固，手摇无晃动现象。 （4）直线导轨不平行，运行不顺畅，酌情扣分，最多扣5分。 （5）气缸推出不顺利，气路不能正常换向，酌情扣分，最多扣5分。 （6）传感器位置安装不合理、不正确，每处扣2分，扣完为止	
注意事项	5分	（1）内容正确，记录工整。 （2）思路清晰，表述简明，条理清楚。 （3）小组成员协商完成	
调试过程	10分	（1）记录完整。 （2）内容正确，表述简明，条理清楚。 （3）小组成员协商完成	
总结	5分	（1）内容完整，思路清晰，表述简明，条理清楚。 （2）小组成员协商完成	
合　计			

表 2-5-3　输送单元气路连接任务工作清单

班级		小组		时间		地点	
小组成员							
工具及耗材							
知识准备							
项目	知识学习						
单电控 电磁阀	（1）单电控电磁阀工作原理：_____。 （2）单电控电磁阀作用：_____。 （3）缩回限位对应_____。 （4）伸出限位对应_____。						
双电控 电磁阀	（1）双电控电磁阀作用：_____。 （2）缩回限位对应_____。 （3）伸出限位对应_____。 （4）摆动气缸由_____来控制。 （5）单电控电磁阀和双电控电磁阀之间有什么区别？						

项目	知识学习
双作用单出杆气缸	（1）双作用直线气缸的作用。 （2）在输送单元中提升气缸的运动速度用单向节流阀来实现，请描述其实际工作过程。
双作用双出杆气缸	（1）双杆气缸作用：_____。 （2）缩回限位对应_____。 （3）伸出限位对应_____
气动控制回路	下图是输送单元的气动控制回路，请描述其工作过程。 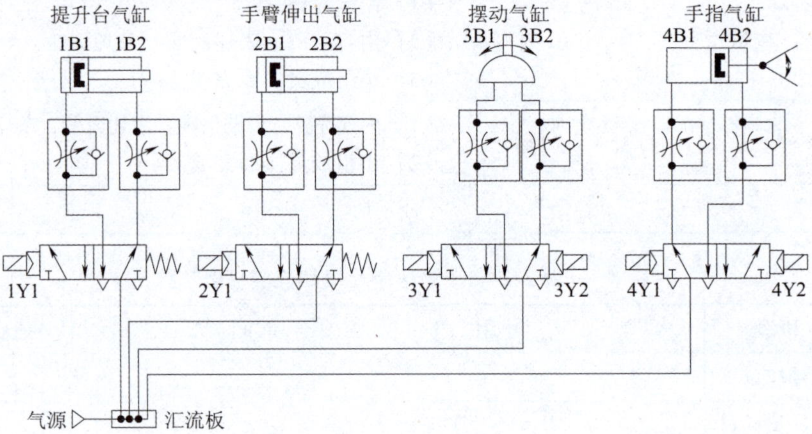 提升台气缸 1B1 1B2　　手臂伸出气缸 2B1 2B2　　摆动气缸 3B1 3B2　　手指气缸 4B1 4B2 1Y1　　2Y1　　3Y1 3Y2　　4Y1 4Y2 气源▷　汇流板

调试步骤

序号	调试内容	是/否	原因及解决方法
1	气泵是否上电		
2	气压表显示压力值是否正确		
3	气管是否漏气		
4	提升台气缸伸出是否顺畅		
5	手臂伸出气缸缩回是否顺畅		
6	摆动气缸伸出是否顺畅		
7	手指气缸伸出是否顺畅		
8	气缸动作是否符合控制要求		
9	调试过程中遇到的其他问题		

表 2-5-4　输送单元电气接线任务工作清单

班级		小组		完成时间	
小组成员					
工具及耗材					
前期准备					
（1）是否绘制 I/O 分配表？（　　　） （2）是否绘制 I/O 接线图？（　　　）					
接线过程					
装置侧电气接线	（1）装置侧三层接线端子排具体分布。 （2）电源接线正确。 （3）磁性开关和金属接近开关接线正确。 （4）电磁阀连接正确。 （5）按照 I/O 分配表正确连接输送单元的输入与输出				
PLC 侧电气接线	（1）PLC 侧两层接线端子排具体分布。 （2）电源接线正确。 （3）PLC 输入/输出端子接线正确。 （4）PLC 与按钮/指示灯模块接线正确。 （5）按照 I/O 分配表正确连接输送单元的输入与输出				
伺服电动机与伺服驱动器接线	（1）伺服电动机端子接线正确。 （2）伺服驱动器端子接线正确。 （3）伺服驱动器与 PLC 接线正确				
上电检查					
（1）安全检查（供电电源、PLC 电源是否正确）。 （2）传感器信号检测。 原点（　　　）　　　伸出到位（　　　）　　　缩回到位（　　　） 左限位（　　　）　　　右限位（　　　）					
出现的问题及解决方法					

表 2-5-5　输送单元编程任务工作清单

班级		小组		时间	
小组成员					
工具及耗材					

前期准备

(1) 控制要求：_____。

(2) 动作过程：_____。

(3) 流程图：_____。

(4) I/O 分配表：_____

理论知识

(1) 了解 S7-1200 PLC 的运动控制功能。

(2) 了解 S7-1200 PLC 的运动控制指令。

任务实施

安全检查					

	步骤	运行情况	发现问题	产生原因	解决方法
编程调试					

总结

考核评价			
项目	分值	评分标准	得分
前期准备	20 分	(1) 控制要求合理。 (2) 动作过程明确。 (3) 流程图完成。 (4) I/O 分配表确定	
理论知识	12 分	理论知识完成情况，每题 6 分	
安全检查	20 分	(1) 供电电源正确。 (2) PLC 电源正确。 (3) 符合上电要求	
编程调试	40 分	(1) 步骤合理。 (2) 功能实现（根据任务要求）。 (3) 记录完整详细。 (4) 内容正确，表述简明，条理清楚。 (5) 小组成员协商完成	
总结	8 分	(1) 内容完整，思路清晰，表述简明，条理清楚。 (2) 小组成员协商完成	
合计			

按以下步骤实施输送单元工作过程：

（1）了解工艺过程，按照装配图纸完成输送单元机械安装，保证机械结构安装正确、牢固、符合规范。

（2）按照气动控制回路工作原理图完成气路连接。

（3）按照电气接线图完成输送单元电气接线。

（4）按照电气接线图完成线路检查与打点调试，保证电路接线正确规范，无短路。

（5）根据工艺流程编写 PLC 运行程序。

（6）根据人机界面控制要求，完成触摸屏显示与控制。

（7）做好机械安装、电气接线、编程调试、故障处理等全过程记录。

对输送单元任务完成情况按照验收标准进行检查验收和评价，包括机械设备安装、电气电路连接、电气线路检查、画面制作协调美观性检查、下载调试等，并记录验收问题及整改措施、完成时间。

💡引导问题 1：如何定义左右限位开关，其作用是什么？

_____

_____

💡引导问题 2：参照说明书，完成伺服控制器主回路及控制回路接线，在该过程中有哪些注意事项？

_____

💡 引导问题 3：使用运动控制指令如何确定不同位置？

_____

💡 引导问题 4：原点接近开关的作用是什么，如何确定原点接近开关？

_____

💡 引导问题 5：对照电路图，如何检查接线是否正确，在该过程中遇到了哪些计划中没有考虑到的问题，是如何解决的？

_____

💡 引导问题 6：检查电路无短路，送电后，打点输入信号指示灯是否显示正确？

_____

（三）评价反馈

各组展示任务完成情况，介绍任务的完成过程并提交阐述材料，进行学生自评、学生组内互评、教师评价，完成考核评价表。考核评价表见表 2-5-6。

表 2-5-6　考核评价表

评价项目	评价内容	分值	自评 20%	互评 20%	师评 60%	合计
职业素养（40分）	安全意识、责任意识、服从意识	10分				
	积极参加任务活动，按时完成工作清单	10分				
	团队合作、交流沟通能力	10分				
	劳动纪律	5分				
	现场 6S 标准	5分				
专业能力（60分）	专业资料检索能力	10分				
	制订计划能力	10分				
	操作符合规范	15分				
	工作效率	10分				
	任务验收质量	15分				

评价项目	评价内容	分值	自评 20%	互评 20%	师评 60%	合计
	合计	100 分				
创新能力 (加分 20 分)	创新性思维和行动	20 分				
	合计	120 分				
教师签名：	学生签名：					

💡 引导问题 1：在完成本次任务的过程中，印象最深的是哪件事？

_____

_____

💡 引导问题 2：输送单元各个站点定位精度是如何调整改进的？

_____

_____

五、知识链接

（一）气动控制回路

输送单元的抓取机械手装置上的所有气缸连接的气管沿拖链敷设，插接到电磁阀组上，其气动控制回路原理图如图 2-5-6 所示。

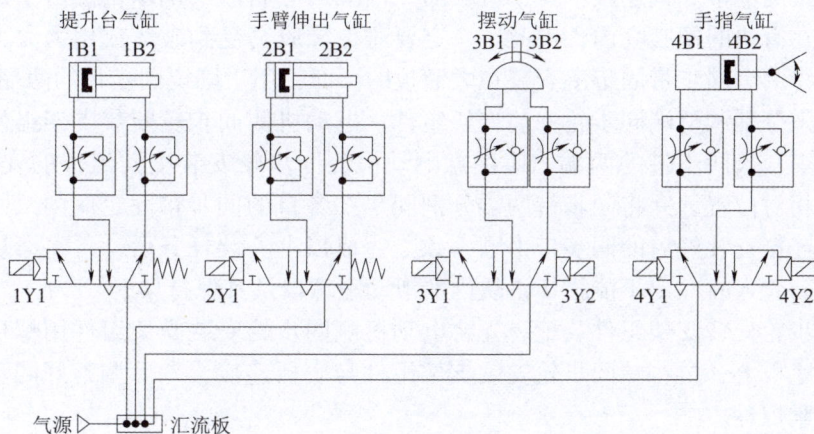

图 2-5-6　输送单元气动控制回路原理图

在气动控制回路中，驱动摆动气缸和气动手指气缸的电磁阀采用的是二位五通双电控电磁阀，其外形如图 2-5-7 所示。

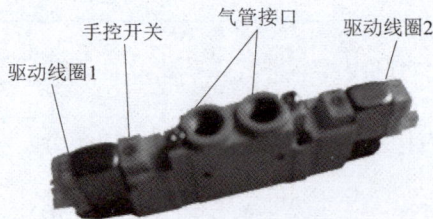

图 2-5-7　双电控电磁阀外形

双电控电磁阀与单电控电磁阀的区别：对于单电控电磁阀，在无电控信号时，阀芯在弹簧力的作用下会被复位；而对于双电控电磁阀，在两端都无电控信号时，阀芯的位置取决于前一个电控信号。

注意：双电控电磁阀的两个电控信号不能同时为 1，即在控制过程中不允许两个线圈同时得电；否则，可能会造成电磁线圈烧毁，在这种情况下阀芯的位置是不确定的。

（二）机械部分安装步骤和方法

为了提高安装的速度和准确性，对本单元的安装同样遵循先成组件，再进行总装的原则。

（1）组装直线运动组件的步骤。

①在底板上装配直线导轨。直线导轨是精密机械运动部件，其安装、调整都要遵循一定的方法和步骤，而且该单元中使用的导轨的长度较长，要快速准确地调整好两导轨的相互位置，使其运动平稳，受力均匀，运动噪声小。

②装配滑动溜板、4 个滑块组件。将大溜板与两直线导轨上的 4 个滑块的位置找准并进行固定，在拧紧固定螺栓时，应一边推动大溜板左右运动，一边拧紧螺栓，直到滑动顺畅为止。

③连接同步带。将连接了 4 个滑块的大溜板从导轨的一端取出。由于用于滚动的钢球嵌在滑块的橡胶套内，因此，一定要避免橡胶套受到破坏或用力太大致使钢球掉落。将两个同步带固定座安装在大溜板的反面，用于固定同步带的两端。

接下来分别调整端同步轮安装支架组件、电动机侧同步轮安装支架组件上的同步轮，将其套入同步带的两端，应注意电动机侧同步轮安装支架组件的安装方向、两组件的相对位置，并将同步带两端分别固定在各自的同步带固定座内，同时也要注意保持连接安装好后的同步带平顺一致。完成以上安装任务后，再将滑块套在柱形导轨上，套入时一定不能损坏滑块内的滑动滚珠以及其保持架。

④同步轮安装支架组件装配。先将电动机侧同步轮安装支架组件用螺栓固定在导轨安装底板上，再将端同步轮安装支架组件与底板连接，然后调整好同步带的张紧度，锁紧螺栓。

⑤伺服电动机安装。将电动机安装板固定在电动机侧同步轮支架组件的相应位置，并在主动轴、电机轴上分别套接同步轮，安装好同步带，调整电动机位置，锁紧连接螺栓。最后安装左右限位及原点传感器支架。

注意：在以上各构成零件中，轴承以及轴承座均为精密机械零部件，其拆卸及组装需要较熟练的技能和专用工具，因此，不可轻易对其进行拆卸或修配工作。

（2）组装机械手装置的步骤。

①提升机构组装如图2-5-8所示。

图2-5-8　提升机构组装

②把摆动气缸固定在组装好的提升机构上，然后在摆动气缸上固定导杆气缸安装板。安装时注意要先找好导杆气缸安装板与摆动气缸连接的原始位置，以便有足够的回转角度。

③连接气动手指和导杆气缸，然后把导杆气缸固定到导杆气缸安装板上，即可完成抓取机械手装置的装配。

④把抓取机械手装置固定到直线运动组件的大溜板上，如图2-5-9所示。最后检查摆动气缸上导杆气缸、气动手指组件的回转位置是否满足在其余各工作站上抓取和放下工件的要求，并进行适当的调整。

图2-5-9　装配完成的抓取机械手装置

（3）气路连接和电气配线敷设。

当抓取机械手装置做往复运动时，连接到机械手装置上的气管和电气连接线也随之运动。确保气管和电气连接线运动顺畅，不会在移动过程中拉伤或脱落是安装过程中重要的一环。

连接到抓取机械手装置上的管线首先绑扎在拖链安装支架上，然后沿拖链敷设，

学习笔记

进入管线线槽中。绑扎管线时要注意管线引出端到绑扎处保持足够长度，以免机构运动时被拉紧造成脱落。沿拖链敷设时注意管线间不要相互交叉。装配完成的输送单元装配侧结构如图 2-5-10 所示。

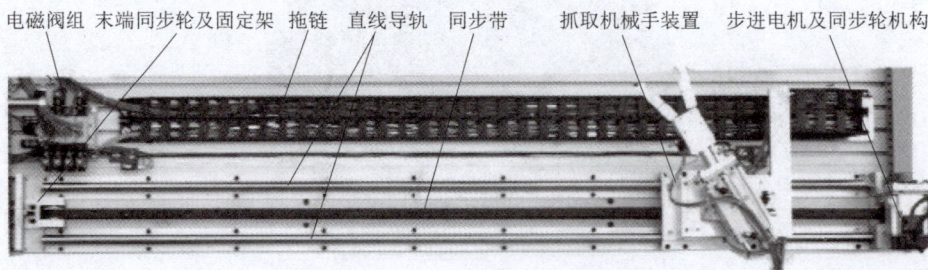

电磁阀组　末端同步轮及固定架　拖链　直线导轨　同步带　抓取机械手装置　步进电机及同步轮机构

图 2-5-10　装配完成的输送单元装配侧结构

（三）相关的知识点

1. S7-1200 PLC 的运动控制功能

S7-1200 有两个内置的 PTO/PWM 发生器，用以建立高速脉冲串输出（pulse train output，PTO）或 PWM 信号波形。一个发生器指定给数字输出点 Q0.0，另一个发生器指定给数字输出点 Q0.1。

输送单元
定位控制

当组态一个输出为 PTO 的操作时，生成一个 50%占空比脉冲串用于步进电动机或伺服电动机的速度和位置的开环控制。内置 PTO 功能提供了脉冲串输出，脉冲周期和数量可由用户控制，但方向和限位必须通过 PLC 内置的 I/O 进行控制。

（1）使用运动控制工艺对象。

下面给出一个简单工作任务例子，阐述使用工艺对象编程的方法和步骤。表 2-5-7 给出了这个例子中实现伺服电动机运行所需的位移。

表 2-5-7　伺服电动机运行的运动包络

运动包络	站点	位移	移动方向
1	供料站→加工站	290 mm	
2	供料站→装配站	775 mm	
3	供料站→分拣站	1 050 mm	
4	分拣站→供料站	0	

使用工艺对象编程的步骤如下：

①选择"工艺对象"→"插入新对象"选项，进入"新增对象"对话框，选择"运动控制"→"S7-1200 Motion Control"→"TO_PositioningAxis"选项并将名称改为"机械手运动控制工艺配置"，单击"确定"按钮完成，如图 2-5-11 所示。

图 2-5-11　选择"插入新对象"选项

②选择"基本参数"→"常规"选项，在"常规"选项卡中设置驱动器为 PTO（Pulse Train Output）单选按钮，"测量单位"为 mm，如图 2-5-12 所示。

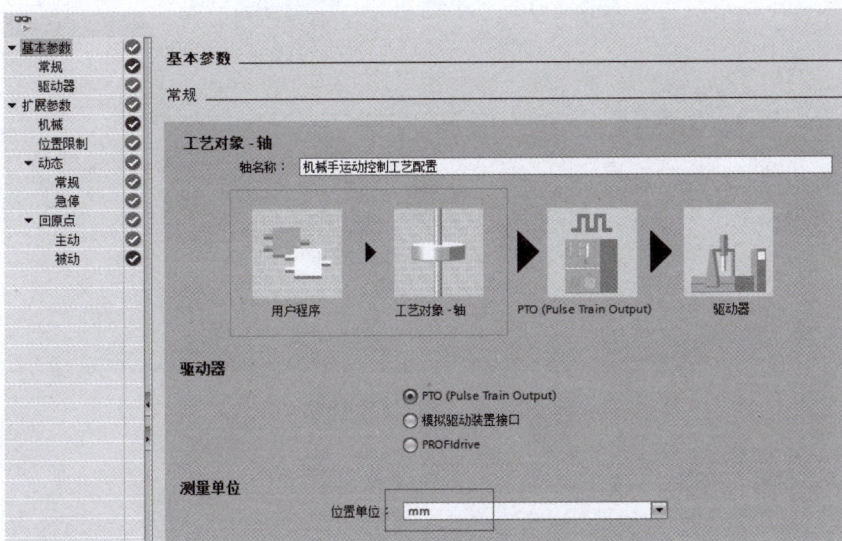

图 2-5-12　设置"测量单位"为 mm

③选择"基本参数"→"驱动器"选项，在"驱动器"选项卡的"硬件接口"选项组中设置脉冲发生器为 Pulse_1，对应的脉冲输出和方向输出分别为 Q0.0、Q0.1，如图 2-5-13 所示。

④选择"扩展参数"→"机械"选项，在"机械"选项卡中设置电动机每转的脉冲数及电动机每转的负载位移，如图 2-5-14 所示。

⑤选择"扩展参数"→"位置限制"选项，在"位置限制"选项卡中设置硬件限位开关，如图 2-5-15 所示。

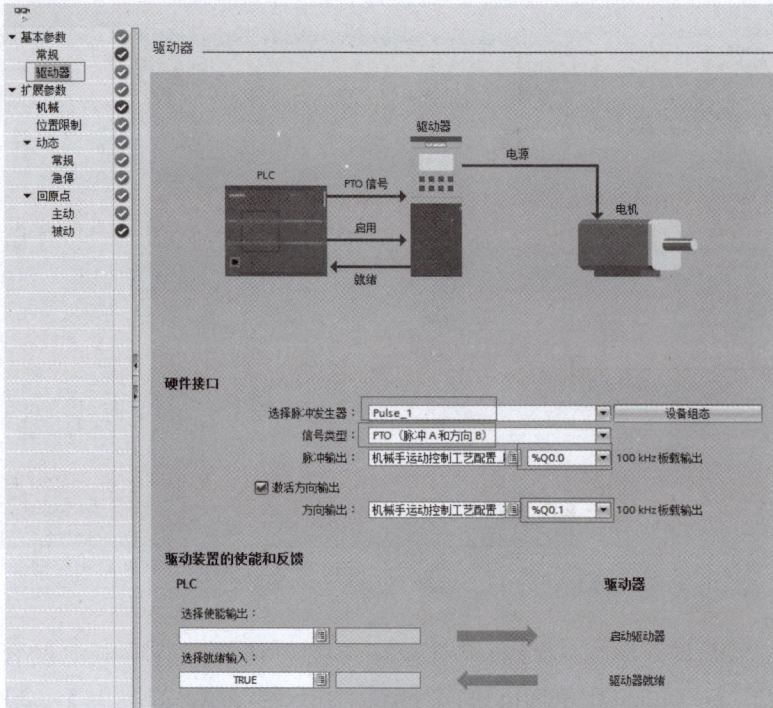

图 2-5-13 "硬件接口"选项组设置

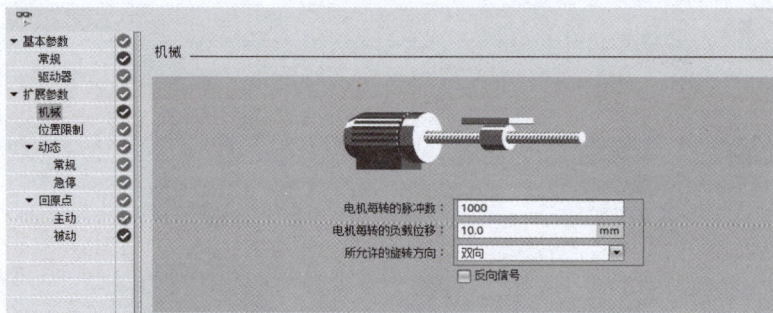

图 2-5-14 "机械"选项卡

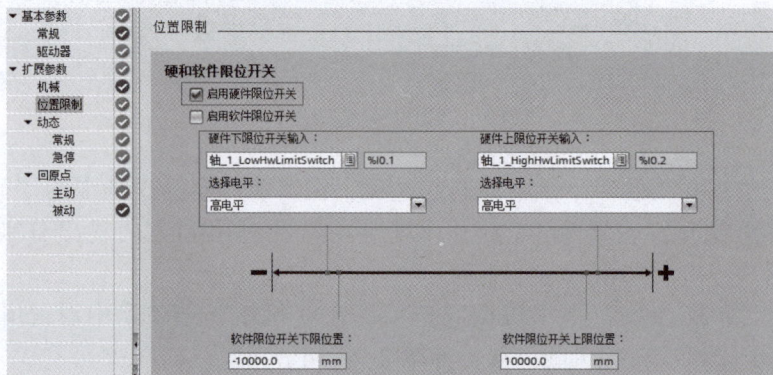

图 2-5-15 "位置限制"选项卡

⑥选择"扩展参数"→"动态"→"常规"选项，在"常规"选项卡中设置速度限值的单位，最大转速、启动/停止速度及加速度和减速度，如图2-5-16所示。

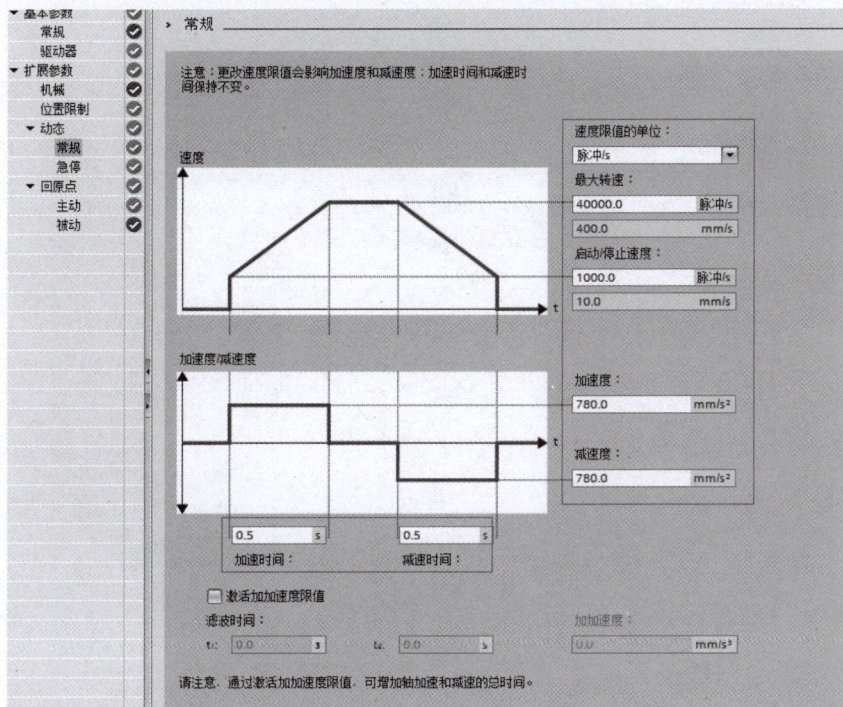

图2-5-16 "常规"选项卡

⑦选择"扩展参数"→"动态"→"急停"选项，在"急停"选项卡中设置急停减速时间和紧急减速度，如图2-5-17所示。

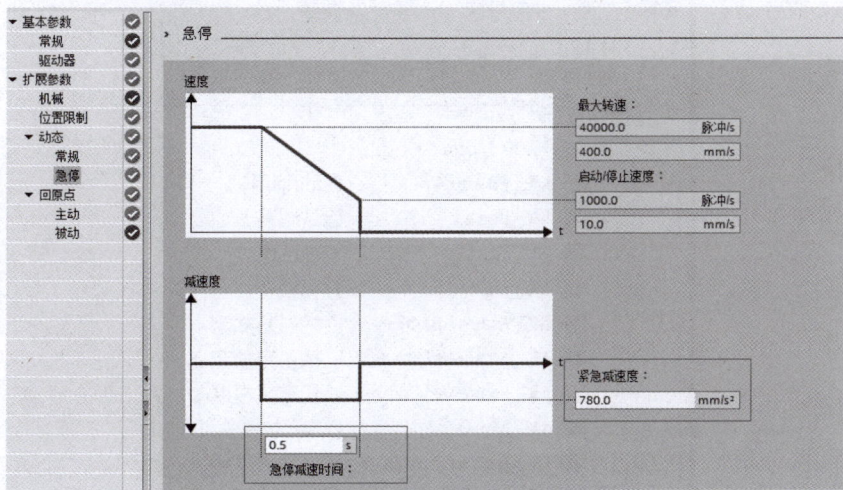

图2-5-17 "急停"选项卡

⑧选择"扩展参数"→"回原点"→"主动"选项，在"主动"选项卡中进行参数设置，参数包括输入原点开关、选择电平、允许硬限位开关处自动反转、逼

近/回原点方向、参考点开关一侧、逼近速度和回原点速度，如图 2-5-18 所示。

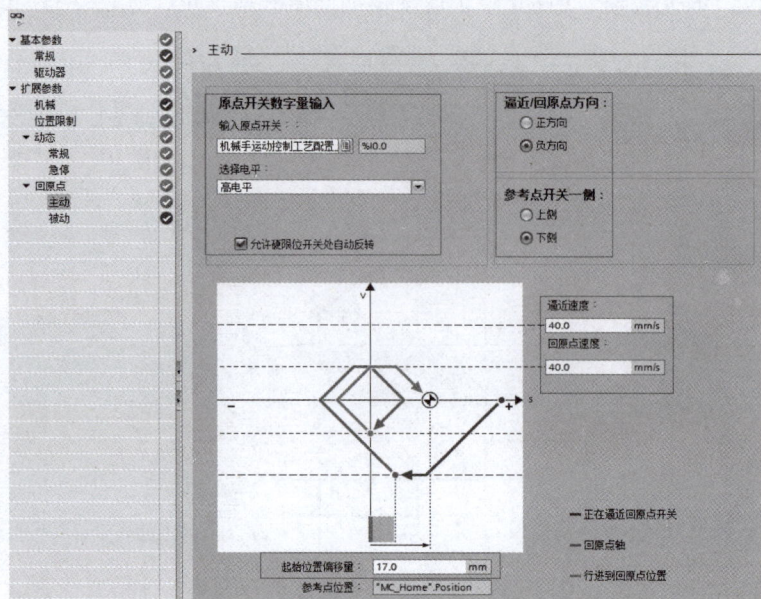

图 2-5-18　"主动"选项卡

（2）运动控制指令。

运动控制指令的子程序可以在程序中调用，运动控制指令的子程序组件如图 2-5-19 所示。

图 2-5-19　运动控制指令的子程序组件

它们的功能分别表述如下：

①MC_Power 指令：在程序里一直调用，并且在其他运动控制指令之前调用和使能，如图 2-5-20 所示。

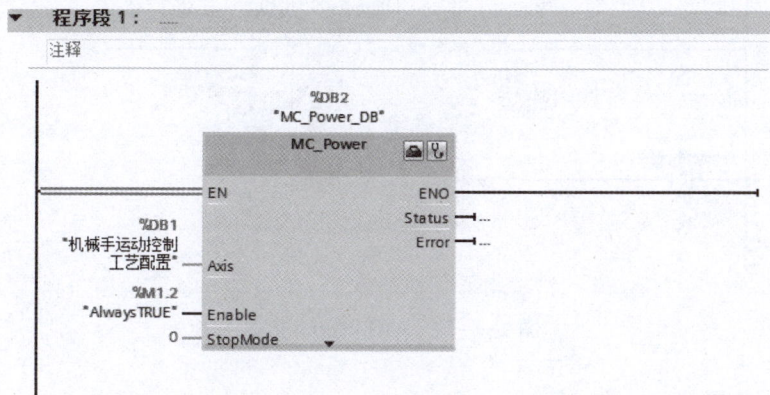

图 2-5-20　MC_Power 指令

a. 输入参数。

■ EN：该输入端是 MC_Power 指令的使能端，不是轴的使能端。

■ Axis：轴名称。

■ Enable：轴使能端。

Enable=0：根据 StopMode 设置的模式来停止当前轴的运行。

Enable=1：如果组态了轴的驱动信号，则 Enable=1 时将接通驱动器的电源。

■ StopMode：轴停止模式。

StopMode= 0：紧急停止，按照轴工艺对象参数中的"急停"速度或时间来停止轴。

StopMode=1：立即停止，PLC 立即停止发脉冲。

StopMode=2：带有加速度变化率控制的紧急停止，如果用户组态了加速度变化率，则轴在减速时会把加速度变化率考虑在内，使减速曲线变得平滑。

b. 输出参数。

■ ENO：使能输出。

■ Status：轴的使能状态。

■ Busy：标记指令是否处于活动状态。

■ Error：标记指令是否产生错误。

■ ErrorID：当指令产生错误时，用 ErrorID 表示错误号。

■ ErrorInfo：当指令产生错误时，用 ErrorInfo 表示错误信息。

②MC_Home 指令：使轴归位，设置参考点，用来将轴坐标与实际的物理驱动器位置进行匹配，如图 2-5-21 所示。

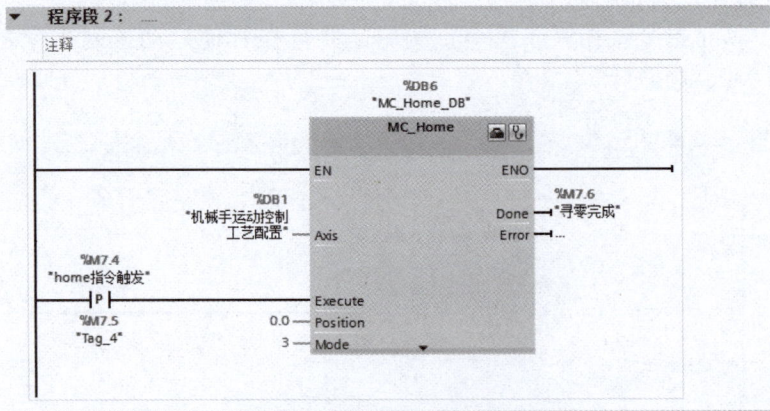

图 2-5-21　MC_Home 指令

a. 输入参数。

■ EN：该输入端是 MC_Home 指令的使能端。

■ Axis：轴名称。

■ Execute：MC_Home 指令的启动位，用上升沿触发。

■ Position：位置值。

Mode=1 时：Position 的值表示对当前轴位置的修正值。

Mode=0，2，3 时：Position 的值表示轴的绝对位置值。

■ Mode：回原点模式。

Mode=0：绝对式直接回零点，轴的位置值为参数 Position 的值。

Mode=1：相对式直接回零点，轴的位置值等于当前轴位置+参数 Position 的值。

Mode=2：被动回零点，轴的位置值为参数 Position 的值。

Mode=3：主动回零点，轴的位置值为参数 Position 的值。

b. 输出参数。

■ ENO：使能输出。

■ Done：标记任务是否完成，上升沿有效。

■ Busy：标记指令是否处于活动状态。

■ Error：标记指令是否产生错误。

■ ErrorID：当指令产生错误时，用 ErrorID 表示错误号。

■ ErrorInfo：当指令产生错误时，用 ErrorInfo 表示错误信息。

③MC_MoveAbsolute 指令：使轴以某一速度进行绝对位置定位，在使能绝对位置指令之前，轴必须回原点，如图 2-5-22 所示。注：MC_MoveAbsolute 指令之前必须有 MC_Home 指令。

a. 输入参数。

■ EN：指令的使能端。

■ Axis：轴名称。

■ Execute：指令的启动位，用上升沿触发。

■ Position：绝对目标位置值。

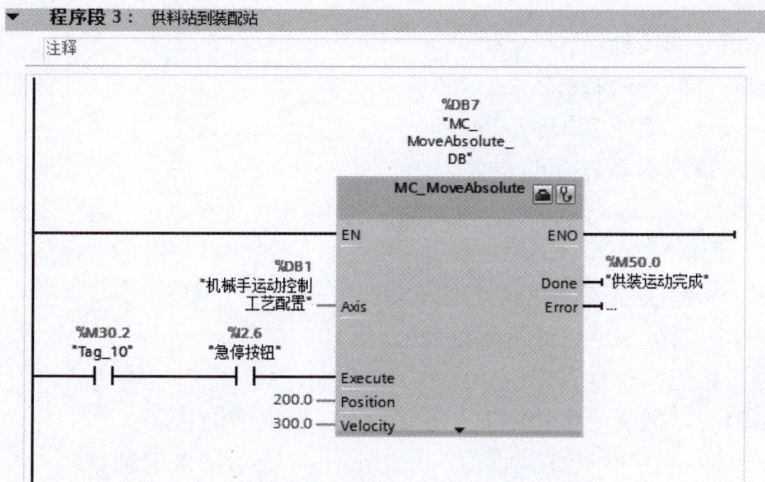

图 2-5-22　MC_MoveAbsolute 指令

■ Velocity：绝对运动的速度。

b. 输出参数。

■ ENO：使能输出。

■ Done：标记任务是否完成，上升沿有效。

■ Busy：标记指令是否处于活动状态。

■ Error：标记指令是否产生错误。

■ ErrorID：当指令产生错误时，用 ErrorID 表示错误号。

■ ErrorInfo：当指令产生错误时，用 ErrorInfo 表示错误信息。

④MC_ReadParam 指令：可以在用户程序中读取轴工艺对象和命令表对象中的变量，如图 2-5-23 所示。

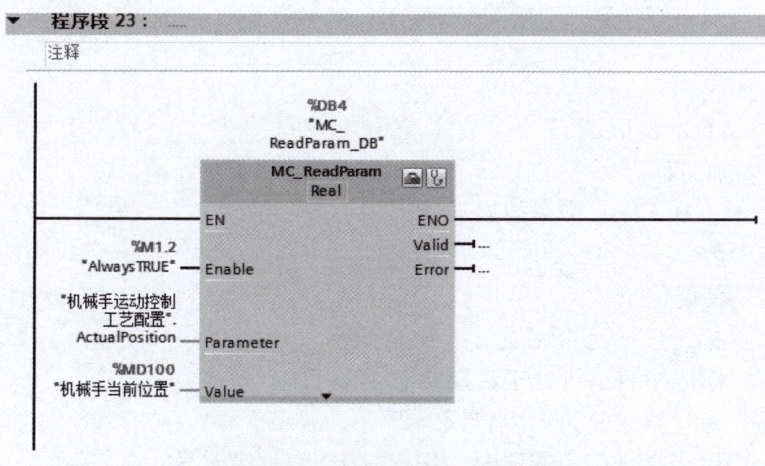

图 2-5-23　MC_ReadParam 指令

a. 输入参数。

■ EN：指令的使能端。

■ Enable：读取参数使能。

■ Parameter：需要读取的参数。

■ Value：读取参数保存的位置。

b. 输出参数。

■ ENO：使能输出。

■ Done：标记任务是否完成，上升沿有效。

■ Busy：标记指令是否处于活动状态。

■ Error：标记指令是否产生错误。

■ ErrorID：当指令产生错误时，用 ErrorID 表示错误号。

■ ErrorInfo：当指令产生错误时，用 ErrorInfo 表示错误信息。

⑤MC_Halt 指令：停止所有运动并以组态的减速度停止轴，如图 2-5-24 所示。

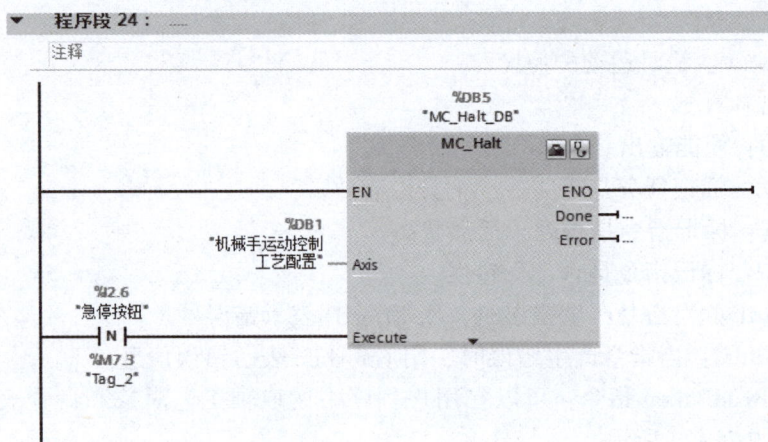

图 2-5-24 MC_Halt 指令

a. 输入参数。

■ EN：指令的使能端。

■ Axis：轴名称。

■ Execute：MC_Halt 指令的启动位，用上升沿触发。

b. 输出参数。

■ ENO：使能输出。

■ Done：标记任务是否完成，上升沿有效。

■ Busy：标记指令是否处于活动状态。

■ Error：标记指令是否产生错误。

■ ErrorID：当指令产生错误时，用 ErrorID 表示错误号。

■ ErrorInfo：当指令产生错误时，用 ErrorInfo 表示错误信息。

2. PLC 的选型和 I/O 接线

输送单元所需的 I/O 点数较多。其中，输入信号包括来自按钮/指示灯模块的按钮、开关等主令信号，各构件的传感器信号等；输出信号包括输出到抓取机械手装置各电磁阀的控制信号，输出到伺服电动机驱动器的脉冲信号和驱动方向信号；此外，尚须考虑在需要时输出信号到按钮/指示灯模块的指示灯，以显示本单元或系统的工作状态。

由于需要输出驱动伺服电动机的高速脉冲，因此，PLC 应采用晶体管输出型。

基于上述考虑，选用西门子 S7-1200 CPU 1214C DC/DC/DC PLC 主单元，表 2-5-8 给出了 PLC 的 I/O 信号表，PLC I/O 接线原理图如图 2-5-25 所示。

表 2-5-8　输送单元 PLC 的 I/O 信号表

输入信号				输出信号			
序号	PLC 输入点	信号名称	信号来源	序号	PLC 输出点	信号名称	信号来源
1	I0.0	原点传感器检测		1	Q0.0	脉冲	
2	I0.1	右限位保护		2	Q0.1	方向	
3	I0.2	左限位保护		3	Q0.2		
4	I0.3	机械手抬升下限检测		4	Q0.3	提升台上升电磁阀	
5	I0.4	机械手抬升上限检测		5	Q0.4	回转气缸左旋电磁阀	装置侧
6	I0.5	机械手旋转左限检测	装置侧	6	Q0.5	回转气缸右旋电磁阀	
7	I0.6	机械手旋转右限检测		7	Q0.6	手爪伸出电磁阀	
8	I0.7	机械手伸出检测		8	Q0.7	手爪夹紧电磁阀	
9	I1.0	机械手缩回检测		9	Q1.0	手爪放松电磁阀	
10	I1.1	机械手夹紧检测		10	Q1.1		
11	I1.2	伺服报警		11	Q2.0		
12	I1.3			12	Q2.1		
13	I1.4			13	Q2.2		
14	I1.5			14	Q2.3		
15	I2.0			15	Q2.4		
16	I2.1			16	Q2.5	HL1	
17	I2.2			17	Q2.6	HL2	按钮/指示灯模块
18	I2.3			18	Q2.7	HL3	
19	I2.4	停止按钮					
20	I2.5	启动按钮	按钮/指示灯模块				
21	I2.6	急停按钮					
22	I2.7	方式选择					

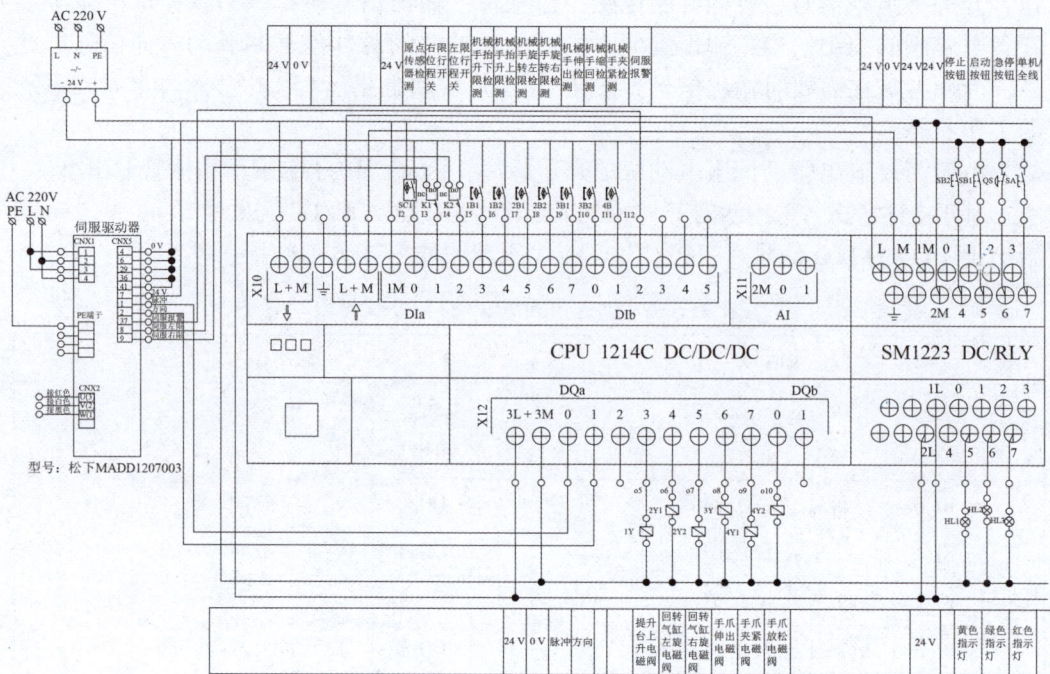

图 2-5-25　PLC I/O 接线原理图

伺服驱动器电气接线参照知识篇图 1-5-7，左右两极限开关 LK2 和 LK1 的动合触点分别连接到 PLC 输入点 I0.2 和 I0.1。LK2、LK1 均提供一对转换触点，它们的静触点应连接到公共点 COM，而动断触点必须连接到伺服驱动器的控制端口 CNX5 的 CCWL（9 脚）和 CWL（8 脚）作为硬件联锁保护，目的是防范由于程序错误引起冲极限故障而造成设备损坏，接线时请务必注意。

晶体管输出的 S7-1200 系列 PLC，供电电源采用 DC 24 V 的直流电源，与前面各工作单元的继电器输出的 PLC 不同。接线时也请注意，千万不要把 AC 220 V 电源连接到其电源输入端。

完成系统的电气接线后，需对伺服电动机驱动器进行参数设置，其参数设置参照知识篇表 1-5-2。

3. 输送单元单站控制的编程思路

（1）主程序编写的思路。

整个功能测试过程应包括上电后复位、传送功能测试、紧急停止处理和状态指示等部分。传送功能测试是一个步进顺序控制过程，在子程序中可采用步进指令驱动实现。

当抓取机械手装置在向某一目标点移动时按下急停按钮，抓取机械手装置停止运动。急停复位后，抓取机械手继续往目标点移动。

输送单元程序控制的关键点是伺服电动机的定位控制，在编写程序时，应预先规划好各段的位置。

综上所述，主程序应包括上电初始化、复位过程（子程序）、准备就绪后投入

输送单元 PLC
程序设计

运行等阶段。

（2）初态检查复位子程序和回原点子程序。

系统上电且按下复位按钮后，调用初始状态检查复位子程序，进入初始状态检查和复位操作阶段，目的是确定系统是否准备就绪，若未准备就绪，则系统不能启动进入运行状态。

该子程序的内容是检查各气动执行元件是否处于初始位置，抓取机械手装置是否在原点位置，如为否则进行相应的复位操作，直至准备就绪。子程序除调用回原点子程序外，主要是完成简单的逻辑运算，如图 2-5-26 和图 2-5-27 所示。

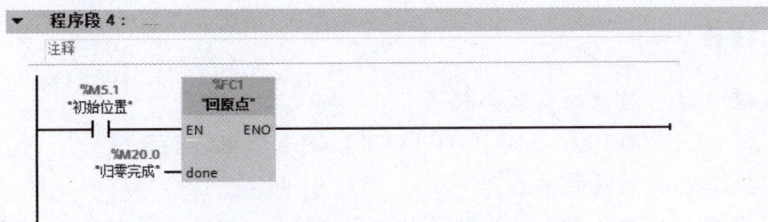

图 2-5-26　初始状态检查子程序

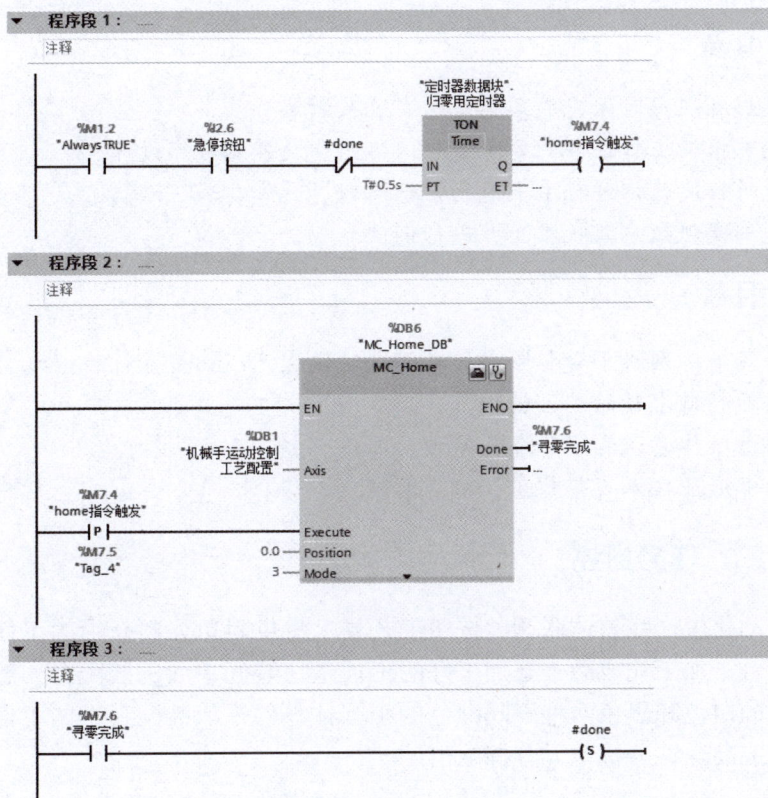

图 2-5-27　回原点子程序

任务六 联机调试

一、学习目标

学习完本任务后，能够通过 PLC 实现由几个相对独立的单元组成的一个群体设备（生产线）的控制功能。

知识目标

（1）掌握以太网通信的安装与接线。
（2）掌握 S7-1200 PLC 之间 PROFINET I/O 通信网络的设置。
（3）掌握以太网通信的编程。
（4）掌握 YL-1633B 型自动化生产线各单元联机 PLC 程序的设计、调试。
（5）掌握 YL-1633B 型自动化生产线联机调试的故障分析及排除方法。
（6）掌握 MCGS 组态软件的应用及各种常规功能的设计方法。

技能目标

（1）能够在规定时间完成各单元的安装及调试。
（2）能够根据工作任务的要求进行网络组建及各站程序设计。
（3）能够解决装调过程中出现的常见问题。
（4）能够实现组态联机界面并进行调试。

素质目标

（1）培养通过网络平台和图书馆查阅自动化生产线相关资料的能力。
（2）培养精益求精的工匠精神。
（3）培养集体意识和团队合作精神。
（4）培养专业技术规范意识、标准意识。

二、任务描述

完成自动化生产线整体联调，按照工艺要求将供料单元料仓内的工件送往加工单元的加工台，加工完成后，把加工好的工件送往装配单元的装配台，然后把装配单元料仓内的白色和黑色两种不同颜色的小圆柱零件嵌入装配台上的工件中，将完成装配后的成品送往分拣单元分拣输出。

三、任务要求

（一）工艺流程

YL-1633B 型自动化生产线整体实训工作任务是一项综合性的工作，已完成加工和装配工作的工件如图 2-6-1 所示。

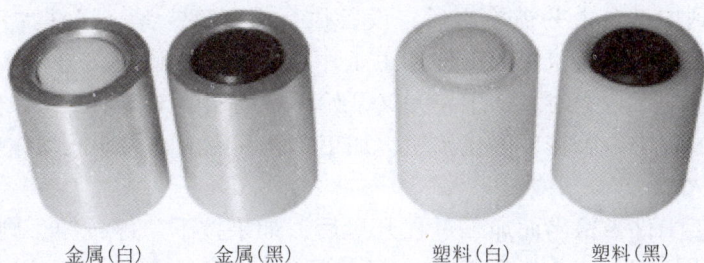

金属(白)　　　金属(黑)　　　塑料(白)　　　塑料(黑)

图 2-6-1　已完成加工和装配工作的工件

（二）系统运行工作要求

系统的工作模式分为单站工作模式和全线运行模式。

从单站工作模式切换到全线运行模式的条件是各工作单元均处于停止状态，各单元的按钮/指示灯模块上的工作方式选择开关均置于全线模式，此时若人机界面中选择开关切换到全线运行模式，则系统进入全线运行状态。

要从全线运行模式切换到单站工作模式，仅限当前工作周期完成后人机界面中选择开关切换到单站运行模式才有效。

在全线运行模式下，各工作站仅通过网络接收来自人机界面的主令信号，除主站急停按钮外，所有本站主令信号均无效。

1. 单站工作模式测试

单站工作模式下，各单元工作的主令信号和工作状态显示信号来自其 PLC 旁边的按钮/指示灯模块。并且按钮/指示灯模块上的工作方式选择开关 SA 置于"单站方式"位置。各单元的具体控制要求如下：

（1）供料单元单站运行工作要求。

①设备上电和气源接通后，若工作单元的两个气缸满足初始位置要求，且料仓内有足够的待加工工件，则正常工作指示灯 HL1 常亮，表示设备已准备好；否则，该指示灯以 1 Hz 的频率闪烁。

②若设备已准备好，按下启动按钮，工作单元启动，设备运行指示灯 HL2 常亮。启动后，若出料台上没有工件，则应把工件推到出料台上。出料台上的工件被人工取出后，若没有停止信号，则进行下一次推出工件的操作。

③若在运行中按下停止按钮，则在完成本工作周期任务后，工作单元停止工作，HL2 指示灯熄灭。

④若在运行中料仓内工件不足，则工作单元继续工作，但正常工作指示灯 HL1以 1 Hz 的频率闪烁，设备运行指示灯 HL2 保持常亮。若料仓内没有工件，则 HL1指示灯和 HL2 指示灯均以 2 Hz 的频率闪烁。工作单元在完成本周期任务后停止。除非向料仓内补充足够的工件，否则，工作单元不能再启动。

（2）加工单元单站运行工作要求。

①上电和气源接通后，若各气缸满足初始位置要求，则正常工作指示灯 HL1 常

亮，表示设备已准备好；否则，该指示灯以 1 Hz 的频率闪烁。

②若设备已准备好，按下启动按钮，设备启动，设备运行指示灯 HL2 常亮。当待加工工件送到加工台上并被检出后，设备执行将工件夹紧，送往加工区域冲压，完成冲压动作后返回待料位置的工件加工工序。如果没有停止信号输入，则当再有待加工工件送到加工台上时，加工单元又开始下一周期的工作。

③在工作过程中，若按下停止按钮，加工单元在完成本周期的动作后停止工作。HL2 指示灯熄灭。

④当待加工工件被检出而加工过程开始后，如果按下急停按钮，则本单元所有机构应立即停止运行，HL2 指示灯以 1 Hz 的频率闪烁。急停按钮复位后，设备从急停前的断点开始继续运行。

（3）装配单元单站运行工作要求。

①设备上电和气源接通后，若各气缸满足初始位置要求，料仓上已经有足够的小圆柱零件，工件装配台上没有待装配工件，则正常工作指示灯 HL1 常亮，表示设备已准备好。否则，该指示灯以 1 Hz 的频率闪烁。

②若设备已准备好，按下启动按钮，装配单元启动，设备运行指示灯 HL2 常亮。如果回转物料台上的左料盘内没有小圆柱零件，则执行下料操作；如果左料盘内有零件，而右料盘内没有零件，则执行回转物料台回转操作。

③如果回转物料台上的右料盘内有小圆柱零件且装配台上有待装配工件，则执行装配机械手抓取小圆柱零件，放入待装配工件中的操作。

④完成装配任务后，装配机械手应返回初始位置，等待下一次装配。

⑤若在运行过程中按下停止按钮，则供料机构应立即停止供料，在装配条件满足的情况下，装配单元在完成本次装配后停止工作。

⑥在运行中发生"零件不足"报警时，指示灯 HL3 以 1 Hz 的频率闪烁，HL1 和 HL2 灯常亮；在运行中发生"零件有无"报警时，指示灯 HL3 以亮 1 s、灭 0.5 s 的方式闪烁，HL2 熄灭，HL1 常亮。

（4）分拣单元单站运行工作要求。

①设备上电和气源接通后，若工作单元的三个气缸满足初始位置要求，则正常工作指示灯 HL1 常亮，表示设备已准备好；否则，该指示灯以 1 Hz 的频率闪烁。

②若设备已准备好，则按下启动按钮，系统启动，设备运行指示灯 HL2 常亮。当传送带入料口人工放下已装配的工件时，变频器立即启动，驱动传动电动机以频率为 30 Hz 的速度，把工件带往分拣区。

③如果金属工件上的小圆柱工件为白色，则该工件到达 1 号出料槽中间，传送带停止，工件被推到 1 号出料槽中；如果塑料工件上的小圆柱工件为白色，则该工件到达 2 号出料槽中间，传送带停止，工件被推到 2 号出料槽中；如果工件上的小圆柱工件为黑色，则该工件到达 3 号出料槽中间，传送带停止，工件被推到 3 号出料槽中。工件被推到出料槽后，该工作单元的一个工作周期结束。仅当工件被推到出料槽后，才能再次向传送带下料。如果在运行期间按下停止按钮，则该工作单元在本工作周期结束后停止运行。

（5）输送单元单站运行工作要求。

单站运行的目标是测试设备传送工件的功能。要求其他各工作单元已经就位，并且在供料单元的出料台上放置了工件。具体测试过程要求如下。

①输送单元在通电后，按下复位按钮 SB1，执行复位操作，使抓取机械手装置回到原点位置。在复位过程中，正常工作指示灯 HL1 以 1 Hz 的频率闪烁。当抓取机械手装置回到原点位置，且输送单元各个气缸满足初始位置的要求时，复位完成，正常工作指示灯 HL1 常亮。按下启动按钮 SB2，设备启动，设备运行指示灯 HL2 也常亮，开始功能测试过程。

②抓取机械手装置从供料单元出料台抓取工件，抓取的顺序是手臂伸出→手爪夹紧抓取工件→提升台上升→手臂缩回。

③抓取动作完成后，伺服电动机驱动抓取机械手装置向加工单元移动，移动速度不小于 300 mm/s。

④机械手装置移动到加工单元加工台的正前方，然后把工件放到加工单元加工台上。抓取机械手装置在加工单元放下工件的顺序是手臂伸出→提升台下降→手爪松开放下工件→手臂缩回。

⑤放下工件动作完成 2 s 后，抓取机械手装置执行抓取加工单元工件的操作。抓取的顺序与供料单元抓取工件的顺序相同。

⑥抓取动作完成后，伺服电动机驱动抓取机械手装置移动到装配单元物料台的正前方，然后把工件放到装配单元物料台上。其动作顺序与加工单元放下工件的顺序相同。

⑦放下工件动作完成 2 s 后，抓取机械手装置执行抓取装配单元工件的操作。抓取的顺序与供料单元抓取工件的顺序相同。

⑧抓取机械手装置手臂缩回后，摆动气缸逆时针旋转 90°，伺服电动机驱动抓取机械手装置从装配单元向分拣单元运送工件，到达分拣单元传送带上方入料口后把工件放下。动作顺序与加工单元放下工件的顺序相同。

⑨放下工件动作完成后，抓取机械手装置手臂缩回，然后执行返回工作原点的操作。伺服电动机驱动抓取机械手装置以 400 mm/s 的速度返回，返回 900 mm 后，摆动气缸顺时针旋转 90°，然后以 100 mm/s 的速度低速返回工作原点停止。当抓取机械手装置返回工作原点后，一个测试周期结束。当供料单元的出料台上放置了工件时，再按一次启动按钮 SB2，开始新一轮的测试。

2. 系统正常的全线运行模式测试

全线运行模式下各工作单元部件的工作顺序及对输送单元抓取机械手装置运行速度的要求，与单站工作模式一致。全线运行步骤如下：

（1）系统工作启动。

给系统上电，当 PROFINET I/O 通信正常后开始工作。触摸人机界面上的复位按钮，执行复位操作。在复位过程中，绿色警示灯以 2 Hz 的频率闪烁，红色和黄色灯均熄灭。

复位过程包括使输送单元抓取机械手装置回到工作原点位置和检查各工作单元是否处于初始状态。

各工作单元初始状态的含义如下：

①各工作单元气动执行元件均处于初始位置。

②供料单元管形料仓内有足够的待加工工件。

③装配单元管形料仓内有足够的小圆柱零件。

④输送单元的紧急停止按钮未按下。当输送单元抓取机械手装置回到工作原点位置，且各工作单元均处于初始状态时，复位完成，绿色警示灯常亮，表示允许启动系统。这时若触摸人机界面上的启动按钮，则系统启动，绿色和黄色警示灯均常亮。

（2）供料单元运行。

系统启动后，若供料单元的出料台上没有工件，则应把工件推到出料台上，并向系统发出出料台上有工件的信号。若供料单元的管形料仓内没有工件或工件不足，则应向系统发出报警或预警信号。出料台上的工件被输送单元抓取机械手装置取出后，若系统仍然需要推出工件进行加工，则进行下一次推出工件的操作。

（3）输送单元运行。

当工件被推到供料单元出料台后，输送单元抓取机械手装置应执行抓取供料单元工件的操作。动作完成后，伺服电动机驱动抓取机械手装置移动到加工单元加工台的正前方，然后把工件放到加工单元的加工台上。

（4）加工单元运行。

加工单元加工台的工件被检出后，执行加工过程。当加工好的工件被重新送回待料位置时，向系统发出冲压加工完成的信号。

（5）输送单元运行。

系统接收到加工完成的信号后，输送单元抓取机械手装置应执行抓取已加工工件的操作。抓取动作完成后，伺服电动机驱动抓取机械手装置移动到装配单元物料台的正前方。然后把工件放到装配单元物料台上。

（6）装配单元运行。

装配单元物料台的传感器检测到工件到来后，开始执行装配过程。装入动作完成后，向系统发出装配完成的信号。如果装配单元的管形料仓或料槽内没有小圆柱工件或工件不足，则应向系统发出报警或预警信号。

（7）输送单元运行。

系统接收到装配完成的信号后，输送单元抓取机械手装置应抓取已装配的工件，然后从装配单元向分拣单元运送工件，到达分拣单元传送带上方入料口后把工件放下，再执行返回工作原点的操作。

（8）分拣单元运行。

输送单元抓取机械手装置放下工件，缩回到位后，分拣单元的变频器立即启动，驱动传动电动机以80%最高运行频率（由人机界面指定）的速度，把工件带入分拣单元进行分拣。工件分拣原则与单站运行相同。当分拣气缸活塞杆推出工件并返回后，应向系统发出分拣完成的信号。

（9）系统工作结束。

仅当分拣单元分拣工作完成，并且输送单元抓取机械手装置回到工作原点，系统的一个工作周期才被认为结束。如果在工作周期期间没有触摸过停止按钮，系统在延时 1 s 后开始下一周期工作。如果在工作周期期间触摸过停止按钮，则系统工作结束，警示灯中黄色灯熄灭，绿色灯仍保持常亮。系统工作结束后若再次按下启动按钮，则系统又重新工作。

3. 异常工作状态测试

（1）工件供给状态的信号警示。

如果收到来自供料单元或装配单元的工件不足的预报警信号或工件没有的报警信号，则系统动作如下：

①如果收到工件不足的预报警信号，则警示灯中红色灯以 1 Hz 的频率闪烁，绿色灯和黄色灯保持常亮，系统继续工作。

②如果收到工件没有的报警信号，则警示灯中红色灯以亮 1 s，灭 0.5 s 的方式闪烁，黄色灯熄灭，绿色灯保持常亮。

若工件没有的报警信号来自供料单元，且供料单元出料台上已推出工件，则系统继续运行，直至完成该工作周期尚未完成的工作。当该工作周期工作结束，系统将停止工作，除非工件没有的报警信号消失；否则，系统不能再启动。

若工件没有的报警信号来自装配单元，且装配单元回转物料台上已落下小圆柱工件，则系统继续运行，直至完成该工作周期尚未完成的工作。当该工作周期工作结束，系统将停止工作，除非工件没有的报警信号消失；否则，系统不能再启动。

（2）急停与复位。

若在系统工作过程中按下输送单元的急停按钮，则输送单元立即停止。在急停复位后，应从急停前的断点开始继续运行。但若急停按钮按下时，抓取机械手装置正在向某一目标点移动，则急停复位后输送单元抓取机械手装置应先返回工作原点位置，然后向原目标点运动。

（三）需要完成的任务

（1）自动生产线设备部件安装。

（2）完成各工作单元装置部分的装配。

（3）完成气路检查及调整，确保各气缸运行顺畅和平稳。

（4）设计人员已初步完成前期端子分配及电气接线，需要检查后完成接线。

（5）完成各单元 PLC 网络连接。

（6）完成 PLC 软件编程，实现项目功能。

（7）完成触摸屏画面及网络联调。

引导问题 1：各单元 PLC 如何进行通信联网？

_____

_____

引导问题 2：各单元 PLC 通信联网时采用什么协议？

_____

_____

引导问题3：主令工作信号由哪个设备部件发出？

_____

_____

引导问题4：各单元PLC如何进行调试？

_____

_____

引导问题5：各单元PLC联机调试过程中需要注意哪些要求？

_____

_____

引导问题6：触摸屏和输送单元PLC如何进行连接？

_____

_____

引导问题7：触摸屏如何实现用户登录功能？

_____

_____

引导问题8：触摸屏用户登录密码可以修改吗？

_____

_____

四、过程记录

（一）任务分工及计划

班级学生分组，3~5人为一组，明确每组的人员和任务分工。学生任务分组表见表2-6-1。

表2-6-1 学生任务分组表

任务			班级	
指导教师			组号	
成员	角色	任务分工		备注
		组织整机联调项目研讨		
		通信网络的建立		
		人机界面设计		

续表

成员	角色	任务分工	备注
		联网程序的编写	
		设备电气检查	
		全线运行调试	
		资料汇总及记录	

（二）任务实施及检查验收

按照任务要求和获取的信息，确定最终达到的功能与工艺要求，完成联机调试工作方案。

按以下步骤实施联机调试工作过程：

（1）了解工艺过程，按照装配图纸完成工作台机架结构组装，保证机械结构安装正确、牢固、符合规范。

（2）按照电气接线图完成各工作单元电气接线，完成各工作单元气路连接。

（3）按照电气接线图完成线路检查与打点调试，确保电路连接正确、规范。

（4）根据工艺流程编写 PLC 运行程序。

（5）根据人机界面控制要求，完成触摸屏显示与控制。

对联机调试任务完成情况按照验收标准进行检查验收和评价，包括各个工作单元初始状态、单站程序设计与调试、系统网络连接、联机程序设计与调试。各个工作单元初始状态验收标准及评分表见表 2-6-2，单站程序设计与调试验收标准及评分表见表 2-6-3，系统网络连接验收标准及评分表见表 2-6-4。

表 2-6-2　各个工作单元初始状态验收标准及评分表

评分内容	配分	评分标准	分项扣分	总得分	备注
工作单元初始状态	5分	供料单元未按要求处于初始状态，每处扣 0.5 分，最多扣 1 分			
		装配单元未按要求处于初始状态，每处扣 0.5 分，最多扣 1 分			
		加工单元未按要求处于初始状态，每处扣 0.5 分，最多扣 1 分			
		分拣单元未按要求处于初始状态，每处扣 0.5 分，最多扣 1 分			
		输送单元未按要求处于初始状态，每处扣 0.5 分，最多扣 1 分			

表 2-6-3　单站程序设计与调试验收标准及评分表

评分内容	配分	评分标准	分项扣分	总得分	备注
供料单元单站	10分	当供料单元处于准备就绪状态时，未能按任务要求"准备就绪时，HL1常亮，否则以 1 Hz 的频率闪烁"进行控制，扣1分			
		准备就绪时，按下 SB1 按钮，未能按任务要求"供料单元进入运行状态，HL1 熄灭，HL2 常亮，供料单元开始供料，当出料台工件被取走后继续供料"进行控制，扣2分			
		运行过程中出现工件不足则工作单元继续工作，未能按任务要求"HL1以 1 Hz 的频率闪烁，HL2 保持常亮"进行控制，扣1分			
		系统推完最后一个工件，此时料仓内缺工件，未能按任务要求"HL1和 HL2 均以 2 Hz 的频率闪烁"进行控制，扣1分			
		在运行过程中按下停止按钮 SB2 时，供料单元执行完当前流程，未能按任务要求"HL2 熄灭，各工作单元停止工作"进行控制，扣2分			
		当工作单元停止工作时，未能按任务要求"除非供料单元满足初始状态，否则工作单元不能再启动"进行控制，扣2分			
装配单元单站	16分	当装配单元处于准备就绪状态时，未能按任务要求"HL1 常亮，否则以 1 Hz 的频率闪烁"进行控制，扣1分			
		当装配单元准备就绪，按下启动按钮 SB1，未能按任务要求"装配单元进入运行状态，HL1 熄灭，HL2 常亮"进行控制，扣1分			

评分内容	配分	评分标准	分项扣分	总得分	备注
装配单元单站	16分	未能按任务要求"装配单元进入运行状态，检测到装配台上有待装配工件，开始进行装配，完成产品装配流程"完成控制要求，扣2分			
		运行过程中出现小圆柱零件不足继续工作，未能按任务要求"HL3指示灯点亮"进行控制，扣1分			
		当料仓内只有一个小圆柱零件时，未能按任务要求"HL3以1 Hz的频率闪烁，顶料气缸无需工作，直接通过挡料气缸的工作完成小圆柱零件供料"进行控制，扣2分			
		当装配单元缺小圆柱零件时，未能按任务要求"HL3以亮1 s，灭0.5 s的方式闪烁，HL2熄灭，HL1常亮"进行控制，扣1分			
		当按下停止按钮SB2，未能按任务要求"装配单元执行完当前流程，当已装配产品被取走后，装配单元停止运行，HL2熄灭"进行控制，扣4分			
		当装配单元停止运行时，未能按任务要求"除非向料仓补充足够的小圆柱零件，否则工作单元不能再启动"进行控制，扣4分			
加工单元单站	10分	当加工单元准备就绪时，未能按任务要求"HL1常亮，否则以1 Hz的频率闪烁"进行控制，扣2分			
		当加工单元准备就绪，按下启动按钮SB1，未能按任务要求"加工单元进入运行状态，HL1熄灭，HL2常亮，当加工台上检测有待加工工件时，加工单元完成工件冲压流程"进行控制，扣2分			

学习笔记

评分内容	配分	评分标准	分项扣分	总得分	备注
加工单元单站	10 分	当已加工工件被取走后，未能按任务要求"若再次检测到加工台上有待加工工件，则加工单元完成冲压流程，如此往复"进行控制，扣 2 分			
		当按下停止按钮 SB2，未能按任务要求"加工单元执行完当前流程，当加工台已加工工件被取走后，加工单元停止运行，HL2 熄灭"进行控制，扣 2 分			
		当加工单元停止运行时，未能按任务要求"除非加工单元满足初始状态，否则工作单元不能再启动"进行控制，扣 2 分			
分拣单元单站	20 分	当分拣单元处于准备就绪状态时，未能按任务要求"HL1 常亮，否则以 1 Hz 的频率闪烁"进行控制，扣 2 分			
		当分拣单元就绪，按下启动按钮 SB1，未能按任务要求"分拣单元进入运行状态，HL1 灭，HL2 亮"进行控制，扣 2 分			
		当入料口检测到有产品放下，未能按任务要求"立即启动传送带电机，变频器以 30 Hz 的频率运行，开始分拣进程。（入料口进料由人工放置）"进行控制，扣 2 分			
		未能按任务要求"所有金属芯产品应在 1 号出料槽被推入，白色芯产品在 2 号出料槽被推入，黑色芯产品在 3 号出料槽被推入"进行控制，扣 4 分			
		未能按任务要求"如果确定产品在某一料槽被推入，则产品应在到达该料槽中心处停止，由该料槽推杆顺利推入槽内（以不产生撞击为准）"进行控制，扣 4 分			

评分内容	配分	评分标准	分项扣分	总得分	备注
分拣单元 单站	20 分	未能按任务要求"产品被推入某一料槽后，本次分拣进程结束。若分拣没有完成，则返回流程 A"进行控制，扣 2 分			
		在运行过程中按下启动按钮 SB2，未能按任务要求"在完成当前产品的分拣任务后，本次分拣结束，HL2 熄灭"进行控制，扣 4 分			
输送单元 单站	16 分	当输送单元处于准备就绪状态时，未能按任务要求"HL1 常亮，否则以 1 Hz 的频率闪烁"进行控制，扣 2 分			
		按下 SB1 按钮 0.5 s 后，未能按任务要求"输送单元机械手复位，当输送单元机械手气缸满足初态时，输送单元复位，返回工作原点，完成后 HL1 常亮"进行控制，扣 4 分			
		当输送单元准备就绪，按下启动按钮 SB2，未能按任务要求"HL2 点亮，输送单元抓取供料单元出料台上的工件，运行至加工单元物料台的正前方，把工件放在物料台上，2 s 后抓取工件，行至装配单元物料台的正前方，把工件放在物料台上，2 s 后抓取工件至分拣单元位置，气缸左摆，将工件放于分拣单元入料口后气缸缩回，右摆，2 s 后返回工作原点"进行控制，扣 6 分			
		未能按任务要求"测试完成后，HL2 熄灭"进行控制，扣 4 分			

表 2-6-4　系统网络连接验收标准及评分表

评分内容	配分	评分标准	分项扣分	总得分	备注
系统网络 通信连接	8 分	未能按任务要求，指定输送单元作为系统主单元，未能完成输送单元与供料单元的网络通信连接，扣 2 分			

评分内容	配分	评分标准	分项扣分	总得分	备注
系统网络通信连接	4分	未能按任务要求,指定输送单元作为系统主单元,未能完成输送单元与装配单元的网络通信连接,扣2分			
		未能按任务要求,指定输送单元作为系统主单元,未能完成输送单元与加工单元的网络通信连接,扣2分			
		未能按任务要求,指定输送单元作为系统主单元,未能完成输送单元与分拣单元的网络通信连接,扣2分			
	1分	装配单元全线模式、就绪、运行、料不足、缺料未能按任务要求进行控制,每处扣0.2分,最多扣1分			
	1分	加工单元全线模式、就绪、运行未能按任务要求进行控制,每处扣0.5分,最多扣1分			
	2分	分拣单元全线模式、就绪、运行、变频器输出频率未能按任务要求进行控制,每处扣0.5分,最多扣2分			
	2分	输送单元全线模式、就绪、运行、紧急停止、越程故障未能按任务要求进行控制,每处扣0.5分,最多扣2分			
	2分	全线运行系统就绪、系统运行、网络正常、网络故障未能按任务要求进行控制,每处扣0.5分,最多扣2分			
	1分	启动按钮未能按任务要求进行控制,扣1分			
	1分	变频器频率设置未能按任务要求进行控制,扣1分			

学习笔记

评分内容	配分	评分标准	分项扣分	总得分	备注
系统网络通信连接	2分	套件1、套件2设定输入框未能按任务要求进行控制，每处扣1分，最多扣2分			
	2分	套件1、套件2完成套数显示未能按任务要求进行控制，每处扣1分，最多扣2分			
	1分	机械手装置当前位置进度条显示未能按任务要求进行控制，扣0.5分；机械手装置当前位置显示值未能按任务要求进行控制，扣0.5分			

五、知识链接

生产线联机运行

（一）西门子 PROFINET 通信概述

YL-1633B型自动化生产线采用每一工作单元由一台PLC承担控制任务，各PLC之间通过PROFINET协议通信实现互联的分布式控制方式。组建成网络后，系统中每一个工作单元又称工作站。

PLC网络的具体通信模式取决于所选厂家的PLC类型。YL-1633B型自动化生产线的标准配置是PLC选用S7-1200系列，通信方式则采用PROFINET通信。

PROFINET是开放的、标准的、实时的工业以太网标准。PROFINET作为基于以太网的自动化标准，定义了跨厂商的通信、自动化系统和工程组态模式。PROFINET借助PROFINET I/O实现一种允许所有站随时访问网络的交换技术。作为PROFINET的一部分，PROFINET I/O是用于实现模块化、分布式应用的通信概念。这样，通过多个节点的并行数据传输可以更有效地使用网络。

PROFINET I/O以交换式以太网全双工操作和100 Mb/s带宽为基础。PROFINET I/O基于PROFIBUS DP的成功应用经验，将常用的用户操作与以太网技术中的新概念相结合，可以确保PROFIBUS DP向PROFINET环境的平滑移植。

1. PROFINET 的目标

PROFINET的目标描述如下：

（1）基于工业以太网建立开放式自动化以太网标准。

尽管工业以太网和标准以太网组件可以一起使用，但工业以太网设备更加稳定可靠，因此更适合工业环境（如温度、抗干扰等）。

（2）使用TCP/IP传输层和信息技术（information technology，IT）标准实现有实时要求的自动化应用。

（3）实现全集成现场总线系统。

2. PROFINET I/O 的分类

PROFINET I/O分为I/O控制器、I/O设备、I/O监视器，下面给出具体介绍。

PROFINET I/O 控制器是指用于对连接的 I/O 设备进行寻址的设备。这意味着 I/O 控制器将与分配的现场设备交换输入和输出信号。I/O 控制器通常是运行自动化程序的控制器。

PROFINET I/O 设备是指分配给其中一个 I/O 控制器（如远程 I/O、阀终端、变频器和交换机）的分布式现场设备。

PROFINET I/O 监控器是指用于调试和诊断的编程设备、PC 或 HMI 设备。

（二）IP 地址及传输区域设置

以 YL-1633B 型自动化生产线 5 个单元 PLC 之间实现 PROFINET 通信的操作步骤为例，说明使用 PROFINET 实现通信的步骤。

1. 通信数据区规划

首先进行通信数据区规划，做好规划是完成通信的前提。

通信数据区规划表见表 2-6-5。

表 2-6-5　通信数据区规划表

I/O 控制器中的地址		对应关系	智能设备中的地址	
输送单元	Q300-Q309	⟶	供料单元	I300-I309
输送单元	I300-I309	⟵	供料单元	Q300-Q309
输送单元	Q310-Q319	⟶	加工单元	I300-I309
输送单元	I310-I319	⟵	加工单元	Q300-Q309
输送单元	Q320-Q329	⟶	装配单元	I300-I309
输送单元	I320-I329	⟵	装配单元	Q300-Q309
输送单元	Q330-Q339	⟶	分拣单元	I300-I309
输送单元	I330-I339	⟵	分拣单元	Q300-Q309

2. 对各工作单元 PLC 进行设置

（1）供料站 PLC 设置。

①设置供料站 IP 地址，如图 2-6-2 所示。

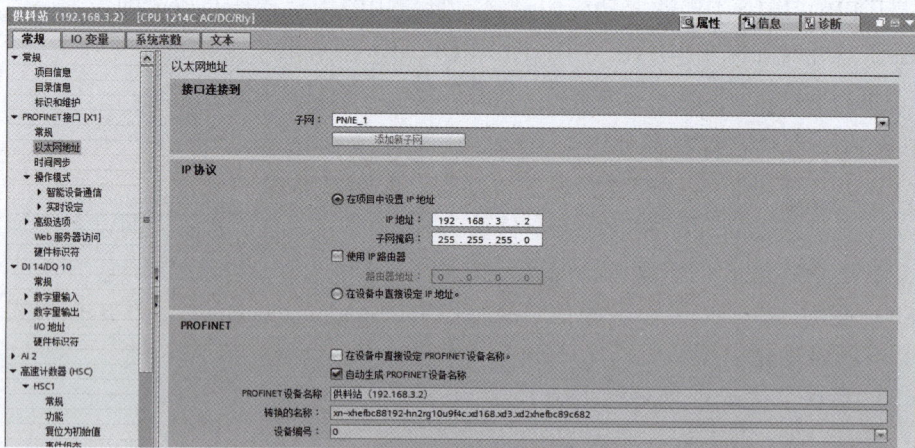

图 2-6-2　供料站 IP 地址设置

②设置操作模式与传输区，如图2-6-3所示。

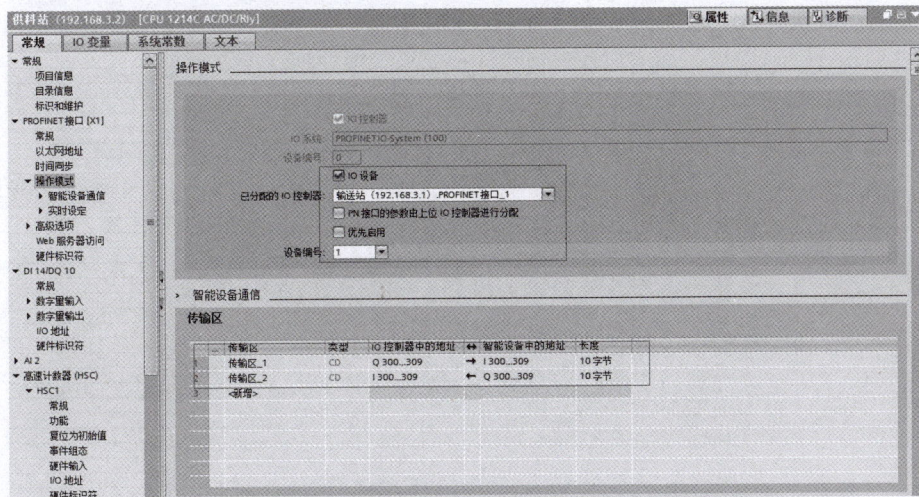

图 2-6-3　供料站操作模式与传输区设置

（2）加工站 PLC 设置。

①设置加工站 IP 地址，如图2-6-4所示。

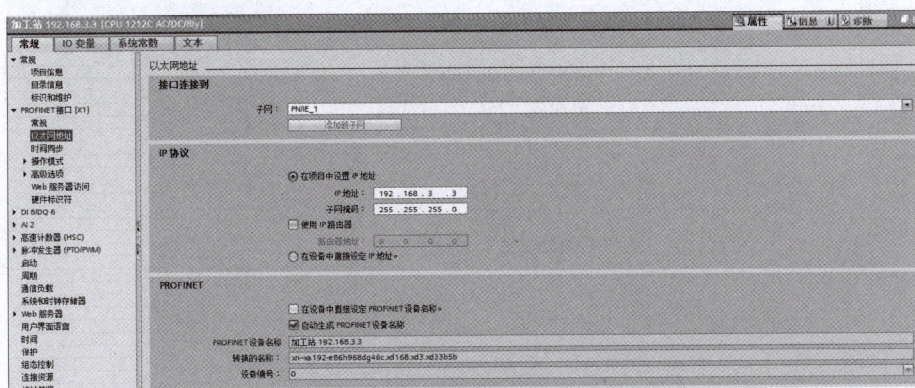

图 2-6-4　加工站 IP 地址设置

②设置操作模式与传输区，如图2-6-5所示。

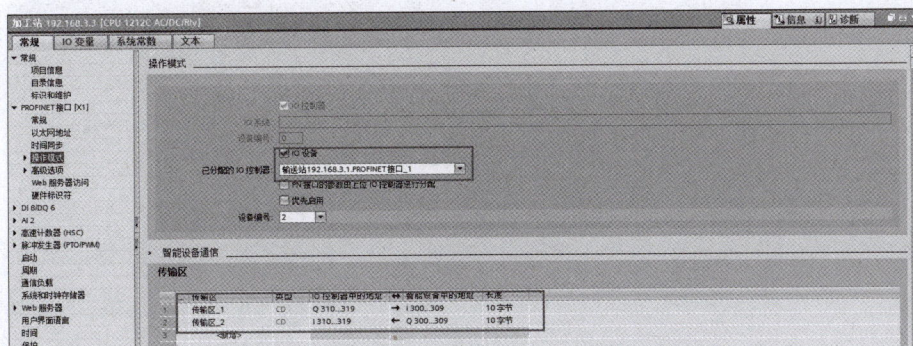

图 2-6-5　加工站操作模式与传输区设置

（3）装配站 PLC 设置。

①设置装配站 IP 地址，如图 2-6-6 所示。

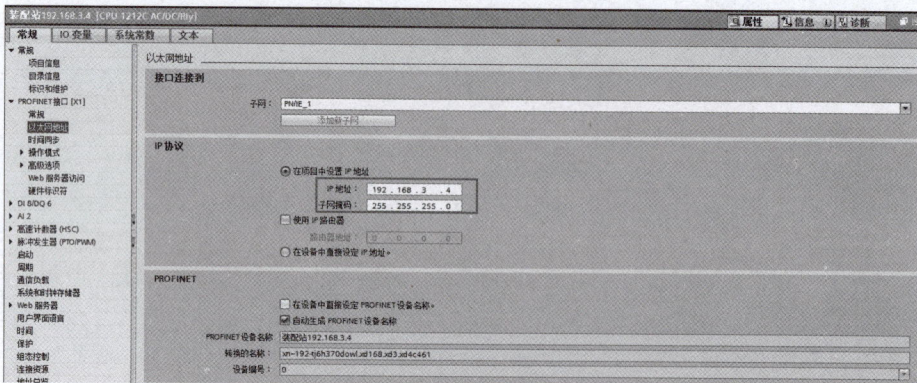

图 2-6-6 装配站 IP 地址设置

②设置操作模式与传输区，如图 2-6-7 所示。

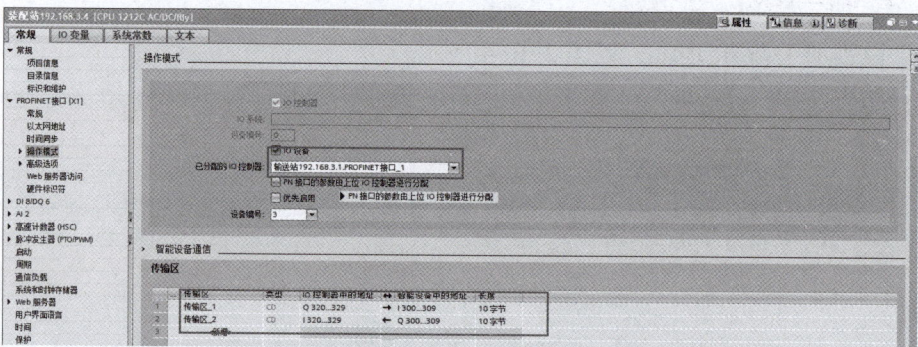

图 2-6-7 装配站操作模式与传输区设置

（4）分拣站 PLC 设置。

①设置分拣站 IP 地址，如图 2-6-8 所示。

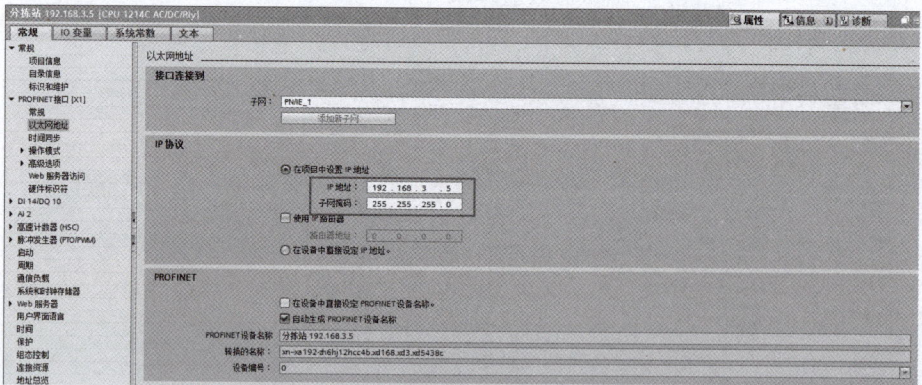

图 2-6-8 分拣站 IP 地址设置

②设置操作模式与传输区，如图 2-6-9 所示。

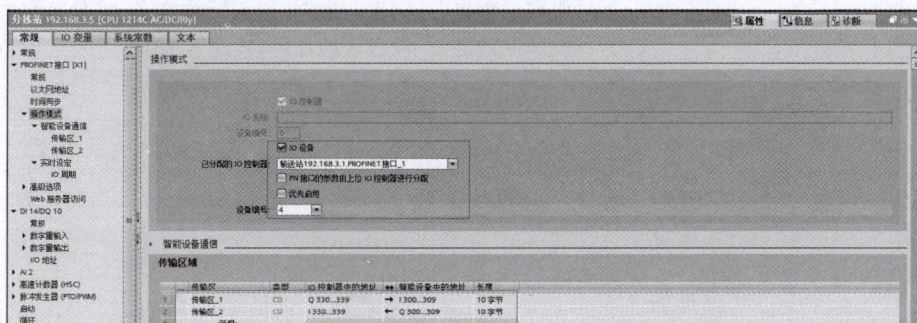

图 2-6-9　分拣站操作模式与传输区设置

（5）输送站 PLC 设置。

设置输送站 IP 地址，如图 2-6-10 所示。

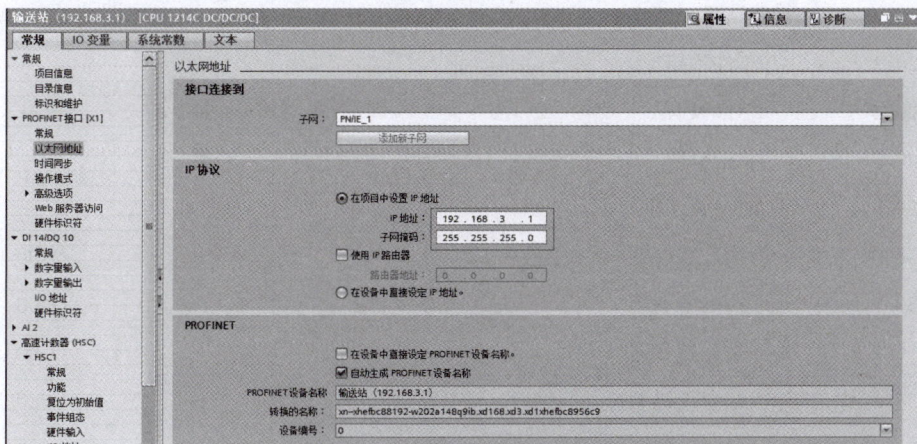

图 2-6-10　输送站 IP 地址设置

（三）通信数据区域规划

1. 输送站接收、智能设备站发送

输送站（I/O 控制器）接收、智能设备站发送的通信数据定义见表 2-6-6。

表 2-6-6　输送站（I/O 控制器）接收、智能设备站发送的通信数据定义

主站接收 区地址	数据意义	供料站数据 发送区地址	加工站数据 发送区地址	装配站数据 发送区地址	分拣站数据 发送区地址
I300.0	供料站全线模式	Q300.0	—	—	—
I300.1	供料站准备就绪	Q300.1	—	—	—
I300.2	供料站运行状态	Q300.2	—	—	—
I300.3	工件不足	Q300.3	—	—	—

主站接收区地址	数据意义	供料站数据发送区地址	加工站数据发送区地址	装配站数据发送区地址	分拣站数据发送区地址
I300.4	工件没有	Q300.4	—	—	—
I300.5	供料完成	Q300.5	—	—	—
I300.6	金属工件	Q300.6	—	—	—
I310.0	加工站全线模式	—	Q300.0	—	—
I310.1	加工站准备就绪	—	Q300.1	—	—
I310.2	加工站运行状态	—	Q300.2	—	—
I310.3	加工完成	—	Q300.3	—	—
I320.0	装配站全线模式	—	—	Q300.0	—
I320.1	装配站准备就绪	—	—	Q300.1	—
I320.2	装配站运行状态	—	—	Q300.2	—
I320.3	芯件不足	—	—	Q300.3	—
I320.4	芯件没有	—	—	Q300.4	—
I320.5	装配完成	—	—	Q300.5	—
I320.6	装配台无工件	—	—	Q300.6	—
I330.0	分拣站全线模式	—	—	—	Q300.0
I330.1	分拣站准备就绪	—	—	—	Q300.1
I330.2	分拣站运行状态	—	—	—	Q300.2
I330.3	分拣站允许进料	—	—	—	Q300.3
I330.4	分拣完成	—	—	—	Q300.4

2. 输送站发送、智能设备站接收

输送站（I/O 控制器）发送、智能设备站接收的通信数据定义见表 2-6-7。

表 2-6-7 输送站（I/O 控制器）发送、智能设备站接收的通信数据定义

主站数据发送区地址	数据意义	供料站数据接收区地址	加工站数据接收区地址	装配站数据接收区地址	分拣站数据接收区地址
Q300.0	全线运行	I300.0	—	—	—
Q300.1	全线停止	I300.1	—	—	—
Q300.2	全线复位	I300.2	—	—	—
Q300.3	全线急停	I300.3	—	—	—
Q300.4	请求供料	I300.4	—	—	—
Q300.5	HMI 联机	I300.5	—	—	—

主站数据 发送区地址	数据意义	供料站数据 接收区地址	加工站数据 接收区地址	装配站数据 接收区地址	分拣站数据 接收区地址
Q310.0	全线运行	—	I300.0	—	—
Q310.1	全线停止	—	I300.1	—	—
Q310.2	全线复位	—	I300.2	—	—
Q310.3	全线急停	—	I300.3	—	—
Q310.4	请求加工	—	I300.4	—	—
Q310.5	HMI 联机	—	I300.5	—	—
Q320.0	全线运行	—	—	I300.0	—
Q320.1	全线停止	—	—	I300.1	—
Q320.2	全线复位	—	—	I300.2	—
Q320.3	全线急停	—	—	I300.3	—
Q320.4	请求装配	—	—	I300.4	—
Q320.5	HMI 联机	—	—	I300.5	—
Q320.6	系统复位中	—	—	I300.6	—
Q320.7	系统就绪	—	—	I300.7	—
Q321.0	供料站物料不足	—	—	I301.0	—
Q321.2	供料站物料没有	—	—	I301.1	—
Q330.0	全线运行	—	—	—	I300.0
Q330.1	全线停止	—	—	—	I300.1
Q330.2	全线复位	—	—	—	I300.2
Q330.3	全线急停	—	—	—	I300.3
Q330.4	请求分拣	—	—	—	I300.4
Q330.5	HMI 联机	—	—	—	I300.5
QW331	变频器写入频率	—	—	—	IW301

任务七　码垛单元装配与设计调试

一、学习目标

学习完本任务后，学生能够根据图纸独立完成码垛单元机械安装，按照电气接线图完成设备电气接线与调试，按要求完成人机界面组态，通过编程调试最终达到设备工艺控制要求。

知识目标

（1）了解工业机器人码垛单元的安装、运行过程。

（2）熟悉工业机器人的校准和示教器的操作。

（3）掌握工业机器人工作原理及常见故障分析和检修方法。

（4）了解现场管理知识、安全规范和产品检验规范。

技能目标

（1）能够规范使用安装工具安装简单机械结构。

（2）能够使用电工工具，对本单元进行线路通断、线路阻抗的检测和测量。

（3）能够读懂电气控制回路图，按照电气规范完成接线。

（4）能够编写工业机器人程序并示教点位，实现入库和出库过程。

（5）能够编写PLC程序，实现对机器人的控制，完成工艺要求。

素质目标

（1）通过对设备进行设计和故障排查，培养解决困难的耐心和信心，以及严谨的学习态度。

（2）通过小组实施分工，培养良好的团队协作和组织协调能力。

（3）通过严格实施实训室管理规范，培养学生清洁、整理、安全使用办公区域的职业素养。

二、任务描述

为了减轻一线工人的劳动强度，某企业决定改造一条自动化生产线，需要增加机器人码垛单元，实现对分拣单元的物料进行处理的功能。其功能是按照工艺要求将分拣后的物料进行入库处理，也可以对仓库里的物料进行拆分出库处理，以便对最终产品进行整理和存储。

以小组为单位，完成码垛单元的机械安装、气路连接、电气接线、线路检测与调试、人机界面组态、编程调试等工作，最终实现码垛单元的工艺控制要求。在该过程中锻炼学生安装、识图、布线、编程和装调的综合能力。

三、任务要求

(一) 工艺流程

码垛单元的工作过程如下：

分拣单元的工件分拣完成后，需要入库存储，工业机器人识别到信号后，开始按照工艺要求进行抓取，经过过渡点，最终完成成品入库。

码垛单元的主要结构组成为机器人本体、机器人控制柜、按钮盒、码垛盘、夹具、阀组、端子排组件、PLC、急停按钮和启动/停止按钮、走线槽、底板等。其中，机械部分结构组成如图 2-7-1 所示。

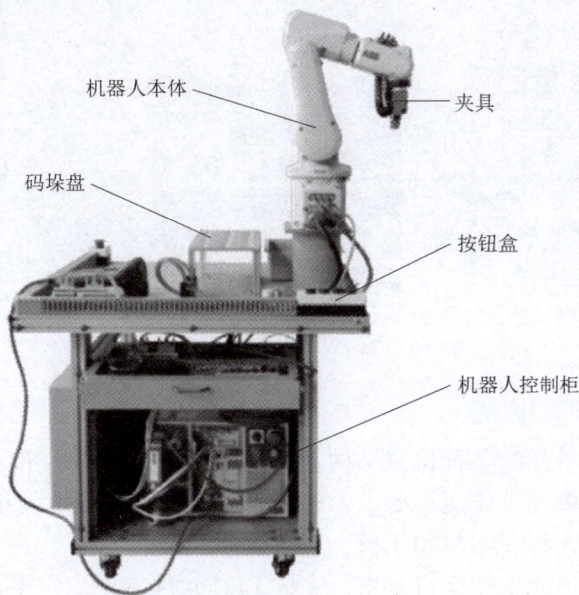

机器人本体 —— 夹具

码垛盘

按钮盒

机器人控制柜

图 2-7-1　机器人码垛单元

其中，码垛盘有三行码垛位置，用于储存不同类型的成品，并在系统缺料时将成品拆装返回自动化生产线的供料仓和装配仓。

(二) 码垛单元单站运行工作要求

(1) 设备上电和气源接通后，将机器人控制器上的模式选择开关旋转到自动状态，PLC 侧按钮/指示灯模块上的转换开关旋转到单机状态。

(2) 按下按钮/指示灯模块上的绿色按钮，机器人开始复位，同时黄色指示灯闪烁。复位完成后黄色指示灯常亮，机器人等待运行，同时绿色指示灯常亮。

(3) 分拣单元 1 号出料槽中推出物料后，按下桌面上的工位 1 按钮，机器人开始动作，抓取工件放到本单元的物料盘上。

(4) 分拣单元 2 号出料槽中推出物料后，按下桌面上的工位 2 按钮，机器人开始动作，抓取工件放到本单元的物料盘上。

(5) 分拣单元 3 号出料槽中推出物料后，按下桌面上的工位 3 按钮，机器人开始动作，抓取工件放到本单元的物料盘上。

（6）按下按钮/指示灯模块上的红色按钮，机器人停止运行。紧急情况下，按下桌面上的急停按钮，机器人立即停止运行。

（7）工作过程中码垛盘的数据和机器人的状态要在触摸屏显示，如图 2-7-2 所示。按钮/指示灯模块转换开关切换到自动状态时，触摸屏实现控制与显示，按钮/指示灯模块不能控制。

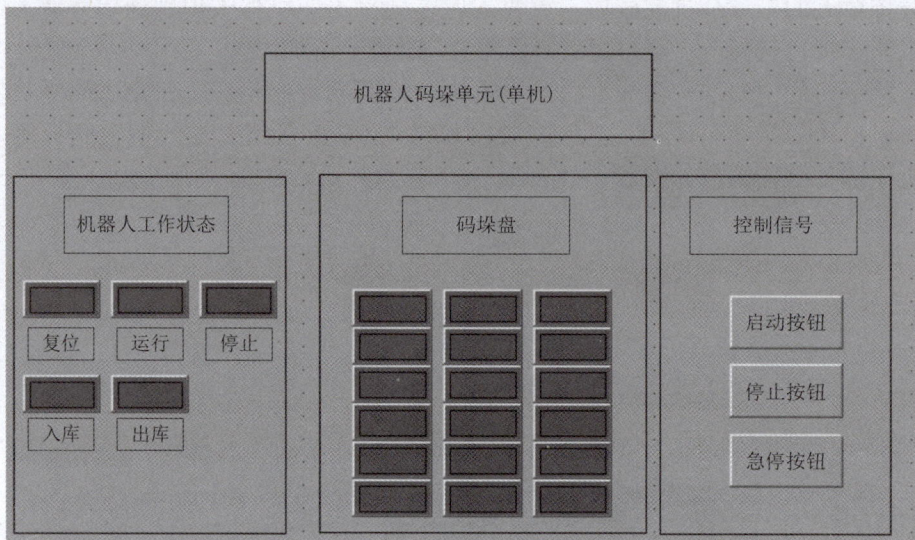

图 2-7-2　码垛单元的组态界面

（三）需要完成的任务

（1）熟悉码垛单元的各种机械结构及安装流程，完成码垛单元的机械安装。

（2）根据码垛单元工作运行要求，进行电路设计，完成电气接线与调试。

（3）完成机器人程序编写和示教，实现入库和出库过程。

（4）根据码垛单元工作运行要求，完成 PLC 软件编程，实现对机器人的控制。

（5）根据人机界面控制要求，完成触摸屏组态及网络联调。

（6）做好全过程记录。

引导问题 1：机器人码垛单元主要由哪几部分组成？

_____

_____

引导问题 2：机器人码垛单元各部分的作用是什么？

_____

_____

引导问题 3：完成机器人码垛单元任务，需要用到哪些学过的课程内容？

_____

_____

💡 引导问题 4：ABB IRB 120 系列工业机器人的工作范围是多少？

_____

_____

💡 引导问题 5：ABB IRB 120 系列工业机器人控制柜有几种板卡？

_____

_____

💡 引导问题 6：ABB IRB 120 系列工业机器人控制柜主回路接线有几根？

_____

_____

💡 引导问题 7：ABB IRB 120 系列工业机器人程序结构是什么？

_____

_____

💡 引导问题 8：机器人调试的方法有哪几种？

_____

_____

四、过程记录

（一）任务分工及计划

班级学生分组，3~5 人为一组，明确每组的人员和任务分工。学生任务分组表见表 2-7-1。

表 2-7-1　学生任务分组表

任务			班级		
指导老师			组号		
成员	角色	任务分工			备注
	组长	整个任务的统筹安排、编程调试			
	机械安装员	码垛单元机械结构、传感器、气路的安装及调试			
	电气接线员	码垛单元电气接线（装置侧、PLC 侧）及调试			
	安全调试员	安全检查、设备电气检查、设备调试			
	程序设计员	码垛单元 PLC 编程和机器人编程调试			
	画面设计员	工业组态画面设计及编程			
	资料整理员	资料汇总及记录			

（二）任务实施

按照任务要求和获取的信息，确定最终达到的功能与工艺要求，商定任务完成的内容与形式，制定任务实施步骤、检查调试等工作内容和步骤，完成码垛单元实施工作方案。码垛单元实施工作方案见表 2-7-2，材料、工具、器件计划清单见表 2-7-3。

表 2-7-2　码垛单元实施工作方案

步骤	工作内容	负责人

表 2-7-3　材料、工具、器件计划清单

序号	名称	型号和规格	单位	数量	备注

按以下步骤实施工业机器人码垛单元工作过程，并完成相关工作清单（表 2-7-4~表 2-7-7）。

（1）了解工艺过程，按照要求完成工作台码垛盘组装，保证机械结构安装正确、牢固、符合规范。

（2）按照电气接线表完成工业机器人码垛单元电气接线，完成工业机器人码垛单元气路连接。

（3）按照图纸检查电路连接是否正确，接线是否有短接、错接。

（4）按照图纸完成工业机器人码垛单元电气侧电路接线。

（5）完成接线电路检查与打点调试，保证接线正确、规范。

（6）根据工艺流程编写机器人运行程序并示教运行。

（7）根据工艺流程编写 PLC 运行程序。

（8）根据画面要求，完成触摸屏显示与控制。

（9）编制调试过程与故障记录。

表 2-7-4　码垛单元机械安装任务工作清单

班级		小组		时间		地点	
小组成员							
工具及耗材							
知识准备							
项目	知识学习						
码垛单元的基本结构							
安装过程及记录							
安装步骤	用时		返工次数		返工原因及解决方法		
码垛盘							
支撑架							
ABB IRB 120 系列工业机器人							
整体组装							
传感器							
电磁阀							
安装过程中的注意事项							
调试过程							
调试内容	是/否		原因及解决方法				
支撑架是否牢固							
支撑架与机器人是否契合							
码垛盘是否符合抓取范围							
调试过程中遇到的其他问题							

		总　结	
（要求：含知识收获、实践收获、心得体会）			

		考核评价		
项目	分值	评分标准		得分
知识准备	20分	（1）记录工整。 （2）内容正确，表述简明，条理清楚。 （3）小组成员协商完成		
职业素养	20分	（1）穿着工装，佩戴安全帽，穿戴整齐。 （2）整个实践操作过程，时刻注意安全检查，严格遵守安全操作规程。 （3）态度端正，认真负责，小组成员合作默契。 （4）工具使用正确合理，操作规范。 （5）机械安装过程中设备、工具、耗材无乱放，无脚踩线等现象。 （6）任务完成，按规定位置归还摆放工具，进行工作台及周围环境整理清扫		
安装过程	40分	（1）安装过程中返工1次扣3分。 （2）安装完成不出现螺钉剩余或缺失，每次发现多或少1个螺钉扣1分。 （3）安装牢固，手摇无晃动现象。 （4）码垛机构的铝合金型材支撑架各条边安装平行，垂直度好，酌情扣分，最多扣5分。 （5）滑动码垛台直线导轨无法移动，扣5分；运行不顺畅酌情扣分。 （6）传感器位置安装合理，位置安装不正确，每处扣2分，扣完为止		
注意事项	5分	（1）内容正确，记录工整。 （2）思路清晰，表述简明，条理清楚。 （3）小组成员协商完成		

项目	分值	评分标准	得分
调试过程	10分	(1) 记录完整。 (2) 内容正确，表述简明，条理清楚。 (3) 小组成员协商完成	
总结	5分	(1) 内容完整，思路清晰，表述简明，条理清楚。 (2) 小组成员协商完成	
合　计			

表 2-7-5　码垛单元气路连接任务工作清单

班级		小组		时间		地点	
小组成员							
工具及耗材							
知识准备							

项目	知识学习
真空发生器	简述真空发生器的工作原理。
气动控制回路	简述码垛单元气动控制回路的工作过程。

调试步骤			
序号	调试内容	是/否	原因及解决方法
1	气泵是否上电		
2	气压表显示压力值是否正确		
3	气管是否漏气		
4	气缸动作是否符合控制要求		
5	调试过程中遇到的其他问题		

学习笔记

表 2-7-6　码垛单元电气接线任务工作清单

班级		小组		时间	
小组成员					
工具及耗材					

前期准备

（1）是否绘制 I/O 分配表？（　　　）
（2）是否绘制 I/O 接线图？（　　　）

接线过程

装置侧电气接线	（1）装置侧三层接线端子排具体分布。 （2）电源接线正确。 （3）外部控制按钮接线正确。 （4）电磁阀连接正确。 （5）按照 I/O 分配表正确连接码垛单元的输入与输出
PLC 侧电气接线	（1）PLC 侧两层接线端子排具体分布。 （2）电源接线正确。 （3）PLC 输入/输出端子接线正确。 （4）PLC 与按钮/指示灯模块接线正确。 （5）按照 I/O 分配表正确连接码垛单元的输入与输出
机器人控制柜接线	（1）供电电源接线正确。 （2）通信接线正确。 （3）输入和输出侧接线正确

上电检查

（1）安全检查（供电电源、PLC 电源、机器人电源是否正确）。
（2）输入信号检测。
工位 1 按钮（　　　）　　工位 2 按钮（　　　）
工位 3 按钮（　　　）　　急停按钮（　　　）

出现的问题及解决方法

考核评价				
项目	分值	评分标准		得分
职业素养	25分	（1）符合安全操作规程，工具使用正确，操作规范，工具摆放符合职业岗位要求。 （2）小组成员配合紧密		
装置侧电气接线	20分	（1）电源接线正确。 （2）控制按钮接线正确。 （3）电磁阀连接正确。 （电源与信号接反，每处扣2分，其他每错一处扣1分）		
PLC侧电气接线	20分	（1）电源接线正确。 （2）PLC输入/输出端子接线正确。 （3）PLC与按钮/指示灯模块接线正确。 （4）按照I/O分配表正确连接码垛单元的输入与输出。 （电源与信号接反，每处扣2分，其他每错一处扣1分）		
机器人控制柜接线	20分	（1）供电电源接线正确。 （2）通信接线正确。 （3）输入和输出侧接线正确		
接线、布线规范平整	15分	线头处理干净，无导线外露，接线端子上最多压入两个线头，导线绑扎利落，线槽走线平整。 （若有违规操作，每处扣1分）		

表 2-7-7　码垛单元编程任务工作清单

班级		小组		时间	
小组成员					
工具及耗材					
前期准备					
（1）是否熟悉控制要求？（　　）					
（2）是否熟悉动作过程？（　　）					
（3）是否绘制流程图？（　　）					
（4）是否绘制I/O分配表？（　　）					
理论知识					
（1）西门子1200系列PLC与ABB IRB 120系列工业机器人的通信方式是（　　）。					
（2）ABB IRB 120系列工业机器人的系统I/O点有（　　）个。					
（3）ABB IRB 120系列工业机器人D652板卡的I/O点有（　　）个					

学习笔记

任务实施					
安全检查					
编程调试	步骤	运行情况	发现问题	产生原因	解决方法
	机器人回原点				
	位置判断				
	机器人抓				
	机器人放				
	PLC 控制				
	指示灯状态				
	停止				

总结

考核评价			
项目	分值	评分标准	得分
前期准备	20 分	（1）熟悉控制要求、动作过程。 （2）流程图绘制完成，且清晰工整。 （3）完成 I/O 分配表	
理论知识	12 分	理论知识完成情况，每空 4 分	
安全检查	20 分	（1）供电电源正确。 （2）PLC 电源正确。 （3）符合上电要求	
编程调试	40 分	（1）步骤合理。 （2）功能实现（根据任务要求）。 （3）记录完整详细。 （4）内容正确，表述简明，条理清楚。 （5）小组成员协商完成	
总结	8 分	（1）内容完整，思路清晰，表述简明，条理清楚。 （2）小组成员协商完成	
合计			

引导问题 1：码垛盘机械安装时有哪些注意事项？

_____

_____

引导问题 2：机器人电气接线时有哪些注意事项？

_____

_____

引导问题 3：码垛单元控制器的类型是什么，它有多少个 I/O 点，是否具备控制点位要求？

_____

_____

引导问题 4：电气安装过程中，机器人控制柜的电源是多少？

_____

_____

引导问题 5：装置侧检查电源连接时有哪些安全注意事项？

_____

_____

引导问题 6：工业机器人上电和下电时的注意事项有哪些？

_____

_____

引导问题 7：使用 PLC 如何控制机器人动作执行？

_____

_____

（三）检查验收

对码垛单元任务完成情况按照验收标准进行检查验收和评价，包括机械设备安装、电气电路连接、电气线路检查、机器人程序和 PLC 程序、画面制作协调美观、下载调试等，并将验收问题及整改措施、完成时间进行记录。验收标准及评分表见表 2-7-8，验收过程问题记录表见表 2-7-9。

表 2-7-8　验收标准及评分表

序号	验收项目	验收标准	分值	教师评分	备注
1	机械结构安装到位	机械设备安装规范	20 分		
2	电气接线规范	《电气装置安装工程接地装置施工及验收规范》（GB 50169—2016）	30 分		
3	安全检查	电气设备安全操作规程	10 分		
4	机器人程序及示教	实现入库和出库	20 分		
5	PLC 编程	通信正常，下载成功	10 分		
6	下载调试	功能正常	10 分		
合计			100 分		

表 2-7-9　验收过程问题记录表

序号	验收问题	整改措施	完成时间	备注

（四）评价反馈

各组展示任务完成情况，介绍任务的完成过程并提交阐述材料，进行学生自评、学生组内互评、教师评价，完成考核评价表。考核评价表见表 2-7-10。

表 2-7-10　考核评价表

评价项目	评价内容	分值	自评 20%	互评 20%	师评 60%	合计
职业素养（40 分）	安全意识、责任意识、服从意识	10 分				
	积极参加任务活动，按时完成工作清单	10 分				
	团队合作、交流沟通能力	10 分				
	劳动纪律	5 分				
	现场 6S 标准	5 分				
专业能力（60 分）	专业资料检索能力	10 分				
	制订计划能力	10 分				
	操作符合规范	15 分				

评价项目	评价内容	分值	自评 20%	互评 20%	师评 60%	合计
专业能力 (60分)	工作效率	10分				
	任务验收质量	15分				
合计		100分				
创新能力 (加分20分)	创新性思维和行动	20分				
合计		120分				
教师签名： 学生签名：						

💡 引导问题 1：在完成本次任务的同时，能否实现新的功能？

_____

_____

💡 引导问题 2：对机器人在自动化小型项目中的应用了解多少？要提高自动化水平，需要增加哪些功能？

_____

_____

🔋 五、知识链接

（一）码垛单元机械安装

码垛单元的机械部分安装过程包括两部分，一是码垛盘组件装配，二是机器人部件固定。机械部分安装完成后再进行总装。码垛单元机械部分组件包括码垛料、机器人底座、机器人，如图 2-7-3 所示。

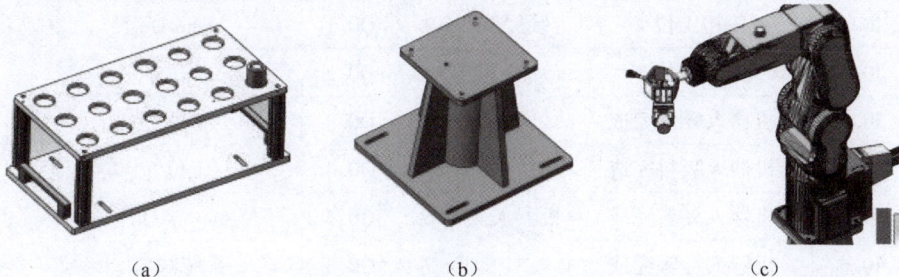

(a)　　　　　　　　(b)　　　　　　　　(c)

图 2-7-3　码垛单元组件

(a) 码垛料；(b) 机器人底座；(c) 机器人

各组件装配好后，用螺栓把它们连接为整体。然后将连接好的码垛单元机械部分与电磁阀组、急停按钮盒组合在一起完成设备的安装。

安装过程中的注意事项如下：

（1）装配铝合金型材支撑架时，注意调整好各条边的平行度及垂直度，锁紧螺栓。

（2）在将机械机构固定在桌面上时，需要将螺帽放到桌面的型材槽中，螺栓从上面扭入，并将底板和桌面连接起来。

（二）电气接线

电气接线包括工业机器人码垛单元装置侧接线、工业机器人码垛单元 PLC 侧安装接线、工业机器人控制柜接线。

工业机器人码垛单元装置侧的接线端口信号端子的分配见表 2-7-11。

表 2-7-11　工业机器人码垛单元装置侧的接线端口信号端子的分配

输入端口中间层			输出端口中间层		
端子号	设备符号	信号线	端子号	设备符号	信号线
2	1B1	按钮工位 1	2	1Y	吸盘电磁阀
3	1B2	按钮工位 2	3	2Y	夹紧电磁阀
4	2B1	按钮工位 3	4	3Y	松开电磁阀
5	2B2	复位按钮	5		

工业机器人码垛单元 PLC 侧安装接线包括电源接线、PLC 的 I/O 点和 PLC 侧接线端口之间的连线、PLC 的 I/O 点与按钮/指示灯模块的端子之间的连线。

根据工作单元装置的 I/O 信号分配（表 2-7-12）和工作任务的要求，工业机器人码垛单元 PLC 选用 S7-1200 CPU 1214C AC/DC/RLY 主单元，共 14 点输入和 10 点继电器输出。工业机器人码垛单元 PLC 的 I/O 信号分配见表 2-7-12，电气接线图如图 2-7-4 所示。

表 2-7-12　工业机器人码垛单元 PLC 的 I/O 信号分配

序号	PLC 输入点	信号名称	信号来源	序号	PLC 输出点	信号名称	信号来源
1	I0.0	按钮工位 1		1	Q0.0	Motors On	
2	I0.1	按钮工位 2	装置侧	2	Q0.1	Auto On	
3	I0.2	按钮工位 3		3	Q0.2	工位 1	
4	I0.3	机器人复位完成		4	Q0.3	工位 2	
5	I0.4	机器人吸料完成		5	Q0.4	工位 3	机器人侧
6	I0.5	机器人夹料完成	机器人侧	6	Q0.5	Motors Off	
7	I0.6	机器人拆解完成		7	Q0.6	系统缺料	
8	I0.7	传送完成		8	Q0.7	夹取完成	
9	I1.2	停止按钮		9	Q2.5	停止指示	
10	I1.3	启动按钮	按钮/指示灯模块	10	Q2.6	运行指示	按钮/指示灯模块
11	I1.5	单机/联机		11	Q2.7	报警指示	

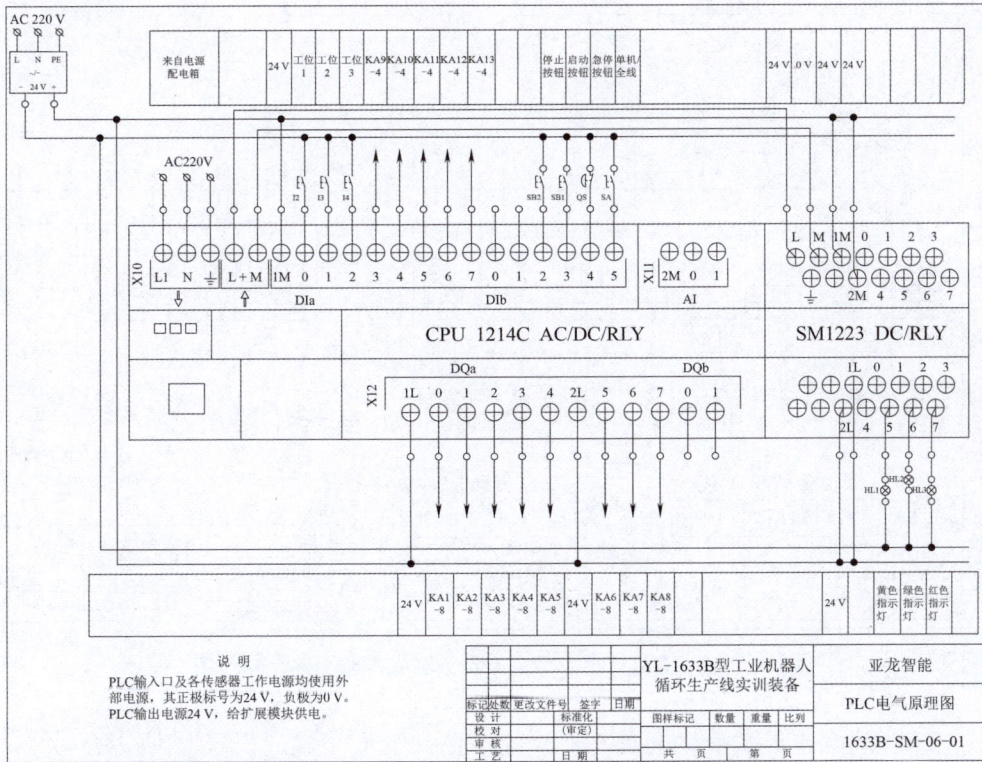

图 2-7-4　工业机器人码垛单元 PLC 电气接线图

工业机器人码垛单元机器人控制柜安装接线包括机器人控制柜 D652 板卡输入点接线和输出点接线。

机器人控制柜的 I/O 信号分配见表 2-7-13，机器人控制柜电气接线图如图 2-7-5 所示。

表 2-7-13　工业机器人码垛单元机器人控制柜的 I/O 信号分配

序号	PLC 输入点	信号名称	信号来源	序号	PLC 输出点	信号名称	信号来源
1	DI1	Motors On		1	DO1	复位完成	
2	DI2	Start at Main		2	DO2	吸料完成	
3	DI3	工位 1		3	DO3	夹料完成	
4	DI4	工位 2	PLC 侧	4	DO4	拆解完成	机器人侧
5	DI5	工位 3		5	DO5	传送完成	
6	DI6	Motors Off		6	DO6	吸盘电磁阀	
7	DI7	缺料		7	DO7	夹紧电磁阀	
8	DI8	夹取完成		8	DO8	松开电磁阀	

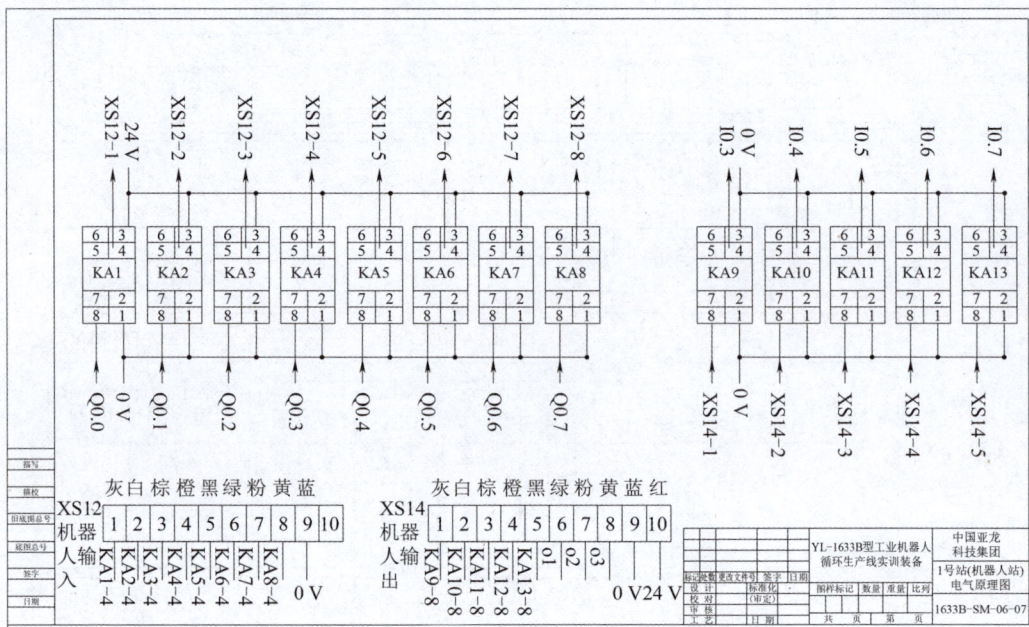

图 2-7-5　工业机器人码垛单元机器人控制柜电气接线图

（三）码垛单元的气动元件

1. 真空发生器

真空发生器就是利用正压气源产生负压的一种新型、高效、清洁、经济、小型的真空元器件，其使得在有压缩空气的地方，或在一个气动系统中获得负压变得十分容易和方便。真空发生器广泛应用在工业自动化中机械、电子、包装、印刷、塑料及机器人等领域。真空发生器的传统用途是配合吸盘进行各种物料的吸附、搬运，尤其适用于吸附易碎、柔软、薄的、非铁、非金属材料或球形物体。这类应用的一个共同特点是所需的抽气量小，真空度要求不高且为间歇工作。

真空发生器的工作原理如图 2-7-6 所示。

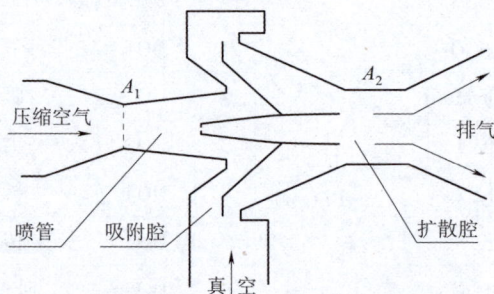

图 2-7-6　真空发生器工作原理

真空发生器的工作原理是利用喷管高速喷射压缩空气，在喷管出口形成射流，产生卷吸流动。在卷吸作用下，喷管出口周围的空气不断地被抽吸走，使得吸附腔内的压力降至大气压以下，形成一定真空度。

2. 吸盘

平直形真空吸盘的工作原理如图 2-7-7 所示。首先将真空吸盘通过接管与真空设备接通，然后与待提升物如玻璃、纸张等接触，启动真空设备抽吸，使得吸盘内产生负气压，从而将待提升物吸牢，即可开始搬送待提升物。当待提升物搬送到目的地时，平稳地向真空吸盘内充气，使得真空吸盘内气压由负气压变成零气压或稍为正的气压，真空吸盘就脱离待提升物，从而完成了提升搬送重物的任务。

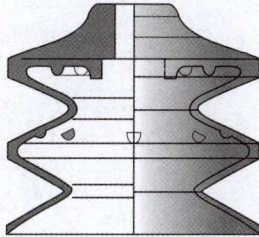

图 2-7-7　平直形真空吸盘工作原理

（四）码垛单元单站控制的编程思路

1. 码垛单元程序结构

码垛单元程序结构有两个子程序，一个是复位程序，另一个是运行控制程序，如图 2-7-8 所示。主程序在初始检查时都调用复位子程序，仅当满足完成复位条件后才可以调用运行控制子程序。

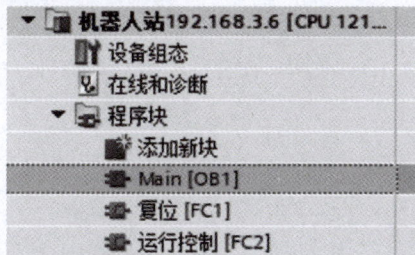

图 2-7-8　码垛单元程序结构

2. 码垛单元初始状态检查

PLC 上电后应首先进入初始状态检查阶段，确认系统已经准备就绪后，才允许投入运行，这样可以及时发现存在的问题，避免出现事故。码垛单元初始状态检查程序如图 2-7-9 所示。

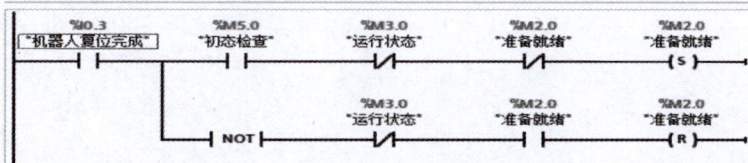

图 2-7-9　码垛单元初始状态检查程序

3. 码垛单元运行流程

码垛单元运行流程如图 2-7-10 所示。

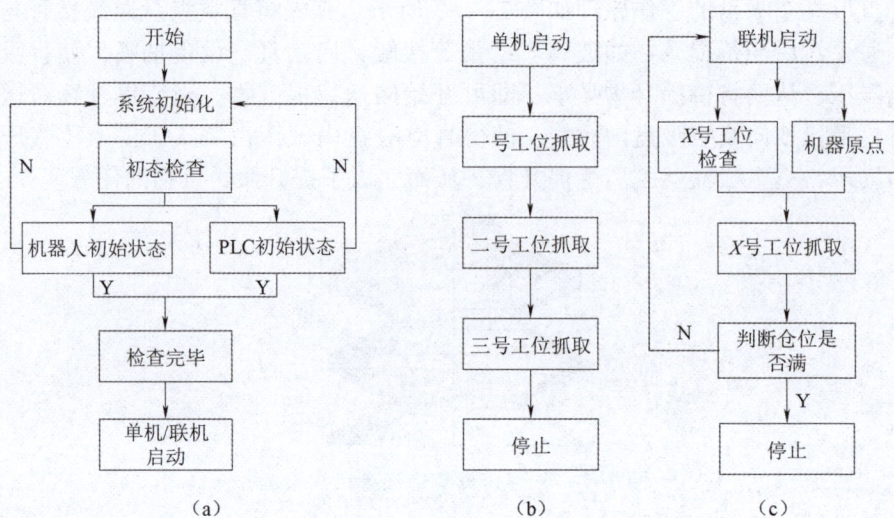

```
(a)
开始
 ↓
系统初始化 ←——
 ↓
初态检查
 ↓
机器人初始状态    PLC初始状态
 ↓ Y              ↓ Y
 N                N
检查完毕
 ↓
单机/联机
启动
```

```
(b)
单机启动
 ↓
一号工位抓取
 ↓
二号工位抓取
 ↓
三号工位抓取
 ↓
停止
```

```
(c)
联机启动
 ↓
X号工位        机器原点
检查
 ↓
X号工位抓取
 ↓
N    判断仓位是
     否满
      ↓ Y
停止
```

（a）　　　　　　　（b）　　　　　　　（c）

图 2-7-10　码垛单元运行流程

4. 码垛单元机器人工作控制流程

码垛单元机器人工作控制流程如图 2-7-11 所示。

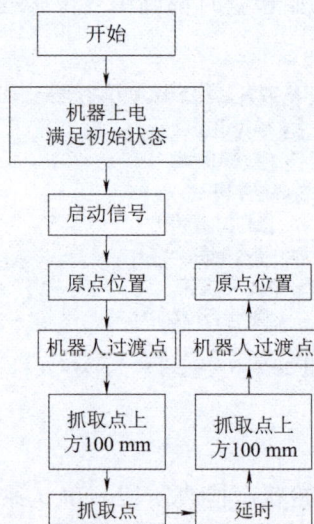

```
开始
 ↓
机器上电
满足初始状态
 ↓
启动信号
 ↓
原点位置          原点位置
 ↓                ↑
机器人过渡点      机器人过渡点
 ↓                ↑
抓取点上          抓取点上
方100 mm          方100 mm
 ↓                ↑
抓取点  →        延时
```

图 2-7-11　码垛单元机器人工作控制流程

参 考 文 献

［1］吕景泉，耿杰. 自动化生产线安装与调试［M］. 4 版. 北京：中国铁道出版社，2022.